U0141166

AI

自動化
流程 超 Easy

不寫程式 No code
也能聰明幹大事

Work smarter with AI-powered automation

感謝您購買旗標書,
記得到旗標網站
www.flag.com.tw
更多的加值內容等著您…

<請下載 QR Code App 來掃描>

● FB 官方粉絲專頁:旗標知識講堂

● 旗標「線上購買」專區:您不用出門就可選購旗標書!

● 如您對本書內容有不明瞭或建議改進之處,請連上
  旗標網站,點選首頁的 聯絡我們 專區。

  若需線上即時詢問問題,可點選旗標官方粉絲專頁
  留言詢問,小編客服隨時待命,盡速回覆。

  若是寄信聯絡旗標客服 email,我們收到您的訊息
  後,將由專業客服人員為您解答。

  我們所提供的售後服務範圍僅限於書籍本身或內
  容表達不清楚的地方,至於軟硬體的問題,請直接
  連絡廠商。

  學生團體　　訂購專線:(02)2396-3257 轉 362
  　　　　　　傳真專線:(02)2321-2545

  經銷商　　　服務專線:(02)2396-3257 轉 331
  　　　　　　將派專人拜訪
  　　　　　　傳真專線:(02)2321-2545

國家圖書館出版品預行編目資料

AI 自動化流程超 Easy -- 不寫程式 No code 也能聰明
幹大事 / 施威銘研究室 著. -- 初版. -- 臺北市:
旗標科技股份有限公司, 2024.10　　面;　　公分

ISBN 978-986-312-806-9(平裝)

1.CST: 人工智慧　　　2.CST: 機器學習

312.831　　　　　　　　　　　　　113013288

作　　者/施威銘研究室

發 行 所/旗標科技股份有限公司

　　　　　台北市杭州南路一段15-1號19樓

電　　話/(02)2396-3257(代表號)

傳　　真/(02)2321-2545

劃撥帳號/1332727-9

帳　　戶/旗標科技股份有限公司

監　　督/黃昕暐

執行企劃/黃昕暐

執行編輯/黃昕暐

美術編輯/林美麗

封面設計/陳憶萱

校　　對/黃昕暐

新台幣售價: 680 元

西元 2025 年 1 月 初版 2 刷

行政院新聞局核准登記-局版台業字第 4512 號

ISBN 978-986-312-806-9

範例檔案下載

本書實作的自動化流程腳本可以從以下網址進入服務專區下載：

https://www.flag.com.tw/bk/t/F4328

下載後請解開壓縮檔案, 即可依照各章資料夾找到腳本檔案, 有關如何匯入腳本檔案, 請參考 3-2 節。

提示內容以及相關網址

另外, 在服務專區也可以找到個別章節內需要連結或是測試用的網址, 以及要送給 AI 大型語言模型的提示內容, 方便大家可以直接點選連結或是複製提示內容：

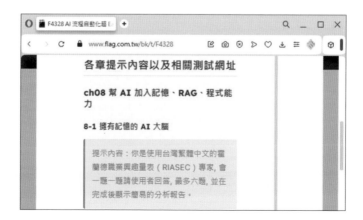

目錄
CONTENTS

CHAPTER
3

用 ChatGPT 的頭腦幫自動化
流程長智慧

CHAPTER
6

讓 AI 自主規劃流程 - 代理 (Agent)

CHAPTER 8 幫 AI 加入記憶、RAG、程式能力

CHAPTER 9 AI 自動化流程進階應用

CHAPTER 1

AI 自動化流程簡介

上一世代的手機霸主 Nokia 有一句非常知名的廣告標語『科技始終來自於人性』,如果平實無華的翻譯, 其實就是『科技始終來自於**惰性**』,我們希望生活、工作可以更懶惰一點, 如果有適當的工具可以幫我們『自動』完成, 生活自然可以更美好。自動化流程就是為了讓我們更有餘裕去享受生活, 而現在有了 AI 的協助, 自動化流程還可以更上一層樓。

1-1 什麼是 AI 自動化流程

自動化流程的需求一直都存在, 比方說如果你是正在應徵新人的主管, 可能會希望透過 Gmail 的信件篩選機制, 幫你挑選出履歷信件, 直接將信件內容送到 LINE, 這樣就不需要在 LINE 跟 Gmail 兩者之間切來切去。以往要做到這件事, 你可能會需要運用**工人智慧**, 請公司的 MIS 人員或是開發人員幫你設計專門的程式, 不過近年來已經有一些簡易的工具可以幫你把這樣的流程自動化。

Tip

對比於使用人工智慧, 如果我們需要很瞭解解決方法才能解決問題, 就笑稱這是**工人智慧**, 雖然結果也可能看起來很智慧, 但卻是執行工作的人耗費心力的成果。反觀使用人工智慧解決問題時, 我們所要做的是**描述問題與希望的結果**, 剩下的則是交給 AI 搞定。

現在有了生成式 AI, 我們甚至還可以更進一步, 在這個流程中間請 AI 直接幫我們摘要信件內容, 只要用口語方式, 就可以讓 AI 依據我們關注的事項優先順序, 精簡地列出本來落落長的履歷內容, 於是就可以收到像是這樣的 LINE 訊息:

❶ 收到不是求職信時會告知

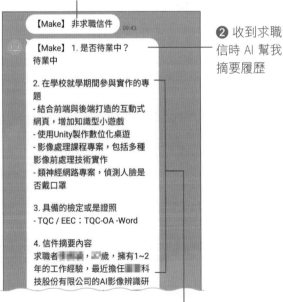

❷ 收到求職信時 AI 幫我摘要履歷

❸ 依照我希望的順序列出重點

又或者你收到老闆的訊息，要你整理一下銷售排行榜的資料放到試算表中分享給他，於是你也可以利用 AI 自動化流程，從像是博客來這樣的線上購物網站把排行榜資料變成試算表，清楚列出排名與商品資訊：

過去這樣的工作如果不用手工複製貼上, 就必須瞭解網頁技術, 撰寫**網路爬蟲**程式, 才能從網頁中擷取產品資訊, 現在有了 AI, 我們只要把網頁下載回來丟給 AI 就搞定了。

　　你也可能是學生, 正要製作有關大型語言模型的報告, 剛好就在報告的前一天 OpenAI 突然發布了新一代的 o1 模型, 你也可以設計 AI 自動化流程, 幫你直接摘要或是翻譯新模型的介紹網頁, 只要把頁面連結透過 LINE 送進去, 就可以生出翻譯後的筆記網頁給你:

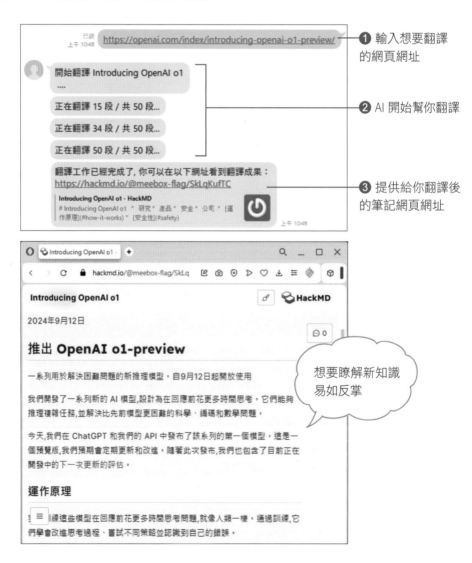

你甚至可以設計複雜一點的自動化流程,讓 AI 成為你只要出一張嘴就可以工作的幕後功臣,例如:

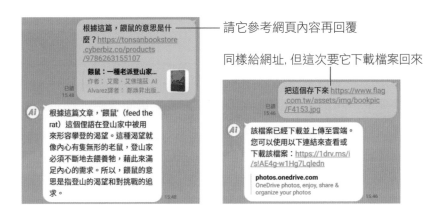

你看,現在你只要用說的,AI 就會乖乖聽話幫你完成。你還可以想到各式各樣的情境,都可能可以透過 AI 自動化流程幫你解決問題。剩下的問題就是,要如何才能設計出這些 AI 自動化流程。

1-2 什麼是 No-Code 無程式碼的開發方式

過往只要提到程式設計,許多非資訊背景的人光看到程式碼就避之唯恐不及,覺得這跟他們毫不相關。隨著時代的演進,越來越多好用的工具出現,舉例來說,我們會在本書使用一個線上的服務 make.com 來設計 AI 自動化流程,以上節提到的履歷信件摘要,實際設計的畫面如下:

我想即使你才閱讀第一章, 也可以從畫面猜出來, 這些圈圈與線條表示一個**流程**, 左邊開始從 Gmail 取得信件內容, 交給 AI 處理, 處理完的結果送到 LINE。實際的設計工作當然還包括一些設定步驟, 但是整個畫面上你不會看到讓大多數人害怕的程式碼。這樣的設計工具就稱為 **No-Code(無程式碼)** 的開發平台, 它會幫你處理像是從 Gmail 讀取信件的細部工作, 你所需要做的就是告訴它要讀取哪一個帳號的信件, 又要從讀取到的信件中擷取哪些資訊送給中間的 AI 處理, AI 處理完的結果又要如何組合成送給 LINE 的訊息。利用這樣的方式, 大部分的人都可以設計自己的 AI 自動化流程了。

在我們往下一章實際動手前, 要提醒大家兩件事:

● **No-Code 不是 No-Fee**:No-Code 工具有時候因為太容易使用, 會讓人忽略它的價值, 以為這樣簡簡單單就能完成工作的工具應該免費吧！但其實 No-Code 工具能做到簡單好用, 就是因為它在背後幫你完成了許多瑣碎繁雜的工作, 使用這些 No-Code 工具是需要付費的, 它幫你串接的各種線上服務也可能需要付費, 本書主要的練習應該可以使用 make.com 的免費額度 (必要時也可再申請額外的帳號) 完成, 但使用到 OpenAI 的部分則需要付費, 這在後續章節都會說明。

● **解決問題需要邏輯思考**:使用 No-Code 工具大部分的時間都是透過滑鼠點選、輸入資料, 加上我們會利用 AI 處理一些複雜的工作, 所以也會讓人誤以為隨便拖拉點選就可以設計出 AI 自動化流程。實際上 No-Code 只是一種**平易近人**的程式設計方法, 你還是需要把解決問題的步驟想清楚, 才能透過 No-Code 工具轉化成適當的流程, 即使是使用 AI 工具, 也必須清楚描述想要 AI 完成的工作。這在現實生活中也是一樣, 解決問題最重要的不是解決掉提出問題的人, 而是好好想清楚問題的解決方法, 才能順利解決問題。

好了, 現在該是我們邁向下一章, 開始動手做的時候了！

使用 make.com
設計自動化流程

了解什麼是生成式 AI 應用程式以及 No-code 無程式碼開發的
概念後, 就要準備開始動手試看看囉！我們要使用的是線上流
程自動化服務平台 make.com, 透過它完成簡單的應用, 以便做
為本書其他章的準備工作, 並且熟悉 make.com 的操作方式。

2-1 make.com 的基本概念

make.com 是一個線上的流程自動化服務平台, 網址為 https://www.make.com/ :

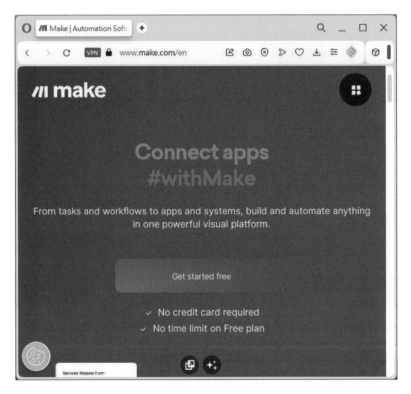

它的基本概念就是提供許多幫你**串接各種線上服務的元件**, 例如讀/寫 Google 試算表、取得 Instagram 新貼文, 或是接收/傳送 LINE 訊息等等, 如此一來, 就可以很方便地從各種來源取得資料, 也可以變更個別服務的內容。有了資料後, 還可以透過 make.com 提供的介面以圖形化的方式用滑鼠拖拉來描述資料在個別元件之間的**流動路徑**。舉例來說, 稍後我們就會在 make.com 設計一個當社群小編在 Instagram 貼文時取得貼文文字與照片, 然後傳送 LINE 通知訊息讓社群媒體管理者知道有新貼文的簡易自動化流程, 設計結果就如下圖所示:

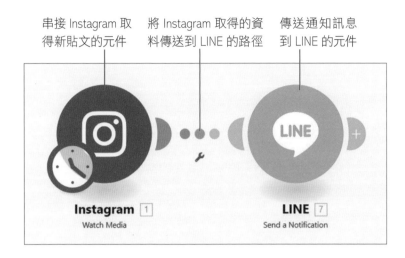

串接 Instagram 取得新貼文的元件

將 Instagram 取得的資料傳送到 LINE 的路徑

傳送通知訊息到 LINE 的元件

只要執行這個設計好的流程, 它就會幫我們檢查 Instagram 是否有新貼文, 並且在有新貼文時照著設計好的流程運作, 讓你可以在 LINE 上看到新貼文的內容。

2-2 設計第一個自動化流程

了解 make.com 的設計概念後, 就讓我們開始一步步設計第一個自動化流程吧!

TIP

目前 make.com 僅有英文介面, 不過使用上並不困難, 只要熟悉操作就可以順手, 本書會在必要的時候同時列出介面上的英文以及對應的翻譯。

註冊 make.com 帳號

make.com 是線上服務, 因此必須先註冊帳號才能使用, 請依照以下步驟完成註冊:

❶ 連到 https://www.make.com/

❷ 按此以免費
方案註冊

❸ 建議直接使用 Google 帳
戶或是其他社群帳戶登入,
本書以 Google 帳戶為例

也可以直接輸入
資料註冊新帳戶

❺ 選擇你要使用的 Google 帳戶

❻ 按此同意 make.com 讀取你的 Google 帳戶資訊

❼ 這裡可以修改你的名稱

❽ 選取儲存資料的位置, 目前只有**EU(歐洲)** 和 **US(美國)** 可選, 建議選擇 **US**

❾ 選取**台灣 (Taiwan)**

❿ 按此完成

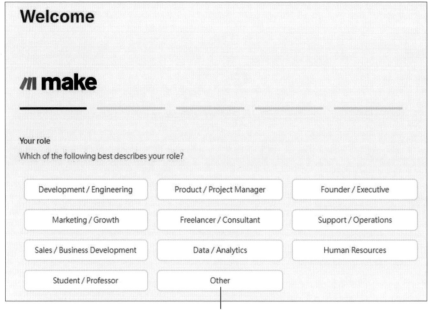

⓫ 註冊完成會進行一連串身家調查 (誤) 問卷, 請自行選按或按 **Other** 略過, 問卷選項不會影響使用功能

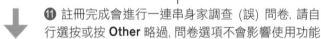

⓬ 依自己的流程自動化經驗選取

⓭ 選取公司人數

⑭ 選取得知 make.com 的管道, 請自由選取或按 **Other** 略過

⑮ 完成問卷按此開始

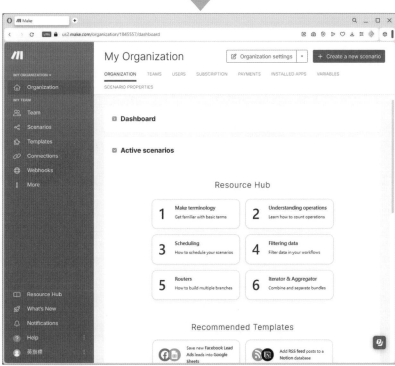

透過 LINE 通知 Instagram 新貼文的自動化流程

假設我們有一個團隊共用的 Instagram 帳號，希望能夠在團隊中任何一個人發布新貼文時，可以從 LINE 收到通知，並且直接看到貼文內容，包括文字與照片，也可以方便直接再由 LINE 轉貼。對於這樣的需求，就可以設計一個自動化的流程，幫我們檢查 Instagram 的新貼文，並且自動將新貼文轉到 LINE 了。

建立腳本 (scenario)

在 make.com 中，一個自動化流程稱為**腳本 (scenario)**，請依照以下步驟建立第一個腳本：

進入設計腳本的頁面會看到如下的畫面：

要建立自動化流程，最重要的當然就是幫我們連接不同來源取得資料的元件了，在 make.com 中這些元件稱為**模組 (module)**，並且會依照功能分門別類放在所屬的**應用 (app)** 中，例如檢查 Instagram 是否有新貼文的模組就是放在 Instagram 應用下。設計腳本的過程就是找到適用的模組，加入腳本進行必要的設定，再規劃資料在模組之間的流向。

加入特定應用的模組

建立新腳本時，預設就會在中央放置一個空的模組，並且開啟模組搜尋框，我們就從這裡開始接續完成腳本，首先要加入檢查 Instagram 新貼文的模組：

Tip

為了避免測試期間貼文造成你的 Instagram 混亂，建議你可以另外註冊新的帳號測試。

Tip

要能在 make.com 中檢查 Instagram 新貼文, 必須以 Facebook 粉絲專頁連結該 Instagram 帳號, 如果你沒有已經連結 Instagram 的 Facebook 粉專, 或是沒有建立過 Facebook 粉專, 請至本書線上服務專區 (https://bit.ly/F4328_ch02) 參考線上教學文章〈連結 Facebook 粉絲專頁與 Instagram 帳戶〉操作, 再繼續底下的步驟。

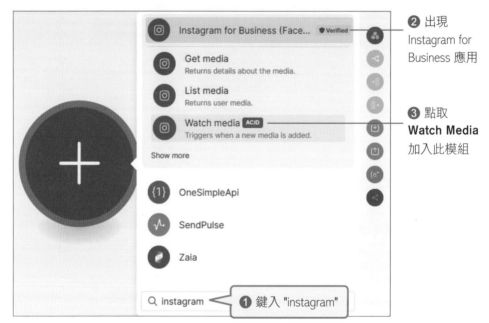

2 出現 Instagram for Business 應用

3 點取 **Watch Media** 加入此模組

1 鍵入 "instagram"

4 按此建立與 Instagram 的 **連線 (connection)**, 以便授權 make.com 可以讀取我們的 Instagram 資料

Instagram for Business (Facebook login)
Watch media

應用名稱　　　模組名稱

模組加入腳本的順序編號 (本例 1 即為腳本中加入的第 1 個模組)

❺ 鍵入自由命名的連線名稱
(本例使用預設的名稱)

❻ 按此儲存名稱
並嘗試連線

Tip

建立的連線可以在其它模組或腳本中重複選用, 如果你需要連接不同的 Instagram 帳號, 就可以使用不同的連線名稱來區別, 避免在之後的模組或是腳本中使用錯連線。

❼ 由於要透過 Facebook 連接 Instagram, 所以這裡要登入的
是 Facebook 的帳號。如果你在 Facebook 中有切換成粉絲專
頁的身分, 這裡會要求你切換回個人身分

❽ 按**繼續**切換

Make要求存取下列項目:

你的姓名和大頭貼照、為你擁有存取權的廣告帳號管理廣告、管理你的企業管理平台、從連結到你粉絲專頁的 Instagram 帳號中存取個人檔案和貼文、存取連結到你粉絲專頁的 Instagram 帳號洞察報告、閱讀此粉絲專頁發佈的內容和顯示你管理的粉絲專頁清單。

編輯管理權限

以昕暲的身分繼續	取消

如果繼續，Make 將可持續存取你分享的資訊，且 Facebook 會記錄 Make 存取資訊的時間。深入瞭解此資訊分享的詳細內容，以及可進行的設定。

Make 的**隱私政策**和《**服務條款**》

⑨ 按此繼續

⑩ 完成連線

⑪ 這裡會顯示**已連接 Instagram 帳號的粉絲專頁**, 請依據括號內的 Instagram 帳號區別選取

⑫ 設定每次讀取新貼文的筆數, 預設為 10 筆

⑬ 按此完成

選此以指定貼文之後的貼文算新貼文

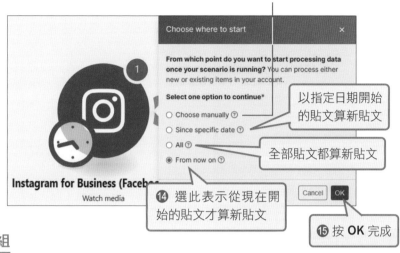

以指定日期開始的貼文算新貼文

全部貼文都算新貼文

⑭ 選此表示從現在開始的貼文才算新貼文

⑮ 按 OK 完成

測試模組

加入模組並完成必要的設定後, 就可以進行測試, 確認模組可以正確運作:

❶ 在模組上按滑鼠右鍵

按 **Choose where to start** 可以顯示設定新貼文起算時間的交談窗重新設定

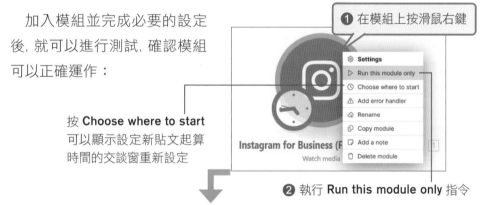

❷ 執行 **Run this module only** 指令

❸ 由於剛剛設定完模組後並沒有在 Instagram 上貼文, 所以執行結果會像是這樣沒有資料

❹ 請自行在 Instagram 上
貼新的文章

❻ 取得剛剛新貼文內容的資料

❺ 依照步驟 2 在模組上按
滑鼠右鍵後選 Run this
module only 再次執行模組

Instagram for Business (Facebook login)

文章標題

照片網址

貼文時間　貼文連結

　　這樣就表示我們加入的模組可以正確運作了, 你也可以複製照片網址, 直接貼到瀏覽器的網址列中, 確認真的可以取得新貼文的照片：

❶ 複製前面步驟得到的照片網址後貼到瀏覽器的網址列

❷ 可以直接看到照片

Tip

如果測試時覺得要不斷貼文很麻煩, 可以如同前面執行模組的步驟, 在模組上按滑鼠右鍵後選 **Choose where to start**, 就可以顯示設定新貼文起算時間的交談窗, 例如若是設定為 **All** 就可以把所有舊的貼文都當成新貼文。

　　在 make.com 中, 模組取得的資料會放在所謂的**資料包 (bundle)** 內輸出, 對於 Instagram 的 Watch Media 模組來説, 每一則新貼文就會產生一個資料包。資料包就像是物流系統中的包裹, 自動化流程就像是物流系統一樣在模組之間傳遞資料包, 模組會從資料包中取得所需要的資料, 也會產生自己的資料包, 並且傳往接續的流程。

如果你在 Instagram 貼上兩則新的貼文, 然後依照剛剛説明的步驟重新執行模組, 就會看到模組會一次取得這兩則新貼文, 這是因為在設定模組時, 有設定最多可以傳回 2 則貼文的關係, 你可以看到執行結果中有 2 個資料包, 個別以 Bundle 1 和 Bundle2 標示：

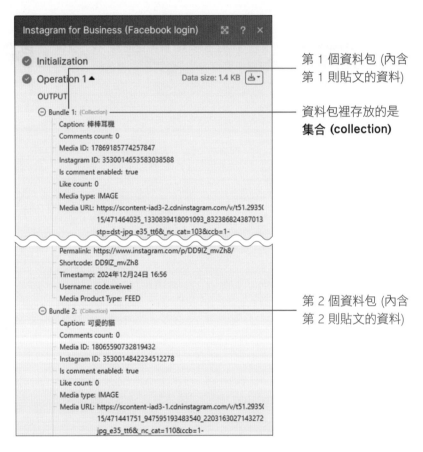

　　資料包裡面存放資料的方式有兩種, 一種稱為**集合 (collection)**、一種稱為**陣列 (array)**, 這兩種方式都像是**儲物櫃**一樣, 有一格一格的空間可以擺放資料, 差別在於**集合**內的每個儲物格都**有名字**, 像是剛剛看到 Instagram 的 Watch Media 模組, 它的資料包內就是以集合方式存放資料, 所以文章標題就是放在名稱為 "Caption" 的儲物格裡, 而照片網址則是放在名稱為 "Media URL" 的儲物格裡。如果是**陣列**的方式, 個別儲物格沒有名字, 而是**配有序號**, 我們會在後續使用到時再詳細説明。

加入新模組完成流程

現在我們已經測試完成檢查 Instagram 新貼文的模組, 接著就要完成流程的後半部, 把從 Instagram 取得的文章標題與照片網址送到 LINE, 請依照以下步驟加入可以發送 LINE 通知的模組:

Tip

下文介紹的 LINE 發送通知服務在 2025/3/31 日停止服務, 我們提供有替代方案可以使用, 如果想提早適應, 或是您閱讀本書的時候已經超過該日期, 請至本書服務專區 (https://bit.ly/F4328_ch02) 依照線上教學文章〈在 make.com 中測試用 LINE 推播訊息發送通知〉測試。

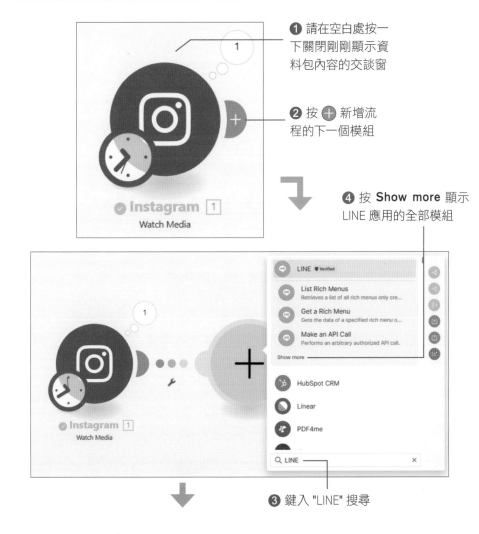

❶ 請在空白處按一下關閉剛剛顯示資料包內容的交談窗

❷ 按 ➕ 新增流程的下一個模組

❹ 按 **Show more** 顯示 LINE 應用的全部模組

❸ 鍵入 "LINE" 搜尋

⑤ 往下捲選 **Send a Notification** 模組, 它可以傳送 LINE 通知訊息

⑥ 新增的模組

⑦ 這表示流程的路徑, 也就是 Instagram 取得的資料包要往 LINE 傳送

⑧ 按此建立與 LINE 的連線

⑨ 鍵入自訂的連線名稱 (本例使用預設的名稱)

⑩ 按此繼續

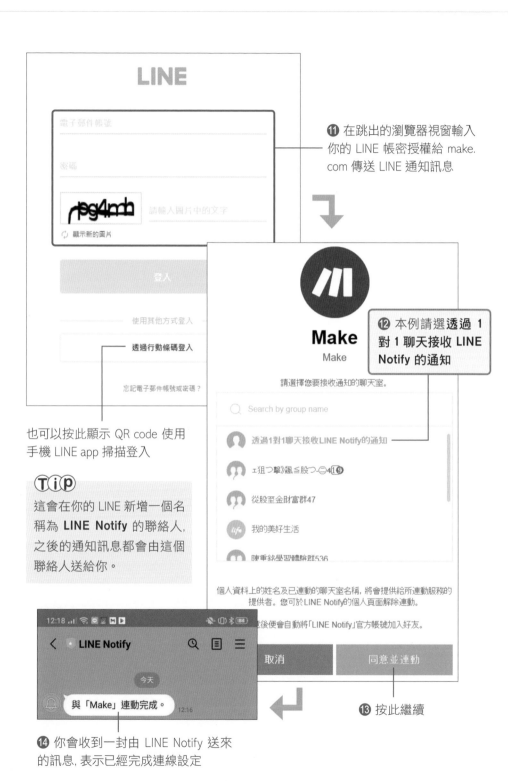

⓫ 在跳出的瀏覽器視窗輸入你的 LINE 帳密授權給 make.com 傳送 LINE 通知訊息

⓬ 本例請選**透過 1 對 1 聊天接收 LINE Notify 的通知**

也可以按此顯示 QR code 使用手機 LINE app 掃描登入

Tip

這會在你的 LINE 新增一個名稱為 **LINE Notify** 的聯絡人，之後的通知訊息都會由這個聯絡人送給你。

⓭ 按此繼續

⓮ 你會收到一封由 LINE Notify 送來的訊息, 表示已經完成連線設定

⓯ 已經建立連線

設定通知訊息文字內容

隨附通知訊息的圖片

是否要加入貼圖
(預設不使用)

收到此訊息時是否不
要跳出 LINE的通知 (預
設不關閉, 會跳出通知)

模組加入腳本
時的順序編號

⓰ 按一下 **Message** 欄位
設定通知訊息內容

⓱ 點選 **Instagram -
Watch Media** 模組的
Caption 設定輸入貼文
標題當通知訊息內容

可由這裡顯示的模組序號確認是哪一個模組的資料

Tip

這裡出現的資料項目, 就是剛剛觀察 Instagram 模組執行結果時, 資料包中集合內的各項資料名稱, 如此即可方便我們在設定時, 用點選的方式取用流程中前面步驟的模組產生的資料。

Tip

如果腳本中使用了多次同樣的模組, 由於模組的名稱相同, 不易分辨, 可以透過模組加入腳本的**序號**區分同名的模組, 避免選用到錯誤模組的資料得到不正確的結果。

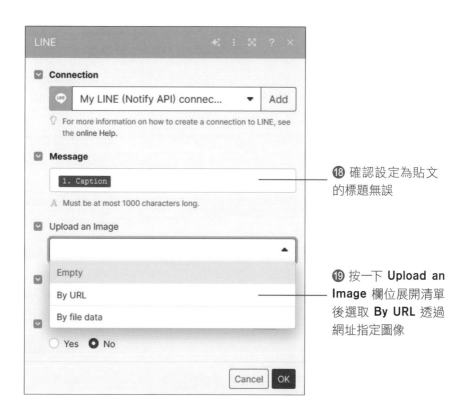

⑱ 確認設定為貼文的標題無誤

⑲ 按一下 **Upload an Image** 欄位展開清單後選取 **By URL** 透過網址指定圖像

Tip

在設定欄位中除了會出現資料項目的名稱外, 還會在名稱前面加上模組的編號, 讓你確認沒有使用錯模組的資料。

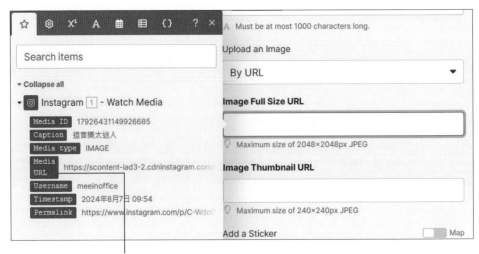

⑳ 在新出現的 **Image Full Size URL** 欄位按一下後選 Instagram － Watch Media 模組的 **Media URL** 資料項目在通知訊息中加入新貼文的照片

㉑ 確認設定正確 —

㉒ 同樣按一下後設定使用 **Media URL** 項目的資料作為通知訊息縮圖的網址

這個 1 代表前面測試時執行過 1 次模組, 按一下可以查看執行結果

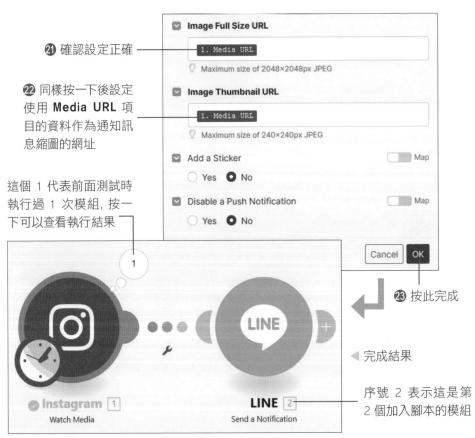

㉓ 按此完成

◀ 完成結果

序號 2 表示這是第 2 個加入腳本的模組

測試完整流程

現在我們已經設計完整個流程, 可以進行最後的測試：

❶ 按左下角的 **Run once**
按鈕執行腳本一次

❷ 這表示 Instagram 的 Watch
Media 模組有執行 1 次

❸ LINE 的 Send a
Notification 模組這裡
沒有數字泡泡, 表示
該模組並沒有執行

由於我們並沒有新貼文, 腳本執行後 Instagram 模組不會取得新貼文的資料, 所以並不會產生資料包, 也就不會往接續的流程執行。現在我們嘗試貼上一則新貼文：

再重新執行一次腳本：

這次 LINE 的模組也執行 1 次了

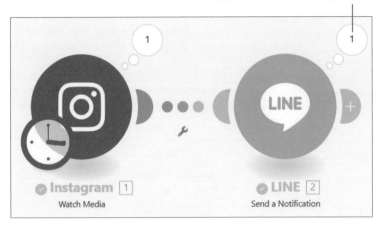

LINE 上面也會收到通知訊息，從 make.com 送來的 LINE 通知訊息都會有固定的 **Make** 開頭標示：

從 Instagram 取得的貼文內容

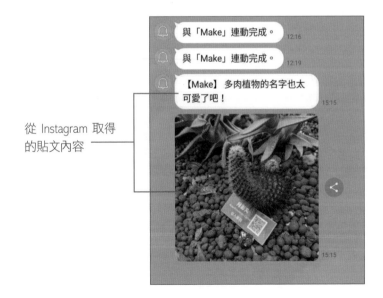

你也可以按一下模組右上角的執行次數，即可觀察流程上一個模組送來的資料內容：

❶ 按這裡查看收到的資料

❷ 根據模組設定從流程中
前面步驟取得的資料

利用這個方式，就可以查看腳本執行的過程中，資料的傳遞是否正確？往後遇到腳本執行結果有問題時，都可以透過這個方式檢查流程中資料的正確性，找出產生錯誤資料的模組後修正模組設定。

要特別說明的是，並不是所有的模組都會產生資料包，像是 LINE 的 Send a Notification 模組就不會產生資料包，如果在這個模組後面再連接其它的模組，就只會把從前面流程傳送過來的資料包再繼續往後傳送，不會增加新的資料包。

2-3 定時執行腳本

如果想要讓腳本持續運作, 而不是每按一次 **Run once** 才會執行一次, 可以依照以下步驟:

❶ 按此先儲存腳本

❸ 確認看到 **ON** 啟動腳本

❷ 按此定時重複執行腳本

❹ 預設會**每 15 分鐘**執行一次腳本

如果要修改定時執行的時間間隔, 可以如下修改:

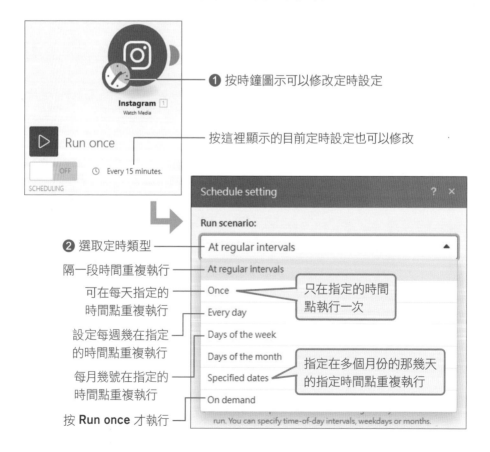

❶ 按時鐘圖示可以修改定時設定

按這裡顯示的目前定時設定也可以修改

❷ 選取定時類型 —— At regular intervals

隔一段時間重複執行 —— At regular intervals

可在每天指定的時間點重複執行 —— Once

只在指定的時間點執行一次

Every day

設定每週幾在指定的時間點重複執行 —— Days of the week

Days of the month

每月幾號在指定的時間點重複執行 —— Specified dates

指定在多個月份的那幾天的指定時間點重複執行

按 **Run once** 才執行 —— On demand

免費帳戶限制定時執行腳本的最短時間間隔是 **15 分鐘**, 如果希望縮短時間間隔, 就要考慮付費, 下一節我們會說明 make.com 的計費方式與限制。

　　現在你就可以隨時貼新文章, 讓這個腳本自動幫你把新貼文的內容轉送到 LINE 上了。不過要特別注意的是, 由於是**間隔時間到才會重新執行腳本**, 因此即使有新貼文, 也不會立即經由設計的流程取得貼文內容, 而是要等到下一次間隔時間到才會生效。

檢查執行紀錄

　　如果你想知道啟用定時自動重複執行腳本後實際的執行狀況, 可以如下檢視:

❶ 按一下左側邊欄的 **Scenaios**

❷ 按一下剛剛建立的腳本

Tip

如果沒有自訂腳本的名稱, 預設會以你加入腳本的模組所屬的應用名稱加上 "Integration" 字首來幫你命名, 像是我們剛剛建立的腳本名稱就自動被設為 "Integration Instagram"。建議每一個腳本都應該要有適當的名稱, 方便我們在腳本清單頁面中快速識別, 你可以隨時在腳本編輯頁面中按一下腳本名稱的欄位修改名稱。

❸ 右下角可以看到執行紀錄, 由於是間隔 15 分鐘執行, 你可以看到在我的例子中, 最近兩次執行的時間分別是 15:56 和 16:11

按執行記錄中的單筆記錄可以檢視詳細的執行內容, 舉例來説, 在又貼了兩則新貼文之後, 腳本又自動執行了一次：

❶ 表示本次腳本執行時, 總共有 3 個模組參與執行

❷ 按此筆記錄觀察細節

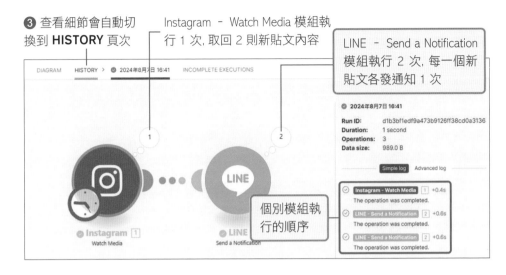

❸ 查看細節會自動切換到 **HISTORY** 頁次

Instagram – Watch Media 模組執行 1 次, 取回 2 則新貼文內容

LINE – Send a Notification 模組執行 2 次, 每一個新貼文各發通知 1 次

個別模組執行的順序

在這個例子中, 因為在腳本執行前新貼了 2 則貼文, 所以 Instagram – Watch Media 模組執行 1 次, 取回這 2 則新貼文的內容。每個新貼文會產生 1 個資料包, 共 2 個資料包。接著會先將第 1 個資料包往流程的下一個模組送, 這時 LINE - Send a Notification 模組就會從資料包中取出資料發送通知訊息, 結束流程。這時 Instagram – Watch Media 模組會再將第 2 個資料包送出, LINE – Send a Notification 模組也會再發出一次通知訊息, 結束流程。這時因為已經沒有需要處理的資料包了, 所以整個腳本就結束了。

模組每執行一次, 就稱為一個**操作 (operation)**, 這也是 make.com 的計價單位, 稍後我們就會解說。以剛剛的例子來說, 總共就進行了 3 次操作。

2-4 篩選資料變化流程

現在我們已經可以在不需要撰寫程式碼的前提下, 利用滑鼠拖拖拉拉就可以設計出簡單的自動化流程了, 不過如果你是個好奇寶寶, 可能貼了好幾則文章測試, 也許已經發現如果是以影片貼文, 傳送到 LINE 的內容就會怪怪的, 這一節就來說明如何根據資料的內容變化流程。

停止定時執行腳本進入編輯頁面

為了方便進行以下的測試, 我們先把剛剛定時執行的腳本停掉:

① 切換到 **DIAGRAM** 頁次

② 切換成 **OFF**　　**③** 按一下進入編輯頁面

篩選資料

　　現在我們貼一個新的短片到 Instagram 上, 然後再按 **Run once** 執行一次腳本, 你會看到 LINE 收到的通知會像是這樣:

咦, 這是什麼?

這是因為 LINE - Send a Notification 模組只能送出文字加圖片的內容, 而我們的腳本把短片的網址當成是圖片的網址送給 LINE, LINE 在顯示時無法取得正確的圖片內容, 所以會顯示一個代表圖片錯誤的圖示。俗話說『解決問題最簡單的方法就是解決造成問題的人』, 要避免剛剛的問題, 最簡單的作法就是當新貼文是短片時, 就不要傳送通知訊息。

現在我們回頭來檢視一下 Instagram 收到的資料內容:

你可以跟前面我們測試 Instagram 模組時的結果比較, 如果貼文是圖片, **Media type(媒體類型)** 項目的內容會是 "IMAGE", 根據這個項目的內容, 就可以區別貼文是不是短片了。請依照以下步驟排除短片不發送通知訊息:

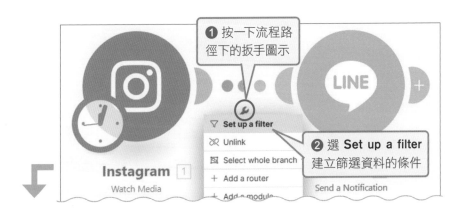

❸ 鍵入自訂的名稱，
本例鍵入 "阻擋短片"

❹ 按一下 Condition
欄位設定篩選對象

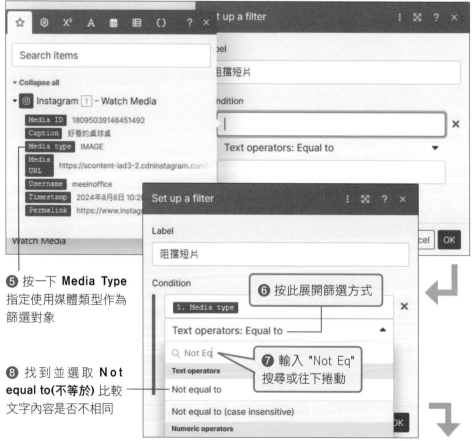

❺ 按一下 Media Type
指定使用媒體類型作為
篩選對象

❻ 按此展開篩選方式

❼ 輸入 "Not Eq"
搜尋或往下捲動

❽ 找到並選取 Not
equal to(不等於) 比較
文字內容是否不相同

Tip

在 **Not equal to** 底下有一個 **Not equal to(case insensitive)**, 一樣是比較文字內容不相等, 但是不會區別英文字母大小寫, 也就是 "Video" 或是 "video" 等都視同與 "VIDEO" 相等, 如果你的資料大小寫不一定, 就很適合使用不區別大小寫的比較方式。本例中因為 Instagram 產生的資料固定使用全部大寫字母, 所以不需要管大小寫的問題。

❾ 填入 "VIDEO", 全部大寫, 只要輸入英文字母, 不要輸入前後的引號

❿ 按此完成

以上設定就表示這條路徑只有在 Instagram － Watch Media 的資料包中 **Media type 項目的內容不是 "VIDEO"** 的時候才會通, 否則就會阻擋資料包, 不會往路徑的另一端傳送。我們可以測試看看, 如果現在再新貼一則短片, 然後重新執行腳本一次, 就會看到如下的執行結果:

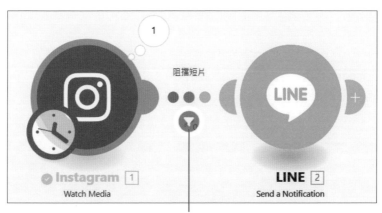

在扳手上加上漏斗的圖示, 表示有篩選條件, 並且會標示通過這個路徑的資料包數量

由於幫路徑設定了篩選條件, 當貼文是短片時, 就會因為資料包中 Media type 的內容是 "VIDEO" 而被擋下來, 不會往流程的下一個模組傳送, 你可以看到 LINE - Send a Notification 模組右上角並沒有數字泡泡, 確認沒有送出通知訊息。如果再貼一則圖片貼文, 就會看到執行結果如下:

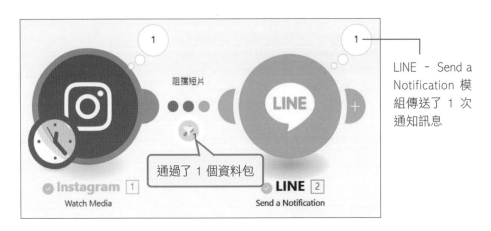

LINE - Send a Notification 模組傳送了 1 次通知訊息

透過這樣的方式, 我們就可以控制哪些資料包可以通過了。除了剛剛使用的篩選方式外, 在清單中還有其它篩選資料的方式, 我們會在實際使用到時再說明。

2-5 make.com 的進階操作

到這裡我們已經設計好基本的流程, 不過剛剛使用的 LINE - Send a Notification 模組還有一些設定沒有使用到, 我們在這一節進一步說明, 同時也會解說如何將設計好的腳本儲存成檔案分享給別人使用。

客製訊息內容

在 LINE - Send a Notification 模組設定傳送訊息的欄位中, 並不是只能使用資料包中的單一項目, 你還可以自由填入文字或是組合不同的項目。

LINE 通知訊息的設定中還有一個 **Disable a Push Notification** 選項:

這個選項控制通知訊息送達使用者端時, 是否**不要**跳出通知讓使用者知道, 預設是 **No**, 也就是訊息送達時**要**跳出通知, 會在手機頂端通知列或是螢幕鎖定畫面上看到通知:

如果把這個選項設為 **Yes**, 表示要關閉通知, 使用者就不會看到通知了。

將腳本匯出成檔案

設計好的腳本都會儲存在 make.com 的雲端, 如果你想把設計好的腳本分享給別人使用, 可以使用繪出的功能, 它會將腳本以特定的格式儲存成檔案, make.com 稱匯出的腳本檔案為**藍圖 (blueprint)**。請依照以下步驟匯出腳本:

❷ 選取 **Export Blueprint** 將腳本匯出成藍圖

❶ 按一下顯示更多工具

這會把檔案下載到你的電腦上，你可以在瀏覽器設定的下載位置找到檔案，預設的名稱是 blueprint.json：

你可以隨意修改檔案的名稱，只要把這個檔案傳給其它人，他們就可以使用匯入藍圖的方式快速建立相同的腳本，我們會在下一章 3-2 節示範匯入藍圖的方法。

> **Tip**
>
> 匯出的藍圖檔案中並不包含你建立的連線，所以不需要擔心匯入藍圖的使用者也可以存取你的 Instagram 等個人資料。

2-6 make.com 的計費機制

天下沒有白吃的午餐，make.com 雖然提供了免費帳戶可以使用，不過限制較多，最主要的是：

● 同時只能啟動 **2 個**定時執行的腳本，而且定時間隔最短只能 **15 分鐘**，如果你希望多個流程都可以自動執行運作，或是希望可以更即時回應，就必須改成付費訂閱帳戶。

● 每個月可以執行 **1000 次操作**，前一節已經看到每個模組執行 1 次就是 1 個操作，因此生成的資料包越多，流程就會跑越多次，流程經過的模組越多越複雜，也代表要進行的操作次數就越多，一旦耗盡當月的操作數量，就只能付費升級訂閱方案，才能使用更多的操作。

● 腳本每次執行時間限制為 **5 分鐘**,也就是説你的腳本從開始執行到結束必須在 5 分鐘內完成,否則會被強制終止。如果流程比較複雜,或是包含比較多需要等待的時間,就有可能無法正常執行。

● 定時執行腳本時會比付費用戶的**優先權較低**,也就是説即使到了你設定的間隔時間,也有可能因為其它付費用戶的腳本大量執行而延後執行你的腳本。如果非得在設定的時間執行腳本,這就會影響你的整體效能。

　雖然有上述限制,不過一開始學習的時候,使用免費帳戶即可,像是我們這一章建立的腳本,除非你瘋狂貼文測試,或是一開始建立 Instagram 連線時設定為把所有貼文都當成新貼文,不然每次執行耗用的操作數量極少,要能用掉 1000 次操作並不容易。

檢查剩餘操作數量

你可以透過以下步驟檢查剩餘的操作數量:

❶ 按 Organization　　❷ 確認在 **ORGANIZATION** 頁次

目前使用免費帳戶

每月可用的操作數量

剩餘的操作數量

付費訂閱

隨著你設計的流程越來越複雜, 或是要把設計好的流程給多人使用, 每月 1000 次的操作數量就有可能不足, 如果需要升級付費訂閱, 可以透過以下步驟完成:

❶ 切換到 SUBSCRIPTION 頁次

❷ 可以切換成月繳或是年繳,
如果是要長期使用,年繳較省

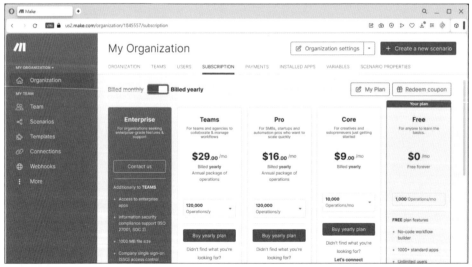

Tip

本節內容均以本書撰寫時為依據, 實際付費方案及定價請自行參考 make.com 官網。

你可以自行比較個別方案，再按 **Buy ... plan** 即可填寫資料以信用卡付費訂閱。由於付費方案基本上都是每月 10000 個操作數量，所以建議除非長期使用後發現需要較高費率的方案提供的功能，否則應該都先以 **Core** 方案開啟即可。

購買額外操作數量

如果你已經是付費用戶，但是發現 10000 個操作不夠用，那也沒有關係，你可以幫你的訂閱方案加購額外的操作數，這可以在以下位置購買：

1 切換到 **ORAGANIZATION** 頁次

2 按 **Buy extra operations**

❸ 幫你的訂閱方案加購操作數

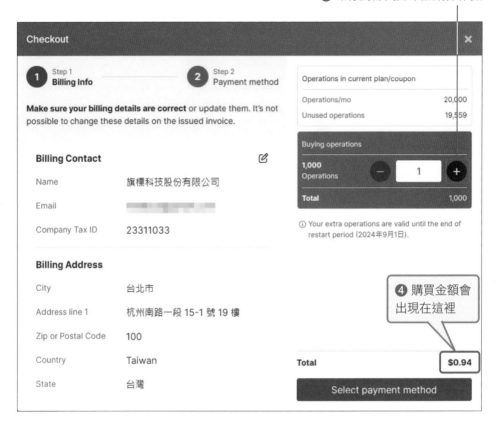

要特別提醒的是, 訂閱帳戶以及加購的操作數都是一個月為有效期, 過期後就會失效, 因此也不需要一次買太多, 不夠用再加購就可以了。

經過本章的說明, 應該對於使用 make.com 設計自動化流程有基本的概念, 你可以自行試看看別的模組。下一章開始, 就要幫自動化流程加上 AI 的元素了。

CHAPTER 3

用 ChatGPT 的頭腦
幫自動化流程長智慧

上一章我們示範了如何利用 make.com 設計自動化流程,本章要更進一步,利用 AI 來幫我們處理自動化流程中的資料,像是幫我們分析從 Instagram 取得的照片等等,以便能夠根據照片內容變化輸出結果,讓整個自動化流程更聰明,而不只是單純傳遞資料而已。

3-1 付費註冊 OpenAI API

　　相信大家都已經見識過 ChatGPT 的威力，從這一章開始我們就要藉助 ChatGPT 背後的大腦--OpenAI 公司開發的大型語言模型來幫我們為自動化流程添加 AI 能力。要做到這件事，就必須**付費註冊**使用 OpenAI API，這項功能主要是為了程式開發人員所設計，不過在 make.com 中也提供有 OpenAI 應用，內含多種可以發揮大型語言模型功能的模組，方便我們將 OpenAI API 串接到自動化流程中。

Tip

你可以把 OpenAI API 看成是一個線上服務，提供有對應到不同功能的網址，只是這個網址不是用來顯示網頁讓一般使用者操作，而是讓程式或者腳本透過網址傳送資料給大型語言模型，並且取得大型語言模型的回應內容。

OpenAI 已經取消 API 新用戶的 5 美元免費額度，所以要使用 OpenAI API，就必須付費才能使用，本書練習只要先儲值最低額度 5 美元即可。

註冊 OpenAI API 帳號

　　OpenAI API 與 ChatGPT 雖然都是 OpenAI 的產品，不過兩者的帳號與費用都是獨立的，即使你是 ChatGPT 的付費訂戶，也必須付費註冊 OpenAI API 的帳號才能使用，請依照以下步驟註冊帳號：

❶ 在網址列輸入 https://platform.openai.com 進入 OpenAI API 頁面

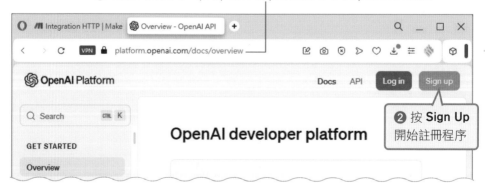

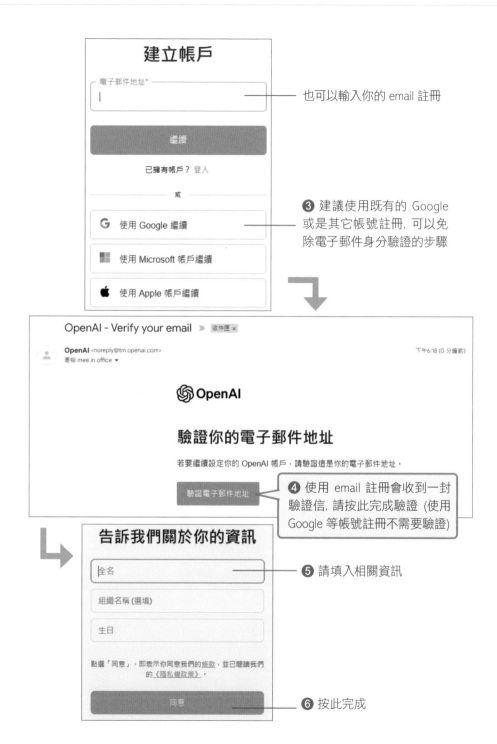

建立帳戶

電子郵件地址*

—— 也可以輸入你的 email 註冊

繼續

已擁有帳戶？登入

或

G 使用 Google 繼續 —— ❸ 建議使用既有的 Google 或是其它帳號註冊, 可以免除電子郵件身分驗證的步驟

■ 使用 Microsoft 帳戶繼續

 使用 Apple 帳戶繼續

OpenAI - Verify your email 收件匣 ×

OpenAI <noreply@tm.openai.com>
寄給 mee.in.office ▾   下午6:18 (0 分鐘前)

 OpenAI

驗證你的電子郵件地址

若要繼續設定你的 OpenAI 帳戶, 請驗證這是你的電子郵件地址。

驗證電子郵件地址 —— ❹ 使用 email 註冊會收到一封驗證信, 請按此完成驗證 (使用 Google 等帳號註冊不需要驗證)

告訴我們關於你的資訊

全名 —— ❺ 請填入相關資訊

組織名稱 (選填)

生日

點選「同意」, 即表示你同意我們的條款, 並已閱讀我們的《隱私權政策》。

同意 —— ❻ 按此完成

這樣就註冊好帳號了。

生成金鑰

　　實際使用 OpenAI API 時並不會要求你提供帳號的登入名稱與密碼, 而是使用**金鑰 (key)** 來驗證你的身分, 因此註冊帳號後的第一件事, 就是建立金鑰, 請依照以下步驟完成:

Tip
每個帳號第一次建立金鑰的時候都需要完成行動電話驗證程序, 但要注意的是, 同一個門號最多可以驗證 3 個 OpenAI API 的帳號。

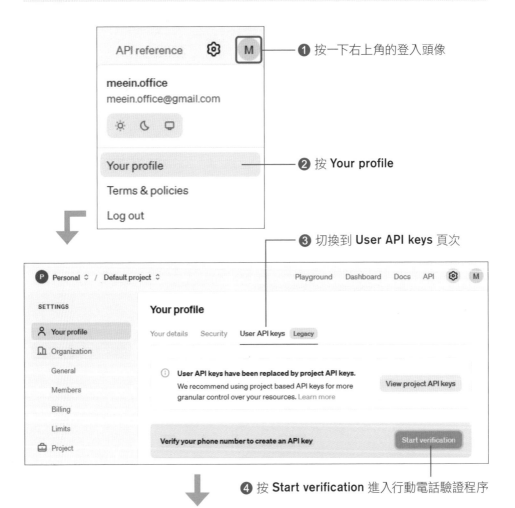

❶ 按一下右上角的登入頭像

❷ 按 **Your profile**

❸ 切換到 **User API keys** 頁次

❹ 按 **Start verification** 進入行動電話驗證程序

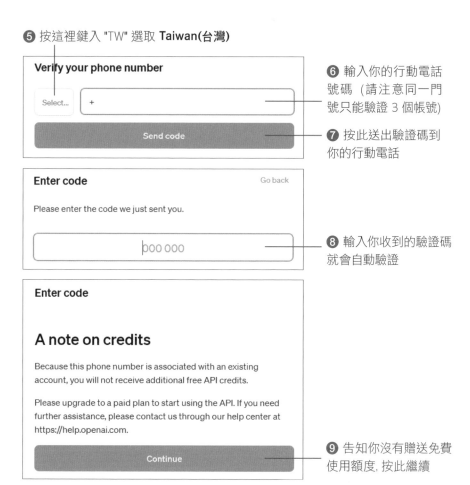

❺ 按這裡鍵入 "TW" 選取 **Taiwan(台灣)**

❻ 輸入你的行動電話號碼 (請注意同一門號只能驗證 3 個帳號)

❼ 按此送出驗證碼到你的行動電話

❽ 輸入你收到的驗證碼就會自動驗證

❾ 告知你沒有贈送免費使用額度, 按此繼續

Tip

過去如果是使用此門號驗證的第一個帳號可以取得 5 美元的免費使用額度, 本書撰寫時已經取消, 不論這個門號有沒有驗證過 OpenAI API 帳號, 經測試都會顯示這個有點莫名其妙的訊息, 告訴你這個門號已經驗證過其它帳號, 所以不再贈送免費額度。

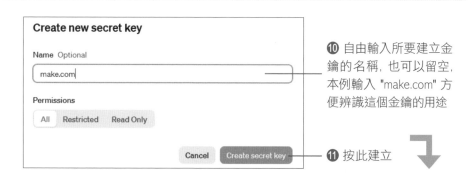

❿ 自由輸入所要建立金鑰的名稱, 也可以留空, 本例輸入 "make.com" 方便辨識這個金鑰的用途

⓫ 按此建立

⓬ 建立好的金鑰

Save your key

Please save this secret key somewhere safe and accessible. For security reasons, **you won't be able to view it again** through your OpenAI account. If you lose this secret key, you'll need to generate a new one.

T3BlbkFJ_rrY3iLEP_dac9g_xelonbclvFjNCb6z8J4sOW39IA   🗗 Copy

Permissions

Read and write API resources

Done

⓭ 按此複製金鑰，複製後請紀錄在別的地方，關閉此交談窗後無法重新顯示完整的金鑰

⓮ 按此完成

　　這樣就建立好金鑰了，要再特別提醒的是完成金鑰建立程序後，就無法再顯示完整的金鑰內容，因此必須把金鑰複製後記錄下來。如果忘記儲存金鑰也不用緊張，你隨時都可以回到此頁面建立新的金鑰，或是註銷（刪除）已經建立的金鑰，也可以回頭幫金鑰命名或是修改名稱：

按此可以修改金鑰名稱

NAME	SECRET KEY	PERMISSIONS		
make.com for meeinoffice	sk-...ZrQA	All	🖉	🗑
make.com	sk-...r3QA	All	🖉	🗑
+ Create new secret key				

按此可以建立新的金鑰

按此可以註銷金鑰

　　利用這樣的方式，你就可以提供金鑰給別人使用，但是卻不需要提供帳號的登入名稱與密碼，你也可以利用不同的金鑰來管理不同自動化流程使用 OpenAI API 的額度。

付費儲值購買使用額度

剛剛註冊帳號時已經提過, OpenAI API 已經不再提供新驗證帳號免費的使用額度, 實際使用前必須付費儲值購買使用額度, 才能讓金鑰生效。提到付費, 你可能會擔心費用問題, 以本書測試來說, 只要先支付最低限制 **5 美元** 即可, 請依照以下步驟付費:

Tip

本書撰寫時 OpenAI API 僅提供使用信用卡付費, 不提供其它付費方法。

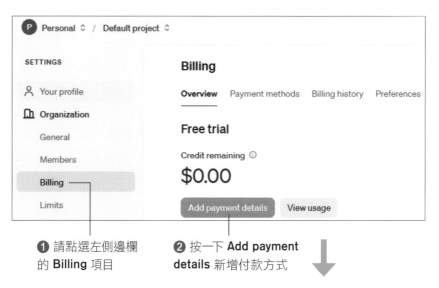

❶ 請點選左側邊欄的 **Billing** 項目　　❷ 按一下 **Add payment details** 新增付款方式

❸ 個人使用請按此

公司使用請按此, 可以填統編

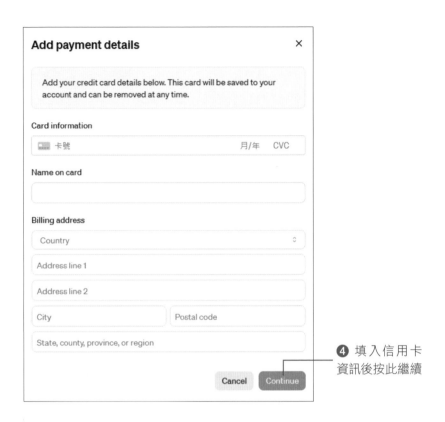

④ 填入信用卡
資訊後按此繼續

如果剛剛選公司用途, 就會多以下欄位可以填統編:

取消勾選可以填寫與付款人不同的公司地址

這裡可以選台灣地區　　　　填統編

這樣在電子收據上就會出現統編。

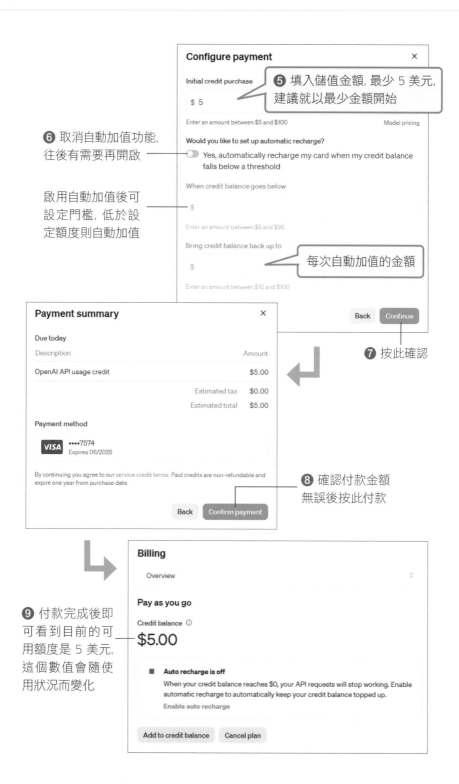

Configure payment ✕

Initial credit purchase

$ 5

❺ 填入儲值金額, 最少 5 美元, 建議就以最少金額開始

Enter an amount between $5 and $100　　　Model pricing

Would you like to set up automatic recharge?

⬤ Yes, automatically recharge my card when my credit balance falls below a threshold

❻ 取消自動加值功能, 往後有需要再開啟

When credit balance goes below

$

啟用自動加值後可設定門檻, 低於設定額度則自動加值

Enter an amount between $5 and $95

Bring credit balance back up to

$

每次自動加值的金額

Enter an amount between $10 and $100

Back　Continue

❼ 按此確認

Payment summary ✕

Due today

Description　　　　　　　　　　　　Amount

OpenAI API usage credit　　　　　　　$5.00

Estimated tax　$0.00

Estimated total　$5.00

Payment method

VISA ••••7574
Expires 06/2028

By continuing you agree to our service credit terms. Paid credits are non-refundable and expire one year from purchase date.

❽ 確認付款金額無誤後按此付款

Back　Confirm payment

Billing

Overview

Pay as you go

Credit balance ⓘ

$5.00

❾ 付款完成後即可看到目前的可用額度是 5 美元, 這個數值會隨使用狀況而變化

■ **Auto recharge is off**
When your credit balance reaches $0, your API requests will stop working. Enable automatic recharge to automatically keep your credit balance topped up.
Enable auto recharge

Add to credit balance　Cancel plan

這樣就完成付款可以開始使用 OpenAI API 了。

檢查使用額度

一旦開始使用 OpenAI API, 你可能會想知道目前用了多少額度, 你可以透過以下步驟查看目前的使用狀況:

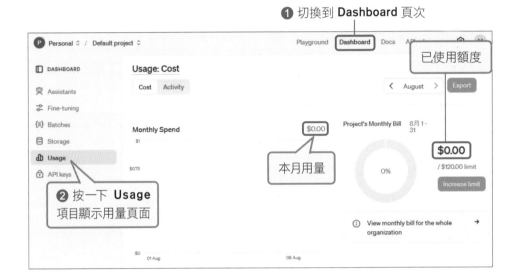

❶ 切換到 **Dashboard** 頁次

已使用額度

本月用量

❷ 按一下 **Usage** 項目顯示用量頁面

這樣就做好使用 OpenAI API 的準備工作了, 下一節開始就會在自動化流程中運用 OpenAI 的大型語言模型協助我們處理各種工作。

3-2 匯入藍圖快速建立腳本

本章的範例因為會延續上一章製作好的成果, 如果你在閱讀上一章的時候並沒有跟著操作, 也可以從本書下載的範例快速建置好腳本。

Tip

如果你已經有依照第 2 章操作製作好腳本, 就可以直接跳到 3-3 節, 本節內容有需要再回頭參考即可。

匯入藍圖

請先依照本書目錄後的〈範例下載〉一節的說明下載範例檔,然後再依照以下步驟匯入藍圖建立腳本:

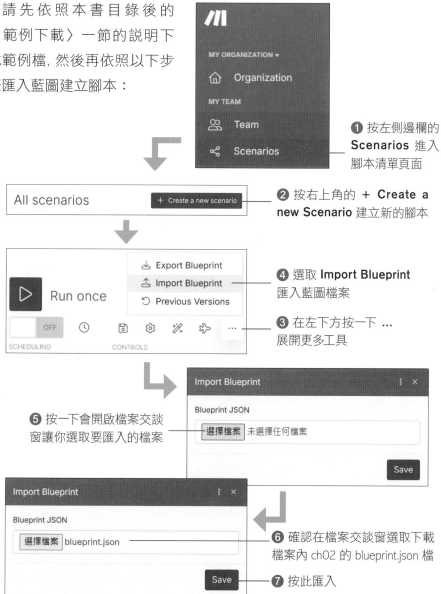

❶ 按左側邊欄的 **Scenarios** 進入腳本清單頁面

❷ 按右上角的 **+ Create a new Scenario** 建立新的腳本

❹ 選取 **Import Blueprint** 匯入藍圖檔案

❸ 在左下方按一下 ... 展開更多工具

❺ 按一下會開啟檔案交談窗讓你選取要匯入的檔案

❻ 確認在檔案交談窗選取下載檔案內 ch02 的 blueprint.json 檔

❼ 按此匯入

這樣你應該就會看到依照藍圖檔案建好的腳本了。

建立連線

如同前一章的說明, 匯出的藍圖並不包含建立好的連線, 所以匯入藍圖快速建立腳本後必須重新建立連線才能使用 :

❶ 按一下腳本中的 Instagram -Watch Media 模組

❷ 按一下 **Create a connection** 建立與 Instagram 的連線

Tip
建立連線的步驟請參考上一章, 這裡不再贅述。

如果已經有建立過 Instagram 的連線, 會看到如下畫面 :

按此可選擇既有的連線

按此可以建立新連線, 使用不同的帳號

❸ 在 LINE Send a Notification 模組上按一下

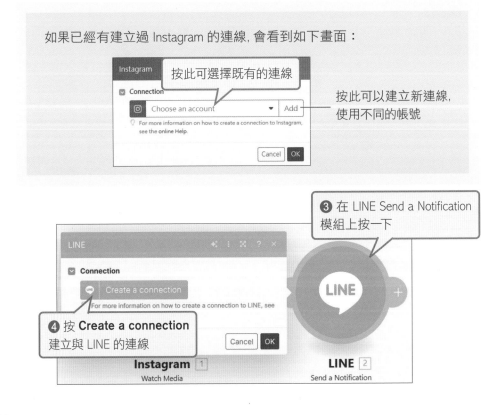

❹ 按 **Create a connection** 建立與 LINE 的連線

這樣就從藍圖快速建置好可以運作的腳本了。

3-3 讓 AI 幫我們篩選圖片內容

社群小編在 Instagram 上貼文最怕照片有爭議, 比如說拍到不想露面的路人, 如果沒有經過同意就貼文, 就可能會引起紛爭。為了協助檢查貼文, 就可以請 AI 來幫忙。

加入分析圖片的 AI 模組

現在就來試看看 AI 的威力, 請依據以下步驟修改原本的腳本, 請 AI 幫我們檢查圖片, 把有人臉的圖片抓出來, 並且把檢查結果送到 LINE 通知我們:

 加入可以幫我們檢視圖片的模組:

❶ 在路徑上按滑鼠右鍵展開快捷功能表

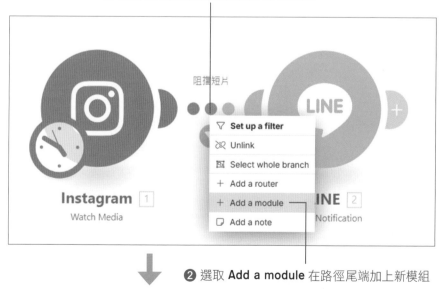

❷ 選取 **Add a module** 在路徑尾端加上新模組

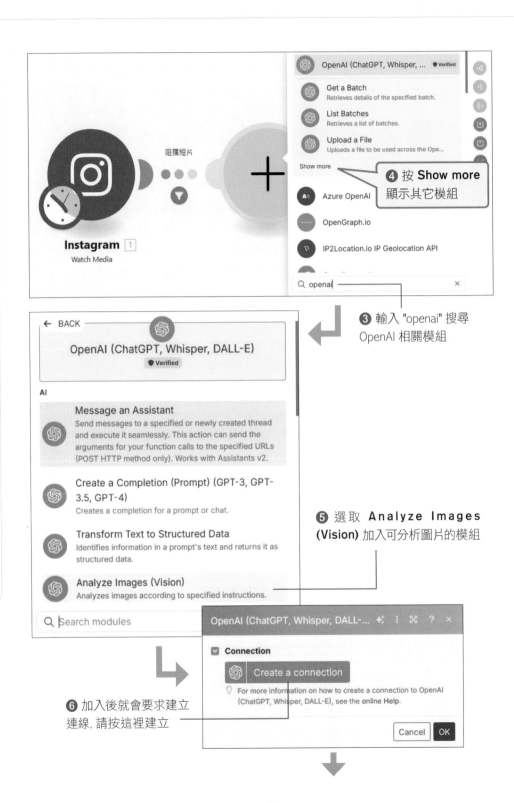

④ 按 **Show more** 顯示其它模組

❸ 輸入 "openai" 搜尋 OpenAI 相關模組

❺ 選取 **Analyze Images (Vision)** 加入可分析圖片的模組

❻ 加入後就會要求建立連線, 請按這裡建立

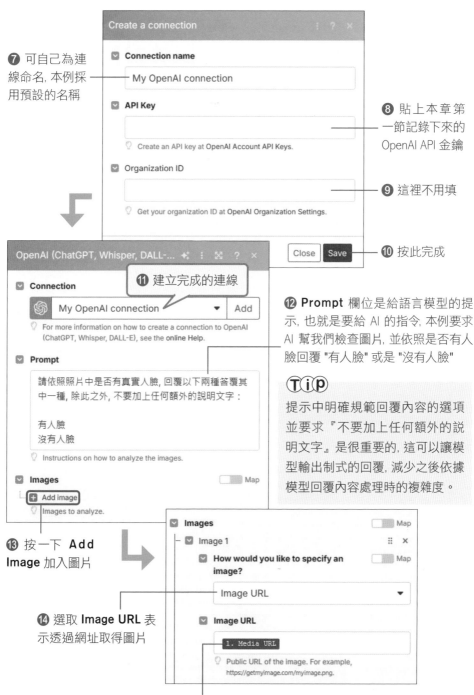

❼ 可自己為連線命名, 本例採用預設的名稱

❽ 貼上本章第一節記錄下來的 OpenAI API 金鑰

❾ 這裡不用填

❿ 按此完成

⓫ 建立完成的連線

⓬ Prompt 欄位是給語言模型的提示, 也就是要給 AI 的指令, 本例要求 AI 幫我們檢查圖片, 並依照是否有人臉回覆 "有人臉" 或是 "沒有人臉"

Tip
提示中明確規範回覆內容的選項並要求『不要加上任何額外的說明文字』是很重要的, 這可以讓模型輸出制式的回覆, 減少之後依據模型回覆內容處理時的複雜度。

⓭ 按一下 **Add Image** 加入圖片

⓮ 選取 **Image URL** 表示透過網址取得圖片

⓯ 按一下 **Image URL** 欄位並選取 Instagram - Watch Media 模組輸出資料包內的 **Media URL** 項目設定圖片的網址

⑯ **Model** 欄位請選用 **gpt-4o-mini** 這個經濟實惠的語言模型

⑰ **Max Tokens** 欄位保留預設值,這可以限制語言模型回覆時的內容長度,留空的話會採用語言模型預設的最大限制

⑱ 按此完成設定

Tip

大型語言模型的計費單位是 token,我們輸入的提示會先轉換成 token 才送給模型處理,模型的輸出結果也是 token,會轉換回文字後再送回給我們。稍後我們會實際檢視文字與 token 的轉換,並介紹 OpenAI 的計費標準。

step 02 加入並設定好分析圖片的模組後,接著再調整一下 LINE 通知訊息的內容:

❶ 按一下 LINE - Send a Notification 模組

❷ 在 1. Caption 前面先按一下,輸入成對的方括號 "[]" 後在括號中間加入 OpenAI - Analyze Images 模組的 **Result** 資料項目,插入 AI 圖片分析的結果

這樣我們就修改完腳本了,為了測試修改結果,我新貼了兩則貼文:

沒有人的照片 ——

這則貼文照片中
有小小的人 ——

現在就可以按 **Run once** 執行腳本測試：

可以看到 OpenAI - Analyze Images
模組分析了 2 則貼文 ——

從 LINE - Send a Notification 模組
發出 2 則訊息可以確認執行成功

在 LINE 中收到的通知訊息如下：

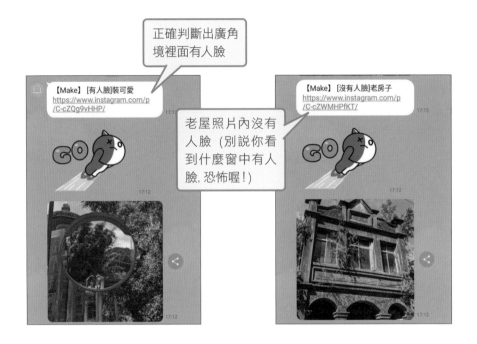

從通知訊息中可以看到, OpenAI 分析圖片的模組可以正確運作, 而且它也乖乖的依照我們的提示回覆規定好『有人臉』、『沒有人臉』的選項, 如果要人來檢查, 就得一張張照片像是大家來找碴那樣仔細檢查, 但是交給 AI 就輕輕鬆鬆了。

依據 AI 分析結果篩選資料

既然 AI 可以正確運作, 我們就可以依據 AI 的回覆內容來篩選照片, 只有判斷有人臉的照片我們才需要進一步檢視, 確認照片中出現的是可以公開的人才保留貼文, 否則就應該趕快要求社群小編把貼文移除, 避免爭端。以下就為腳本加上**篩選器(filter)**, 只在照片中有人臉的時候發出通知：

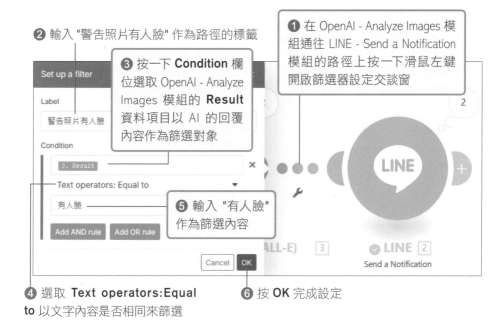

② 輸入 "警告照片有人臉" 作為路徑的標籤

❶ 在 OpenAI - Analyze Images 模組通往 LINE - Send a Notification 模組的路徑上按一下滑鼠左鍵開啟篩選器設定交談窗

❸ 按一下 **Condition** 欄位選取 OpenAI - Analyze Images 模組的 **Result** 資料項目以 AI 的回覆內容作為篩選對象

❺ 輸入 "有人臉" 作為篩選內容

④ 選取 **Text operators:Equal to** 以文字內容是否相同來篩選

❻ 按 **OK** 完成設定

　　剛剛的設定表示當 AI 分析的結果是 "有人臉" 的時候, 才讓流程往後面跑, 否則就到此為止, 這樣就可以避免對於沒有人臉的照片也發出通知了。設定完成後, 我一樣新增了兩則貼文:

你看得出來兩張照片裡都有人臉嗎?

執行之後 AI 果然不負所托，通知我們兩張照片內都有人臉：

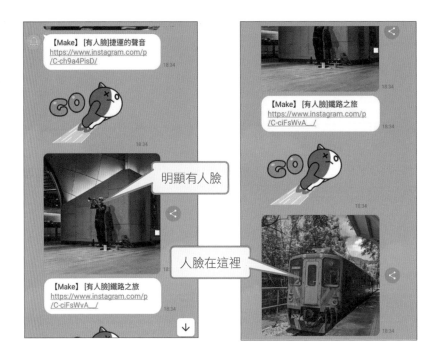

為了確認 AI 真的神，我再貼了
以下這則貼文：

重新執行一次腳本，結果如下：

由於沒有人臉, 經過篩選後不會送到 LINE - Send a Notification 模組, 所以右上角沒有數字氣泡, 表示並沒有執行

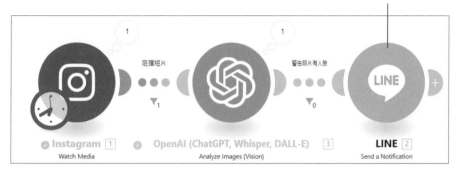

這樣就完成自動偵測人臉並且發出通知警訊的自動化流程了, 請先儲存腳本, 在下一節中我們會以這個腳本為基礎, 變化出不同的應用。

OpenAI 模型的計價方式與限制

如果你在剛剛的測試結果中按一下 OpenAI - Analyze Images 模組右上角的數字氣泡, 會看到以下的輸出資料包內容:

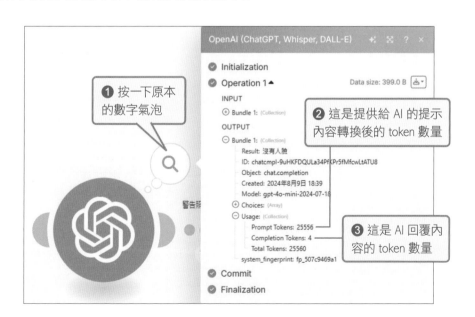

你可以看到整個輸入給 AI 以及 AI 回覆內容對應的 token 數量, 這些數量都是 AI 計價的對象, 你可以在 https://openai.com/api/pricing/ 看到最新的價目表。本書撰寫的時候, 主要使用的兩種模型是 gpt-4o 以及 gpt-4o-mini, 從名稱應該就可以看出來, mini 當然是比較小的模型, 雖然功能差一點, 但是費用也便宜很多, 以下整理兩種模型的費用與限制:

模型名稱	輸入計價	輸出計價	輸入限制	輸出限制	圖片解析計價
	單位：1,000,000 個 token		單位：token		瓦片大小：512×512 像素
gpt-4o	2.5 美元	10 美元	128,000	16,384	(85 + 瓦片數 × 170) 個 token
gpt-4o-mini	0.150 美元	0.6 美元	128,000	16,384	(2833 + 瓦片數 × 5667) 個 token

你可以看到以文字資料來說, gpt-4o 的價格是 gpt-4o-mini 的 10 倍以上。

圖片解析的費用則是以圖片面積切割成瓦片, 再由瓦片數量轉換成 token 數量來計算。實際解析前, 它會先把你的圖片維持原長寬比例縮放到短邊不超過 768 像素、長邊不超過 2000 像素的大小, 再依照計價表中的瓦片大小來計算瓦片數量。以一個 768×768 像素的圖片為例, 不足 512×512 像素仍會計為 1 個瓦片, 所以總共是 4 個瓦片, 以 gpt-4o 來解析, 花費:

```
(85 + 4 × 170) × 2.5 美元 / 1,000,000 token = 0.0019125 美元
```

但若以 gpt-4o-mini 來計算, 則是:

```
(2833 + 4 × 5667) × 0.150 美元 / 1,000,000 token = 0.003825 美元
```

gpt-4o 的價格反而是 gpt-4o-mini 的 一半。不過因為文字部分的費用 gpt-4o 顯然貴很多, 因此你可以自行根據圖檔大小以及可能的文字輸出量來選用模型。

另外, 要特別留意的是輸入與輸出的限制量, 輸出限制明顯遠小於輸入限制, 所以如果你輸入一長串文字讓模型幫你翻譯, 產生幾乎等量的輸出文字, 就可能會超過輸出限制。同樣的道理, 如果你要輸入長篇文章, 也可能會超過模型限制,而必須分段處理。

你可能也會很好奇到底一段文字轉成 token 後數量有多少?OpenAI 提供有 Tokenizer 網頁 (https://platform.openai.com/tokenizer) 可以輸入文字檢視實際轉換的結果:

❶ 選擇模型

❷ 輸入文字

❸ 總 token 與字元數量 (含標點符號)

❹ 個別 token 對應的文字片段

completions 被拆成多個 token

你可以看到除了少數英文單字會被拆成多個 token 外, 大部分都是單一單字對應到一個 token, 但是像是 GPT-4o 並非單字, 也會被拆解為多個 token。概略來說, 英文文字轉換成 token 後數量會比原本的單字數量多一些。

你也可以輸入中文字測試, 這裡我們輸入上一節腳本中送給模型的提示:

『臉』字分解開後無法正常顯示

中文字因為不是拼音文字, 所以單一中文字若被拆開成多個 token, 並無法像是英文那樣顯示成可閱讀的符號。不過除了『臉』字被拆解為 2 個 token 外, 大部分都是單一中文字對應到一個 token, 有些詞彙則會將多個中文字對應到單一個 token。概略來說, 中文文字轉換成 token 後的數量會比中文字數少一些。透過這個工具, 你就可以大概估算 token 數量了。

實際計費的 token 數量就是圖片的 token 數加上輸入提示以及模型回覆的 token 數。以本節一開始觀察上一節最後一次執行的結果耗用的 25556 個 token 為例, 說明整體計算方式。我們將 Instagram 的圖片下載後發現是 1440×1440 像素大小, 長短邊相同, 依照規則會先縮放成短邊不超過 768 像素, 也就是 768×768 像素的圖片, 再以 512 × 512 大小來切分, 單純圖片的 tokens 數就是：

```
(2833 + 5667 × 4) = 25501 token
```

再加上剛剛使用網頁檢視輸入提示內容的 token 數量 48, 以及執行結果中顯示輸出的『沒有人臉』是 4 個 token, 總計是 25553 個 token。你可能已經發現這個數量比執行結果中看到的 25556 少了 3 個 token, 這是因為除了提示內容外, 送給模型時還會加上額外的記號, 區隔提示內容與圖片, 這些記號佔了 3 個 token。

3-4 圖片分析的綜合應用

現在我們已經可以使用 OpenAI 的 API 幫我們分析圖片, 只要再串接其它服務, 就可以發揮各種不同的應用了。

用 Notion 備份加上描述圖片內容的 Instagram 貼文

你是不是也有遇過想要搜尋自己在 Instagram 上的照片, 卻怎麼找都找不到的時候?這可能是因為貼文時的文字內容並沒有包含照片上的特徵, 例如一張下雨天照片的貼文, 文字內容可能只有當時的心情, 而沒有『下雨』等字眼, 因此無法用文字搜尋的方式快速找到它。

為了解決這個問題, 我們可以利用自動化流程的方式, 把貼文自動備份到 Notion 筆記服務上, 並且藉由 AI 的幫助, 在備份貼文時額外加上自動生成的圖片說明, 這樣一張下雨的照片就會有下雨相關的說明文字, 之後就可以快速搜尋到貼文了。

以下我們就利用前一節的實作成果來修改, 變成一個將新貼文備份到 Notion 筆記服務的自動化流程。操作過程同時也會示範如何複製既有的腳本, 簡化相似流程腳本的設計步驟:

Tip

如果閱讀前面章節的時候沒有照著操作, 也可以匯入藍圖的方式先載入下載範例檔中 ch03 的 **01_篩選人臉.json** 檔後再操作, 匯入藍圖的操作方法請參考 3-2 節。

step 01 複製前一節完成的腳本:

❶ 按一下左側邊欄的 **Scenarios**

❷ 展開前一節腳本的選項清單

篩選人臉

❸ 按 **Clone** 複製腳本

4 幫複製的腳本命名

5 按此儲存

6 按右上角的 **Edit** 進入編輯頁面

step 02 移除不需要的模組：

1 在 LINE - Send a Notification 模組上按一下滑鼠右鍵

2 按 **Delete module** 刪除模組

step 03 修改 AI 功能模組的設定：

1 按一下 OpenAI - Analyze Images 模組

2 修改提示為『請描述這張照片的內容』

這樣就完成了預備工作，接著就要把新貼文備份到 Notion 筆記系統中，我在 Notion 中已經建立一個名為『Instagram 備份』的頁面，專門用來備份 Instagram 的貼文。請依照以下步驟完成後續流程：

step 01 新增可以貼文到 Notion 的模組：

❶ 按一下新增模組

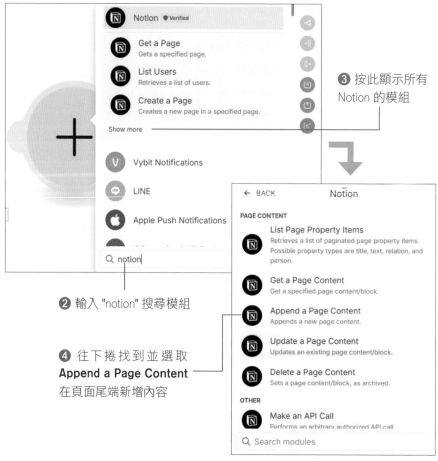

❷ 輸入 "notion" 搜尋模組

❸ 按此顯示所有 Notion 的模組

❹ 往下捲找到並選取 **Append a Page Content** 在頁面尾端新增內容

step 02 新增模組後一樣會顯示要求建立 Notion 連線的畫面：

❶ 按此建立連線

❷ 選取步驟簡易的 **Notion Public** 連線類型

❸ 可自由命名的連線名稱, 本例使用預設名稱

❹ 按此繼續

❺ 按此繼續

⑥ 勾選要讓此
連線存取的頁面

⑦ 按此完成
建立連線

step
03
設定 Notion 模組：

① 剛剛建立好的連線

② 取消 **Map** 方式

③ 選取事先建立好的頁面, 本例
使用 **Instagram 備份**頁面

④ 按 **Add item** 新增要
添加到頁面尾端的內容

TiP

Map 功能可以讓你搭配前段流程模組產生的資料項目設定欄位內容, 就像是我們利用
Instagram 新貼文的照片連結設定 OpenAI - Analyze Images 模組分析圖片的網址那樣。
但這裡我們是要從 Notion 連線設定的可存取頁面選擇要使用的頁面, 必須取消 **Map**
功能才會出現頁面清單。有些欄位並沒有特定的清單可選, 只能使用 **Map** 方式設定
欄位內容, 就不會出現 **Map** 開關讓你切換。

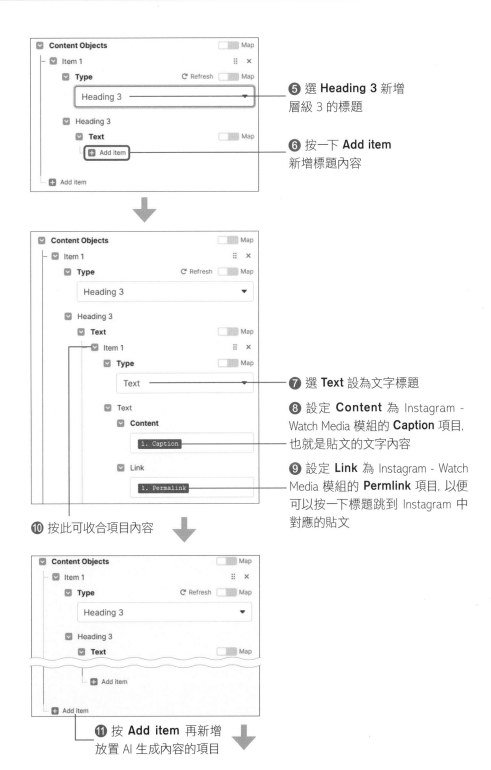

❺ 選 **Heading 3** 新增
層級 3 的標題

❻ 按一下 **Add item**
新增標題內容

❼ 選 **Text** 設為文字標題

❽ 設定 **Content** 為 Instagram -
Watch Media 模組的 **Caption** 項目,
也就是貼文的文字內容

❾ 設定 **Link** 為 Instagram - Watch
Media 模組的 **Permlink** 項目, 以便
可以按一下標題跳到 Instagram 中
對應的貼文

❿ 按此可收合項目內容

⓫ 按 **Add item** 再新增
放置 AI 生成內容的項目

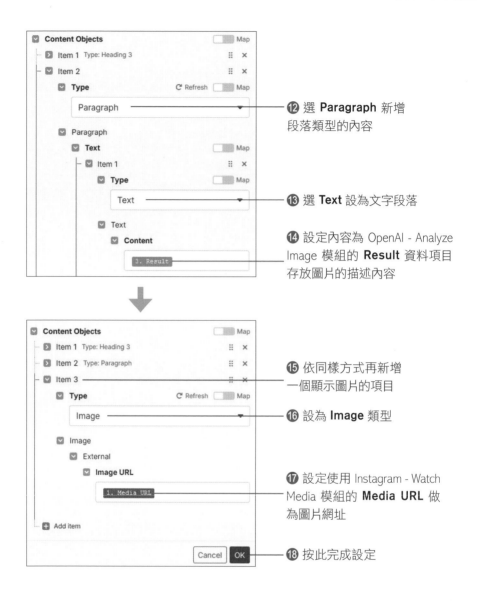

⑫ 選 **Paragraph** 新增
段落類型的內容

⑬ 選 **Text** 設為文字段落

⑭ 設定內容為 OpenAI - Analyze
Image 模組的 **Result** 資料項目
存放圖片的描述內容

⑮ 依同樣方式再新增
一個顯示圖片的項目

⑯ 設為 **Image** 類型

⑰ 設定使用 Instagram - Watch
Media 模組的 **Media URL** 做
為圖片網址

⑱ 按此完成設定

測試腳本

設計完腳本後，我們就可以來測試了，我先在 Instagram 上貼了一則新貼文，然後執行腳本，執行完成後，就可以在 Notion 的頁面上看到自動備份的內容了：

原始貼文內容
變成標題

AI 自動生成描
述圖片的內容

原始貼文內
的照片

AI 很聰明地看出照片是在下雨的時候拍的, 所以在描述圖片的內容中就會出現相關文字, 如果在頁面中搜尋, 就可以利用 "下雨" 找到貼文了：

Instagram 備份

太陽噴淚中

照片中顯示了一棟多層的公寓大樓, 建築物的外觀較為簡單, 牆面有些區域上有白色塗裝或修補痕跡。公寓窗戶上有一些空調機組, 顯示出當地的氣候可能較為炎熱。照片上方的天空呈現灰色, 有雲層, 並且可以看到太陽偶爾透過雲層照射下來。此外, 從畫面可以看出有下雨的情況, 雨點在空氣中可見。邊緣位置有一些樹木, 增添了生活氣息。整體給人一種陰沉和潮濕的感覺。

❶ 搜尋 "下雨"

❷ 找到自動生成圖片描述中的 "下雨"

處理貼文沒有內文的錯誤

如果你是習慣在 Instagram 貼照片不加文字, 可能已經發現這種貼文在我們的腳本執行時會發生錯誤, 你會看到 Notion 模組右上角出現驚嘆號：

喔喔！出錯了

如果按一下驚嘆號，就可以觀察錯誤內容：

錯誤説明在這裡

這個錯誤訊息主要表達的就是傳送給 Notion 模組的貼文內容設定實際上
沒有內容而出錯。

如果你對詳細錯誤有興趣,錯誤訊息如下:

```
[400] body failed validation: body.children[0].heading_
3.rich_text[0].text.content should be defined, instead was
`undefined`.
```

我們可以試著解讀看看。錯誤訊息中 [400] 是錯誤的編號;"body" 是指要新增到頁面的內容,"failed validation" 是指因為不符 Notion 頁面內容的規定而失敗;之後的訊息是詳細解釋哪裡出錯,這可以搭配 Notion 模組的個別設定欄位會比較容易理解:

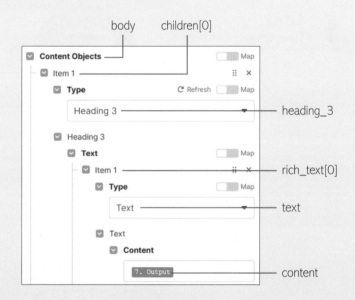

錯誤訊息中每一個 "." 代表設定交談窗中的下一層設定。錯誤訊息中以**中括號 []** 標示的都是指設定中可以彈性增加數量的項目,在錯誤訊息中會以序號表示是第幾個項目,不過要注意的是在資訊的世界中,序號都是從 **0** 開始,所以 body.children[0] 就是指 **Content Objects** 下的 **Item 1** 項目,而 body.children[0].heading_3.rich_text[0] 則是該項目下 **Heading 3** 下的 **Item 1**。因此上述錯誤訊息告訴我們最後的 Content 欄位設定的資料應該要有內容,但實際上卻沒有而出錯。

要解決這個問題，就需要在貼文沒有內文的時候指定特別的標題。要做到這件事，可以利用 **Tools** 應用的 **Switch** 模組，它可以根據條件變化輸出的資料，以下就會依據貼文內文字的字數來判斷，當字數為 0(貼文沒有文字內容時) 輸出 "無標題"，否則就輸出原本貼文的文字內容：

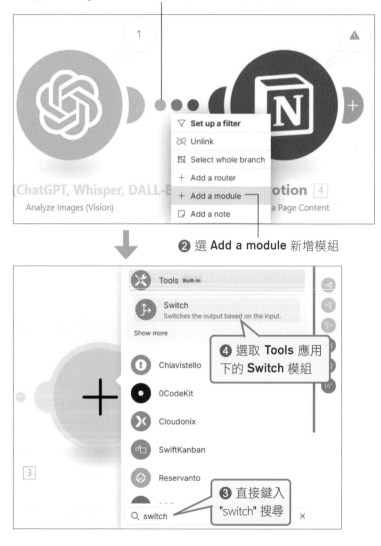

step 01 加入 **Tools** 應用的 **Switch** 模組：

❶ 在 OpenAI - Analyze Images 模組連接 Notion - Append a Page Content 模組的路徑上按一下滑鼠右鍵

❷ 選 **Add a module** 新增模組

❹ 選取 **Tools** 應用下的 **Switch** 模組

❸ 直接鍵入 "switch" 搜尋

step 02 設定輸出不同結果的條件：

❷ 按一下 **A** 切換到文字功能頁次　　❶ 按一下 **Input** 欄位

❸ 按一下 **length** 選用可以計算字數的功能

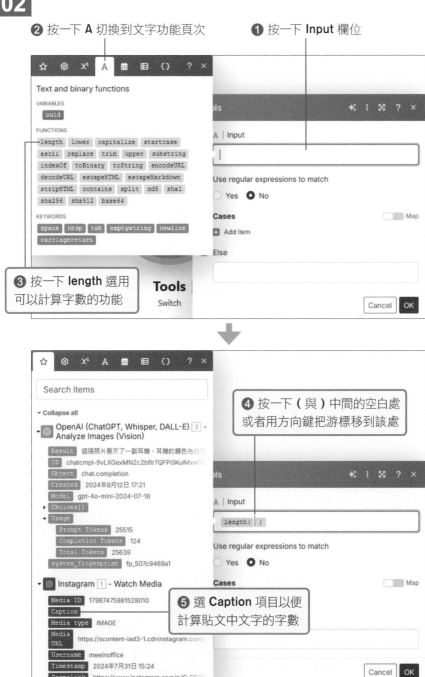

❹ 按一下（與）中間的空白處或者用方向鍵把游標移到該處

❺ 選 **Caption** 項目以便計算貼文中文字的字數

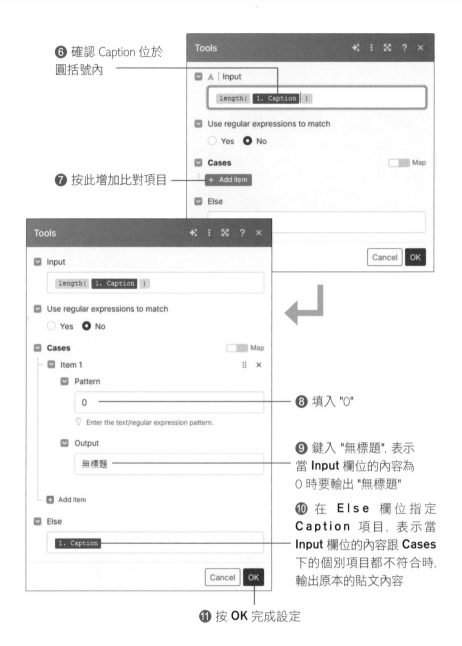

⑥ 確認 Caption 位於圓括號內

⑦ 按此增加比對項目

⑧ 填入 "0"

⑨ 鍵入 "無標題", 表示當 **Input** 欄位的內容為 0 時要輸出 "無標題"

⑩ 在 **Else** 欄位指定 **Caption** 項目, 表示當 **Input** 欄位的內容跟 **Cases** 下的個別項目都不符合時, 輸出原本的貼文內容

⑪ 按 **OK** 完成設定

以上就完成 Tools - Switch 模組的設定, 這裡只需要比對貼文內容字數是 0 跟不是 0 的狀況, 如果你還需要比對更多不同的狀況, 可以繼續在 **Cases** 下新增所需的項目。

step 03 變更 Notion 設定改以 Switch 模組的輸出當標題, 以便在貼文沒有文字內容時改以 "無標題" 當標題 :

❶ 按一下 Notion - Append a Page Content 模組修改設定

❷ 按一下 **Content** 欄位後刪除原本的設定

❸ 選 **Tools- Switch** 模組的 **Output** 資料項目

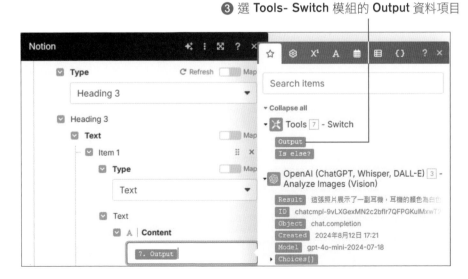

這樣就完成處理貼文沒有文字內容的問題。我們試著再貼一則沒有任何文字的貼文, 就可以看到 Notion 中備份的內容如下：

沒有內文的貼文標題自動換成 "無標題" 了

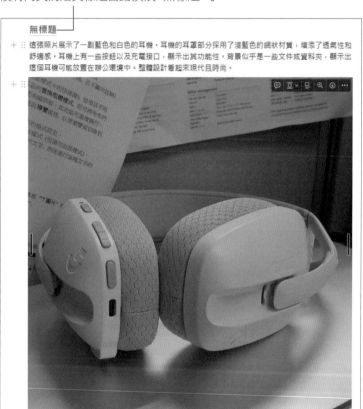

如果是有文字內容的貼文, 仍然會顯示正確的標題：

顯示正確的貼文內容

我也想要去奧運

這張照片顯示了一個籃球角色的塑像。角色穿著紅色的球衣, 上面寫著「SHOHOKU」和號碼「10」, 他的髮型是鮮紅色, 表情看起來很有自信, 雙臂交叉在胸前。背景模糊, 顯示出他是在一個室內環境中。塑像的細節處理得相當精緻, 凸顯了角色的肌肉和服裝風格。

結合 OneDrive 批次辨識圖片文字

OpenAI 的圖片分析功能也可以幫我們辨識圖片中的文字, 如果你有一些非電子形式的文件, 就可以設計一個自動流程, 幫我們從特定資料夾下新增的圖片取出文字, 而不需要我們自己一張張圖片慢慢打字。接下來我們就串接 OneDrive 雲端服務, 以預先在 OneDrive 建立名稱為『要辨識的圖片』的資料夾為標的, 建立一個自動辨識文字貼到 Notion 筆記頁面 (本例使用預先建立名稱為『圖片文字』的頁面) 的腳本:

step 01 建立新腳本:

❶ 按左側邊欄的 **Scenarios** ❷ 按 + **Create a new scenario** 建立新腳本

step 02 加入可以幫我們檢查 OneDrive 上特定資料夾內是否有新上傳檔案的模組:

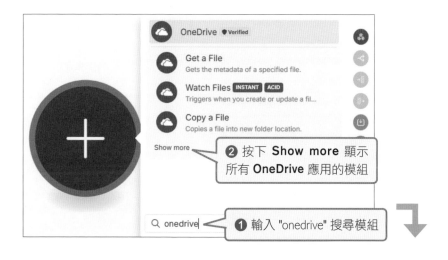

❷ 按下 **Show more** 顯示所有 **OneDrive** 應用的模組

❶ 輸入 "onedrive" 搜尋模組

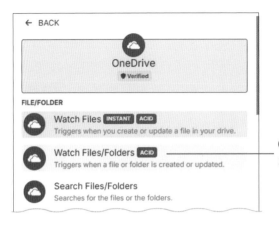

❸ 選用 **Watch Files/Folders**
模組檢查資料夾中的新增檔案

step
03

建立 OneDrive 連線：

❶ 按 **Create a connection** 進入連線建立程序

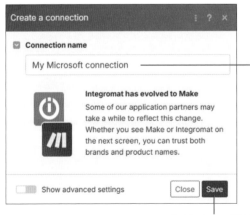

❷ 輸入自訂的連線名稱,
本例採用預設的名稱

TiP
如果沒有在這個瀏覽器
上登入過 OneDrive, 會出
現登入畫面。

❸ 按 **Save** 繼續

step 04 設定要檢查是否有新上傳檔案的資料夾：

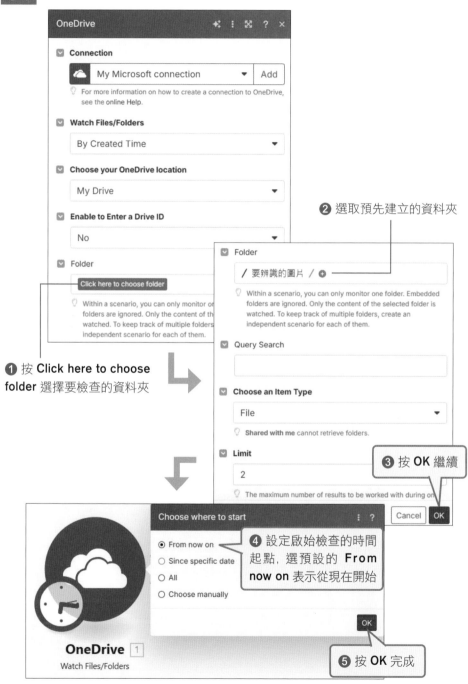

❷ 選取預先建立的資料夾

❶ 按 **Click here to choose folder** 選擇要檢查的資料夾

❸ 按 **OK** 繼續

❹ 設定啟始檢查的時間起點，選預設的 **From now on** 表示從現在開始

❺ 按 **OK** 完成

加入 OpenAI 應用的 Analyze Image 模組：

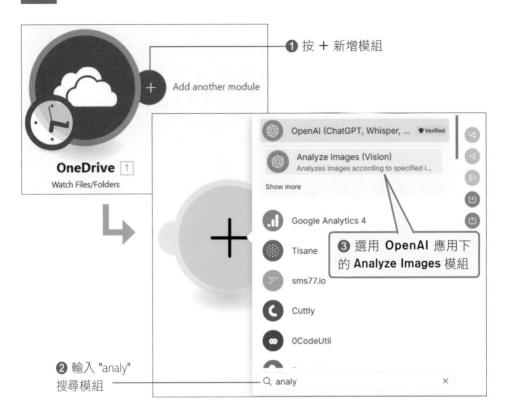

❶ 按 ✚ 新增模組

❷ 輸入 "analy"
搜尋模組

❸ 選用 **OpenAI** 應用下的 **Analyze Images** 模組

設定 Analyze Images 模組,
從 OneDrive 中新增的圖
片取得文字：

❶ 輸入 "取出圖片中的文字,
如果圖片中沒有任何文字, 只
要回覆『無文字』, 不要加上
額外的任何說明文字"

❷ 按 **Add image** 新增圖片

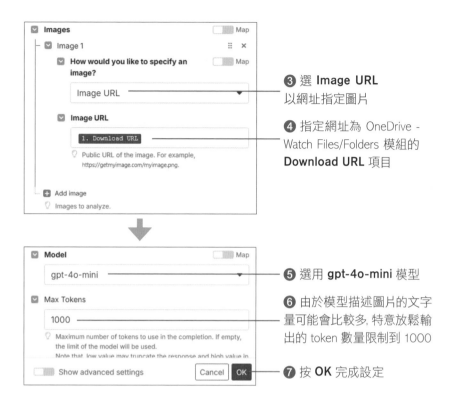

❸ 選 **Image URL** 以網址指定圖片

❹ 指定網址為 OneDrive - Watch Files/Folders 模組的 **Download URL** 項目

❺ 選用 **gpt-4o-mini** 模型

❻ 由於模型描述圖片的文字量可能會比較多, 特意放鬆輸出的 token 數量限制到 1000

❼ 按 **OK** 完成設定

step 07 加入將圖片文字加到預先建立的 Notion 頁面中的模組：

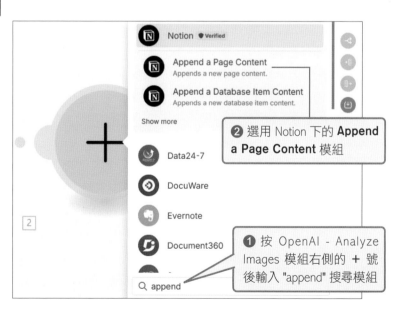

❷ 選用 Notion 下的 **Append a Page Content** 模組

❶ 按 OpenAI - Analyze Images 模組右側的 **+** 號後輸入 "append" 搜尋模組

step
08 Notion 應用的模組可以取用的頁面是在建立連線時勾選的, 為了要
能夠使用新建立的頁面, 就必須建立新連線:

❶ 按 **Add** 進入建立
新連線的程序

❷ 選用 **Notion Public** 類型

❸ 自訂連線名稱, 本
例刻意加上 "OneNote"
字樣便於與之前建立
的連線有所區別

❹ 按此繼續

❺ 按 **Select pages**
選取要讓此連線使
用的頁面

⑥ 選取允許存取的頁面

⑦ 按 **Allow access** 完成

step
09　將 AI 生成的圖片描述加到 Notion 頁面尾端：

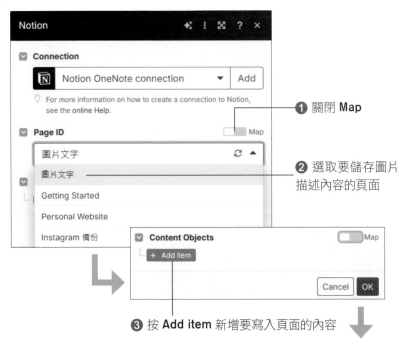

❶ 關閉 **Map**

❷ 選取要儲存圖片描述內容的頁面

❸ 按 **Add item** 新增要寫入頁面的內容

④ 選 **Paragraph** 新增段落類型內容

⑤ 再按 **Add item** 新增段落內項目後選 **Text** 類型

⑥ 以 OpenAI - Analyze Images 模組的 **Result** 項目, 也就是圖片描述為內容

⑦ 以 OneDrive - Watch Files/Folders 的 **Download URL** 項目為網址後按 **OK** 結束

step 10 由於這個腳本是為了圖片設計, 為了避免其它類型檔案造成錯誤, 最後限制只有圖片才需要完成流程。OneDrive Watch Files/Folders 模組產生的資料包中, 如果是圖片檔案, 就會有 **Image** 項目, 其它類型檔案則不會有, 因此可以當成篩選的依據 :

① 在 OneDrive - Watch Files/Folders 模組連往 OpenAI - Analyze Images 模組的路徑上按一下滑鼠左鍵

② 輸入自訂的路徑名稱

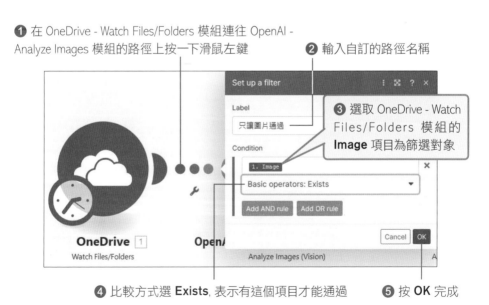

③ 選取 OneDrive - Watch Files/Folders 模組的 **Image** 項目為篩選對象

④ 比較方式選 **Exists**, 表示有這個項目才能通過

⑤ 按 **OK** 完成

接著就可以進行測試，我在 OneDrive 上指定的資料夾中新增了兩張照片：

植物解說牌

古蹟警告標語

接著執行腳本，以下是在 Notion 中看到的結果：

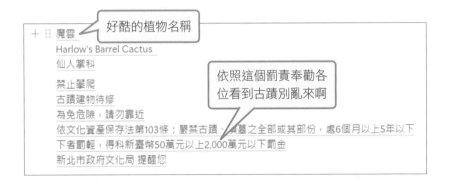

好酷的植物名稱

依照這個罰責奉勸各位看到古蹟別亂來啊

這一章我們學會了使用 OpenAI 的模組，也知道串接 Notion 與 OneDrive 的方法，就可以設計更豐富實用的自動化流程了，下一章我們要往設計 AI 聊天機器人的功能邁進。

MEMO

CHAPTER **4**

與 AI 對談的
LINE 聊天機器人

在前面的章節中，都是以腳本偵測到新貼文或是新檔案時自動
依據事先設計好的流程運作，使用者不會與腳本直接互動，這
一章開始，我們會介紹聊天機器人，讓使用者可以直接與腳本
互動，輸入資料給腳本處理。

4-1 | 生成式 AI LINE 聊天機器人 基本架構

前兩章使用過 LINE 應用的模組發送通知訊息, 雖然已經可以讓腳本與 LINE 連通, 不過這個功能是單向的, 只能透過 LINE Notify 這個聯絡人發送訊息通知我們, 卻無法反過來讓我們透過 LINE 傳送訊息給腳本。

LINE Message API

想要建立能夠雙向溝通的 LINE 聊天機制, 就必須仰賴 LINE Message API, 它的運作概念如下:

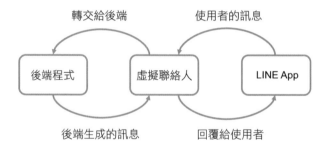

首先必須建立**虛擬聯絡人**, 使用者依照正常的使用方法將虛擬聯絡人加入好友聊天。虛擬聯絡人會扮演**中介者**的角色, 把使用者送給它的訊息交給後端程式處理, 後端程式處理完成後再把結果丟回給虛擬聯絡人, 這時虛擬聯絡人再把收到的結果當成回覆送回到 LINE App 上給使用者。

看起來似乎很複雜, 不過別擔心, 其中 LINE App 是我們平常每天在使用的工具, 只需要把虛擬聯絡人**加為好友**就可以運作。建立虛擬聯絡人則是在 LINE 提供的網頁介面上操作設定即可完成, 至於後端程式, 我想你已經猜到了, 就是由 make.com 製作的腳本來扮演。這一節我們就會依照上述架構完成一個鸚鵡聊天機器人, 它會把你送給它的訊息送回來給你, 雖然沒有實質用途, 但可以讓大家熟悉整個設計流程。

Tip

這種重複訊息回覆的機器人也稱為**回聲 (echo) 機器人**, 就像是在山谷大喊一聲, 隨即會聽到回聲一樣。通常用在測試確認有回應, 而且很容易判斷回應內容是否正確的情境, 以便驗流程的正確性。

建立虛擬聯絡人 -- channel (通道)

　　虛擬聯絡人在 LINE Message API 中的正式名稱是 **channel**, 也就是**通道**的意思, 代表一個可以讓你透過 LINE App 和後端程式雙向傳送訊息的通道。以下就是建立通道的步驟:

step 01 登入 LINE 開發者網站建立 **LINE 商用 ID**:

Tip

要使用 LINE 商業用途或是開發應用程式都必須使用 LINE 商用 ID, 無法以 LINE 個人 ID 完成。

❶ 連線到 https://developers.line.biz/zh-hant/　　　　　　　❷ 按此登入

❸ 按此用你自己的
LINE 帳號登入

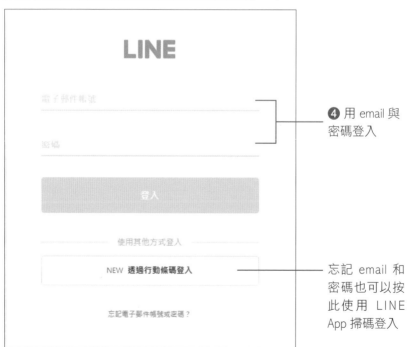

❹ 用 email 與
密碼登入

忘記 email 和
密碼也可以按
此使用 LINE
App 掃碼登入

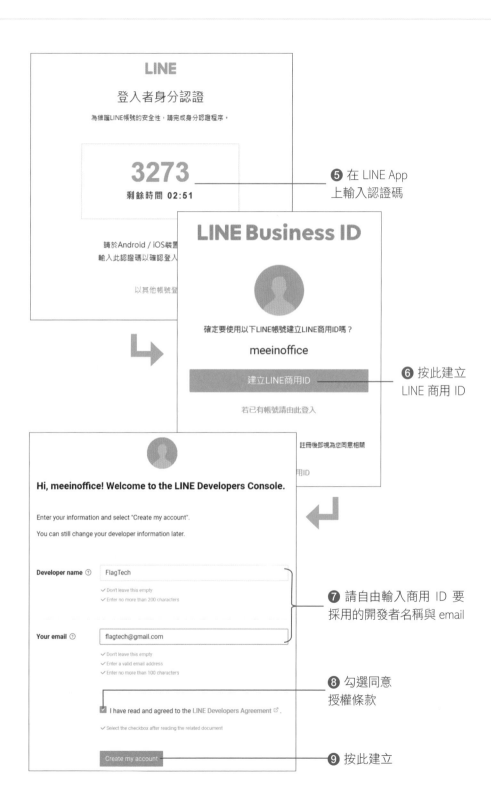

LINE

登入者身分認證

為維護LINE帳號的安全性,請完成身分認證程序。

3273

剩餘時間 02:51

請於Android / iOS裝置
輸入此認證碼以確認登入

以其他帳號登

❺ 在 LINE App
上輸入認證碼

LINE Business ID

確定要使用以下LINE帳號建立LINE商用ID嗎?

meeinoffice

建立LINE商用ID

若已有帳號請由此登入

註冊後即視為您同意相關

用ID

❻ 按此建立
LINE 商用 ID

Hi, meeinoffice! Welcome to the LINE Developers Console.

Enter your information and select "Create my account".

You can still change your developer information later.

Developer name ⑦   FlagTech

✓ Don't leave this empty
✓ Enter no more than 200 characters

Your email ⑦   flagtech@gmail.com

✓ Don't leave this empty
✓ Enter a valid email address
✓ Enter no more than 100 characters

☑ I have read and agreed to the LINE Developers Agreement ☐ .

✓ Select the checkbox after reading the related document

Create my account

❼ 請自由輸入商用 ID 要
採用的開發者名稱與 email

❽ 勾選同意
授權條款

❾ 按此建立

建立 **provider**, provider 代表**單一開發單位**, 你可以視需要為組織內個別的部門、專案小組建立 provider, 並沒有嚴格的規則：

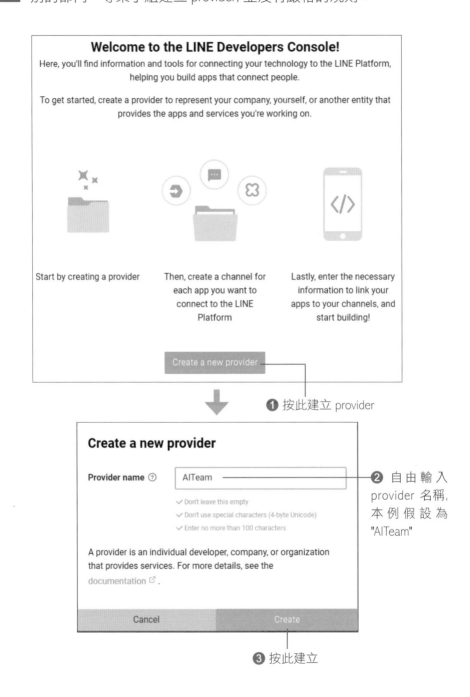

Welcome to the LINE Developers Console!

Here, you'll find information and tools for connecting your technology to the LINE Platform, helping you build apps that connect people.

To get started, create a provider to represent your company, yourself, or another entity that provides the apps and services you're working on.

Start by creating a provider

Then, create a channel for each app you want to connect to the LINE Platform

Lastly, enter the necessary information to link your apps to your channels, and start building!

Create a new provider

❶ 按此建立 provider

Create a new provider

Provider name ⑦   AITeam

✓ Don't leave this empty
✓ Don't use special characters (4-byte Unicode)
✓ Enter no more than 100 characters

A provider is an individual developer, company, or organization that provides services. For more details, see the documentation ⤴.

Cancel   Create

❷ 自由輸入 provider 名稱, 本例假設為 "AITeam"

❸ 按此建立

step 03 建立 **Messaging API channel**, Messaging API channel 就是你商業 ID 下的一個**LINE 官方帳號**, 也就是前面提到的虛擬聯絡人, 作為中介在 LINE 與後端程式之間互相傳送聊天訊息的通道。要製作聊天機器人, 就要為機器人建立一個 Messaging API channel, 以下簡稱為**通道**:

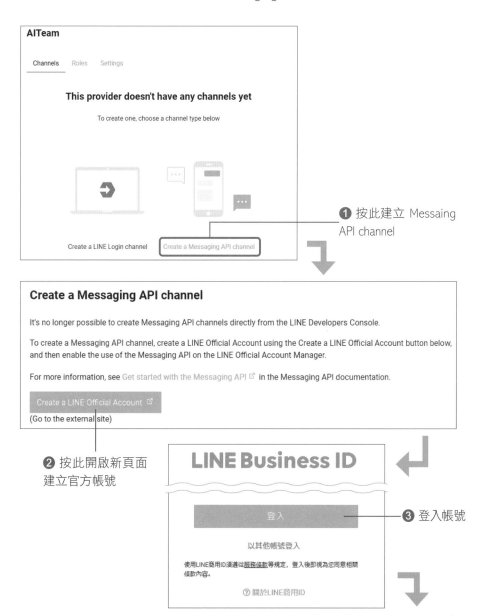

❶ 按此建立 Messaing API channel

❷ 按此開啟新頁面建立官方帳號

❸ 登入帳號

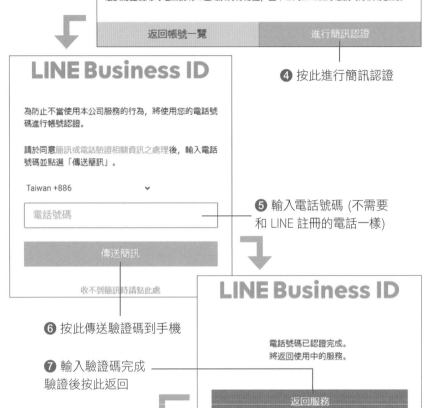

請進行簡訊認證

若要以您目前使用的LINE Business ID建立新的LINE官方帳號，必須先進行簡訊認證。簡訊認證使用的電話號碼將僅用於身分認證，並不會向LINE官方帳號的好友等公開。

返回帳號一覽　　　　　進行簡訊認證

❹ 按此進行簡訊認證

LINE Business ID

為防止不當使用本公司服務的行為，將使用您的電話號碼進行帳號認證。

請於同意簡訊或電話驗證相關資訊之處理後，輸入電話號碼並點選「傳送簡訊」。

Taiwan +886　　　　　∨

電話號碼

傳送簡訊

收不到簡訊時請點此處

❺ 輸入電話號碼 (不需要和 LINE 註冊的電話一樣)

LINE Business ID

電話號碼已認證完成。將返回使用中的服務。

返回服務

❻ 按此傳送驗證碼到手機

❼ 輸入驗證碼完成驗證後按此返回

①　登錄公司／店鋪資訊　　　②　確認輸入內容　　　③　申請完成

建立LINE官方帳號　　　❽ 會先看到剛剛登入的資訊　　　● 必填

登入資訊

用戶名稱　　　　　　　　黃昕曄 登出

服務適用國家／地區　　　台灣 已套用台灣方案

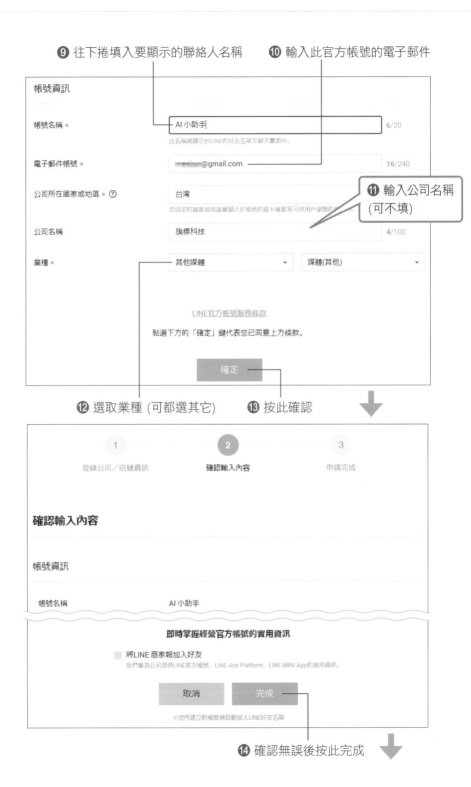

❾ 往下捲填入要顯示的聯絡人名稱　　**❿** 輸入此官方帳號的電子郵件

帳號資訊

帳號名稱 ●
AI 小助手　　　　　　　　　　　　　　　6/20

此名稱將顯示於LINE的好友名單及聊天畫面中。

電子郵件帳號 ●
●●●●●●●@gmail.com　　　　　　　　16/240

公司所在國家或地區 ● ⑦
台灣

您設定的國家或地區會顯示於帳號的基本檔案等可供用戶瀏覽的●●

⓫ 輸入公司名稱 (可不填)

公司名稱
旗標科技　　　　　　　　　　　　　　　4/100

業種 ●
其他媒體　　　　　∨　　媒體(其他)　　∨

LINE官方帳號服務條款

點選下方的「確定」鍵代表您已同意上方條款。

確定

⓬ 選取業種 (可都選其它)　　**⓭** 按此確認

1　　　　　　　　　　　2　　　　　　　　　　　3
登錄公司／店鋪資訊　　　確認輸入內容　　　　申請完成

確認輸入內容

帳號資訊

帳號名稱　　　　　　　AI 小助手

即時掌握經營官方帳號的實用資訊

☐ 將LINE 商家報加入好友

我們會為公司提供LINE官方帳號、LINE Ads Platform、LINE MINI App的實用資訊。

取消　　　　　完成

※您所建立的帳號將自動加入LINE好友名單

⓮ 確認無誤後按此完成

⑮ 顯示官方帳號資訊

您的LINE官方帳號已建立完成

帳號資訊

帳號名稱

業種

基本ID

擁有認證官方帳號使用更方便

使用企業或店鋪等公司、自營業的帳號時，完成帳號認證即可更輕鬆使用服務。

申請方式非常簡單！

推薦您使用認證官方帳號來從事公司或店家業務

賦予認證圖示

會顯示於LINE應用程式的搜尋結果中

可使用海報和輔銷物功能

申請認證帳號

稍後進行認證（前往管理畫面）

※若不申請認證帳號，請登入LINE Official Account Manager以使用服務。
※為個人使用時，無法使用認證官方帳號。

⑯ 往下捲按此前往管理畫面

同意我們使用您的資訊

LY Corporation為了完善本公司服務，需使用企業帳號（包括但不限於LINE官方帳號及其相關API產品;以下合稱「企業帳號」）之各類資訊。若欲繼續使用企業帳號，請確認並同意下列事項。

■ 我們將會蒐集與使用的資訊

- 用戶傳送及接收的傳輸內容（包括訊息、網址資訊、影像、影片、貼圖及效果等）。
- 用戶傳送及接收所有內容的發送或撥話格式、次數、時間長度及接收發送對象等（下稱「格式等資訊」），以及透過網際協議通話技術（VoIP；網路電話及視訊通話）及其他功能所處理的內容格式等資訊。
- 企業帳號使用的IP位址、使用各項功能的時間、已接收內容是否已讀、網址的點選等（包括但不限於連結來源資訊）、服務使用紀錄（例如於LINE應用程式使用網路瀏覽器及使用時間的紀錄）及LY Corporation隱私權政策所述的其他資訊。

若您對本同意書內容有任何問題或意見，請透過聯絡表單與我們聯繫。

如果授予此處同意的人不是企業帳號所有人所授權之人，請事先取得該被授權人的同意。如果LY Corporation接獲被授權人通知表示其未曾授予同意，LY Corporation得中止該企業帳號的使用，且不為因此而生的任何情事負責。

註：本規則以日文版做成，英文版僅供參考，如有任何歧異應以日文版內容為準。

同意

⑰ 按此同意授權條款

開始經營帳號前 (1/2)

帳號建立完成後，此官方帳號將自動成為您所連動的該筆LINE帳號的好友。

AI 小助手

您可透過聊天室傳送訊息或查看基本檔案頁面，即能事先確認其他用戶在與官方帳號互動時可看到的內容。

⑱ 關閉教學

下一步

LINE Official Account Manager　AI 小助手　@747vnivc

主頁　分析　聊天　基本檔案　LINE VOOM

⑲ 切換到聊天頁次

「聊天」功能目前關閉中

當「聊天」為關閉狀態時，無法使用聊天功能。若希望手動傳送訊息給好友，請開啟「聊天」功能。

當「聊天」為開啟狀態時，可設定回應時間。若於非回應時間內收到訊息，系統將傳送自動訊息代您回覆好友。

取消　　前往回應設定頁面

⑳ 按此前往設定

回應功能

聊天

可透過聊天與好友互動。

加入好友的歡迎訊息

當用戶將本帳號加為好友時，可自動傳送訊息內容。

開啟「加入好友的歡迎訊息」設定畫面

㉑ 關閉自動回應訊息

Webhook

啟用Messaging API後即可使用此功能。

開啟Messaging API的設定畫面

㉒ 按此啟用 Messaging API 功能

自動回應訊息

可使用事先設定好的訊息內容進行自動回覆。

開啟自動回應訊息的設定畫面

Messaging API

Messaging API為針對開發者所設計的進階功能。您可透過API收發訊息及動作，與LINE用戶進行更多互動。
什麼是Messaging API？
LINE Developers的API相關文件

狀態　未使用

㉓ 按此啟用

啟用Messaging API

選擇服務提供者　　　　　　　　　　　　×

請選擇管理此帳號的服務提供者（企業或個人）。

提供者指的是取得用戶個人資訊以提供服務的開發人員、企業或組織等。
由LINE Developers可查看更多詳情。

○ 建立服務提供者

輸入服務提供者名稱　　　　　　　　　　0/100

● AITeam　㉔ 選用之前建立的 Provider

請先參閱並同意「LINE官方帳號API服務條款」的內容後，再點選下方的「同意」。

取消　同意　㉕ 按此同意

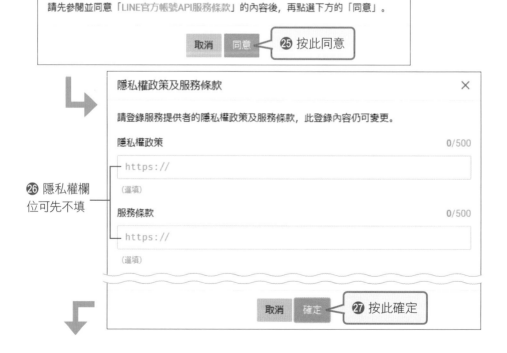

隱私權政策及服務條款　　　　　　　　　×

請登錄服務提供者的隱私權政策及服務條款，此登錄內容仍可變更。

隱私權政策　　　　　　　　　　　　　0/500

https://

（選填）

㉖ 隱私權欄
位可先不填

服務條款　　　　　　　　　　　　　　0/500

https://

（選填）

取消　確定　㉗ 按此確定

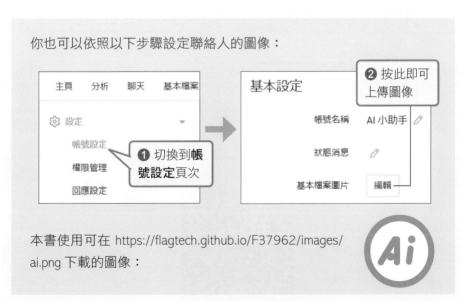

本書使用可在 https://flagtech.github.io/F37962/images/
ai.png 下載的圖像：

step 04 取得**存取令牌 (access token)**：存取令牌是讓後端程式**向 LINE 驗證身分**, 確認可以回覆訊息至該通道：

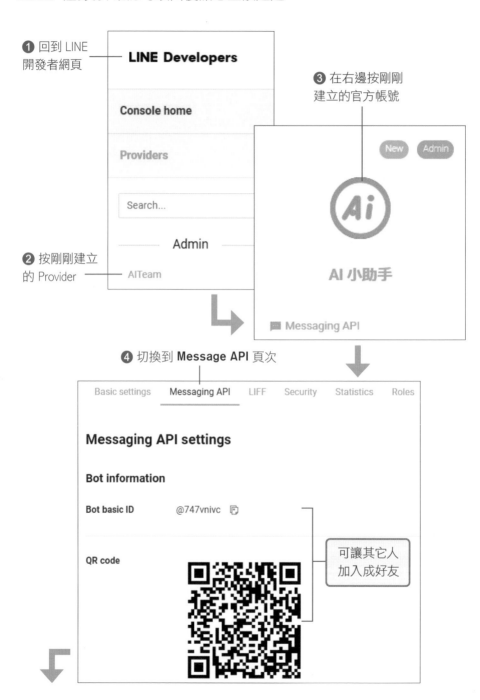

❶ 回到 LINE 開發者網頁

LINE Developers

Console home

Providers

Search...

Admin

❷ 按剛剛建立的 Provider

AITeam

❸ 在右邊按剛剛建立的官方帳號

New   Admin

Ai

AI 小助手

Messaging API

❹ 切換到 Message API 頁次

Basic settings   Messaging API   LIFF   Security   Statistics   Roles

Messaging API settings

Bot information

Bot basic ID   @747vnivc

QR code

可讓其它人加入成好友

❺ 往下捲找到 Chennel access token 段落

❻ 按此配發存取令牌

❼ 按此複製後貼到記事本或是其他地方記錄下來

剛剛記錄下來的存取令牌請小心保存, 稍後設計腳本時會需要。

<table>
<tr><td>step
05</td><td>LINE 會自動將聊天機器人
加入成為好友:</td></tr>
</table>

會顯示預設
的歡迎訊息

到這裡就完成了通道的設定, 不過因為還沒有設計後端程式, 所以現在建立的聊天機器人是啞巴, 不論你輸入什麼訊息, 它都是已讀不回。

用 make.com 設計後端程式

LINE 聊天機器人的後端程式就是一個**公開在網路上運作的程式**, 主要的功能就是**等候** LINE 通知並且接收新收到的訊息, 後端程式取得新訊息後, 就可以根據訊息內容進行所需的處理, 然後再透過 LINE Message API 的機制**回覆**結果。在 make.com 中使用腳本設計後端程式的架構如下圖:

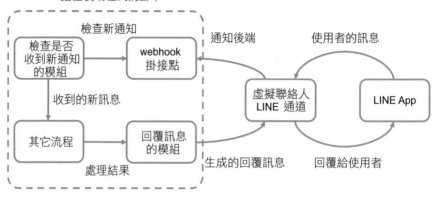

其中, **webhook(掛接點)** 專門用來等候 LINE 通知並接收新訊息, 而 **LINE 應用**提供有等候 webhook 收到**新通知**的模組, 可以在 webhook 收到新通知時, 立即取得包括新訊息內容等資訊, 再交由流程中接續的模組處理, 最後再由 LINE 應用中專責**回覆訊息**的模組回覆給虛擬聯絡人。

> **Tip**
>
> **webhook(掛接點)** 名稱由來是因為透過網路接收通知, 所以用 "web" 字眼, 而等候通知的機制就像是把通知方與等候方兩者如同火車車廂**掛勾 (hook)** 在一起一樣, 一方有所變動發送通知, 連帶就會牽動另一方隨之動作。

以下我們就依據上述架構一步步完成鸚鵡聊天機器人的後端程式:

> **Tip**
>
> 從這一章開始, 只有新用到的功能才會以詳細圖解步驟說明操作細節, 前面章節已經介紹過的操作都只會以文字說明。例如我們會直接說建立新的腳本, 而不會再顯示操作步驟圖解, 如果你對於相關操作不熟悉, 可以回頭查看前面章節的說明。

step 01 請先依照前面章節介紹的步驟建立一個新的腳本, 命名為 "LINE 鸚鵡聊天機器人"。

step 02 新增用來等候 webhook 收到 LINE 通知的模組:

INSTANT 字樣表示具有即時處理能力, 可以在 LINE 有新訊息就立即觸發腳本執行

❷ 選用 LINE 應用下的 **Watch Events** 模組, 它會等候 webhook 收到 LINE 通知

❶ 輸入 "LINE" 搜尋模組

step 03 建立等候 LINE 通知的 webhook:

❶ 按 **Creat a webhook** 建立此模組要等候的 webhook

模組左下角的閃電圖示, 表示一旦 webhook 收到通知就會像是閃電般引發流程立刻運作

Tip

前兩章使用過的 Instagram - Watch Media 及 OneDrive - Watch Files/Folders 的左下角顯示的是**時鐘**圖示, 表示是間隔時間到才去檢查有沒有新貼文或是新檔案, 不會即時反應。

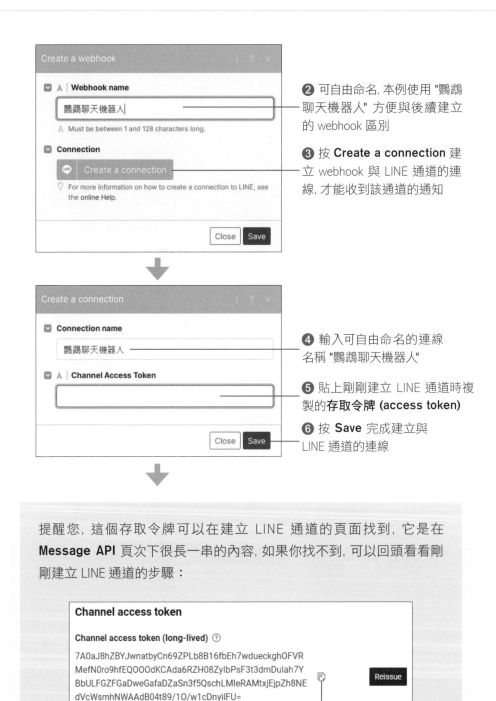

❷ 可自由命名, 本例使用 "鸚鵡
聊天機器人" 方便與後續建立
的 webhook 區別

❸ 按 Create a connection 建
立 webhook 與 LINE 通道的連
線, 才能收到該通道的通知

❹ 輸入可自由命名的連線
名稱 "鸚鵡聊天機器人"

❺ 貼上剛剛建立 LINE 通道時複
製的**存取令牌 (access token)**

❻ 按 **Save** 完成建立與
LINE 通道的連線

提醒您, 這個存取令牌可以在建立 LINE 通道的頁面找到, 它是在
Message API 頁次下很長一串的內容, 如果你找不到, 可以回頭看看剛
剛建立 LINE 通道的步驟:

Channel access token

Channel access token (long-lived) ⑦

7A0aJ8hZBYJwnatbyCn69ZPLb8B16fbEh7wdueckghOFVR
MefN0ro9hfEQOOOdKCAda6RZH08ZyIbPsF3t3dmDulah7Y
BbULFGZFGaDweGafaDZaSn3f5QschLMIeRAMtxjEjpZh8NE
dVcWsmhNWAAdB04t89/1O/w1cDnyiIFU=

Reissue

按這裡可以複製

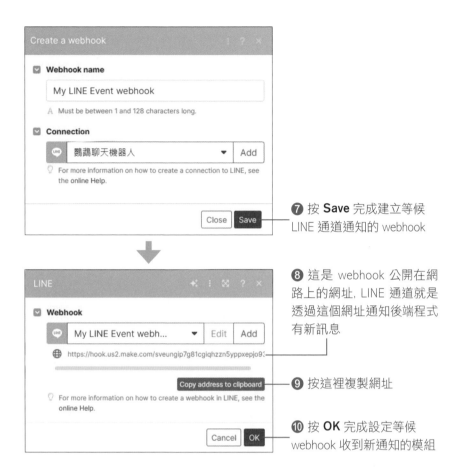

❼ 按 **Save** 完成建立等候 LINE 通道通知的 webhook

❽ 這是 webhook 公開在網路上的網址, LINE 通道就是透過這個網址通知後端程式有新訊息

❾ 按這裡複製網址

❿ 按 **OK** 完成設定等候 webhook 收到新通知的模組

step 04 剛剛複製的網址就是在 LINE 通道收到新訊息時通知後端程式的網址, 因此我們必須在 LINE 通道這邊設定網址:

❶ 在 LINE 通道的頁面切換到 **Message API** 頁次

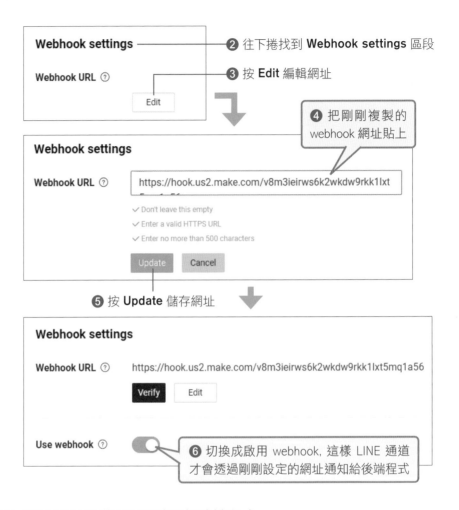

Webhook settings ——————— ❷ 往下捲找到 **Webhook settings** 區段

Webhook URL ⑦

❸ 按 **Edit** 編輯網址

Edit

❹ 把剛剛複製的 webhook 網址貼上

Webhook settings

Webhook URL ⑦   https://hook.us2.make.com/v8m3ieirws6k2wkdw9rkk1lxt

✓ Don't leave this empty
✓ Enter a valid HTTPS URL
✓ Enter no more than 500 characters

Update   Cancel

❺ 按 **Update** 儲存網址

Webhook settings

Webhook URL ⑦   https://hook.us2.make.com/v8m3ieirws6k2wkdw9rkk1lxt5mq1a56

Verify   Edit

Use webhook ⑦   ⚪   ❻ 切換成啟用 webhook，這樣 LINE 通道
才會透過剛剛設定的網址通知給後端程式

step 05 測試 LINE 通道可以正確通知後端程式：

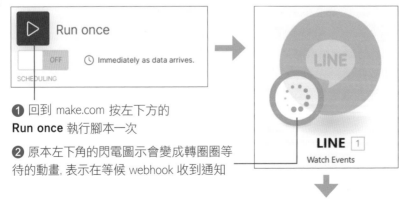

▷ Run once

OFF   🕐 Immediately as data arrives.

SCHEDULING

LINE 1
Watch Events

❶ 回到 make.com 按左下方的
Run once 執行腳本一次

❷ 原本左下角的閃電圖示會變成轉圈圈等
待的動畫，表示在等候 webhook 收到通知

❸ 回到 LINE 通道設定頁面按
Verify 強制發出通知給後端程式

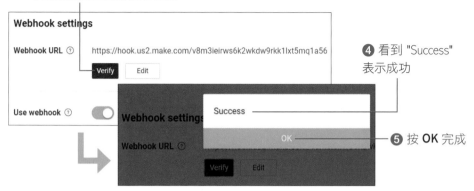

❹ 看到 "Success"
表示成功

❺ 按 **OK** 完成

Ⓣⓘⓟ

如果無法看到 "Success", 而是 "Failure", 請確認有勾選 **Use webhook** 選項, 而且網址沒
有設定錯誤, 如果確認都無誤, 就有可能是建立連線時輸入的存取令牌有錯, 不過 LINE
通道的連線以及 webhook 建立後並不能修改, 只能按 LINE - Watch Events 模組按一下
Add 建立新的 webhook。

step **06**
回到 make.com 編輯頁面觀察收到的資料:

❶ 產生一個資料包

❷ **Events** 項目代表收到的通
知, "(Array)" 字樣表示這是陣列,
如同第 2 章提到的, 陣列內含
多項資料, 但個別項目是以順序
編號, 而不是以名稱命名

❸ 展開會看到是
"Empty", 表示陣列內沒
有資料, 因為這是 LINE
通道送來的測試訊息,
沒有實質的內容

觀察文字訊息內容

　　剛剛的測試傳送的是沒有實質內容的訊息, 接著我們來看看實際從手機 LINE App 傳送訊息到後端程式, 接收到的資料內容:

step 01 請再按一次左下角的 **Run once** 再執行一次腳本

step 02 從 LINE App 輸入 "你好" 傳送訊息給虛擬聯絡人

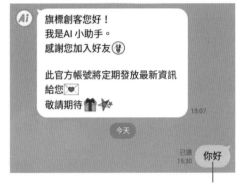

傳送 "你好"

step 03 make.com 這邊的後端程式會收到訊息, 產生一個資料包, 跟剛剛進行測試時看到的類似:

❶ 展開後可以看到陣列內只有一個編號 1 的資料項目, 表示只有一項資料

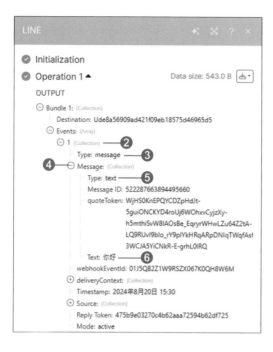

② **Events** 陣列內的個別資料項目是一個集合 (collection)

③ **Type** 項目表示通知種類, **message** 代表收到使用者送來新訊息, 加入為好友或是被封鎖時會送來不同種類的通知

④ **Message** 項目就是訊息內容

⑤ **Message** 內的 **Type** 項目表示訊息種類, "text" 代表訊息內容是文字, 以後還會看到其它類型

⑥ **Message** 內的 **Text** 項目就是實際訊息的文字內容, 這裡就是剛剛傳送的 "你好"

完成聊天機器人基本架構

現在我們已經可以讓 LINE 通道與後端程式連通, 也可以看到送來的訊息內容, 只要加上回覆訊息的功能, 就可以完成聊天機器人的雛形了：

step 01 加上回覆訊息的模組：

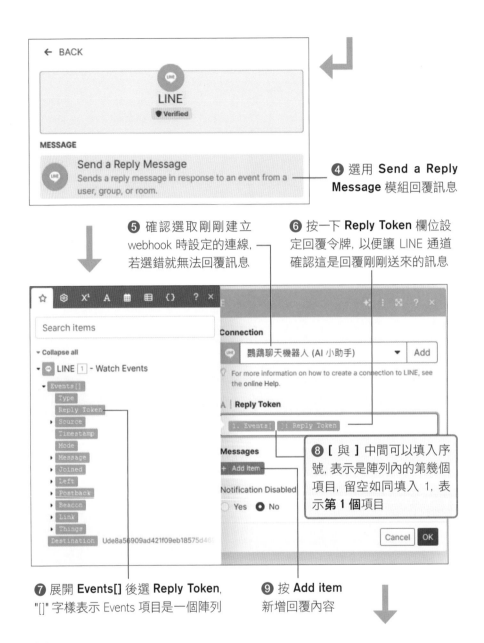

❹ 選用 **Send a Reply Message** 模組回覆訊息

❺ 確認選取剛剛建立 webhook 時設定的連線, 若選錯就無法回覆訊息

❻ 按一下 **Reply Token** 欄位設定回覆令牌, 以便讓 LINE 通道確認這是回覆剛剛送來的訊息

❽ [與] 中間可以填入序號, 表示是陣列內的第幾個項目, 留空如同填入 1, 表示**第 1 個**項目

❼ 展開 **Events[]** 後選 **Reply Token**, "[]" 字樣表示 Events 項目是一個陣列

❾ 按 **Add item** 新增回覆內容

Tip

後端程式必須仰賴連線中設定的存取令牌才能傳送資料給對應的 LINE 通道, 如此可以避免其它程式隨意傳送資料給 LINE 通道。回覆訊息時則需要原訊息內的回覆令牌, 才能回覆對應的訊息, 避免其它程式假冒身分回覆訊息。

⑩ 選 **Text** 表示要傳送文字內容

⑫ 展開 **Messages** 後選 **Text** 使用
LINE 通道送來的訊息內容當回覆內容

⑪ 按一下 **Text** 欄位設
定要傳送的文字內容

設定好後按 **OK** 關閉即可。

step 02　現在我們就可以測試透過 LINE 通道和後端程式聊天了：

❶ 請先按此儲存腳本

❷ 按此定時執行腳本

由於 LINE - Watch Events 會等候
webhook，以定時執行時不是顯
示間隔時間，而是 **Immediately
as data arrives**，表示收到通知
就會即時執行腳本

❸ 你可以開始跟它聊天，它會像是鸚鵡一樣學你

這樣我們就設計好可以配合 LINE Message API 運作擔負後端程式的腳本，要特別留意的是：

● 等候 webhook 收到新通知的模組執行後如果發現沒有新通知，會一直**等候**通知送到，而不是像是前兩章使用過的 Instagram 檢查新貼文或是 OneDrive 檢查新檔案的模組那樣，在沒有新貼文或檔案時就會立刻結束，不會等待。因此在測試時可以先按 **Run once**，再到 LINE 中發送訊息。

● 以等候 webhook 是否收到新通知的模組啟始的腳本在定時執行時，預設採用 **Immediately as data arrives**，只要 webhook 一收到通知，就會立即執行腳本，因此可以**即時處理**收到的訊息。不同的模組特性不同，以前面章節使用的 Instagram 或是 OneDrive 模組啟始的腳本就沒有 **Immediately as data arrives** 的定時選項，只能以**指定的間隔時間**執行，即使現在貼文，也必須等待下一次間隔時間到再次執行腳本才會檢查到新貼文。

● **LINE 連線**只能傳送資料給建立時填入的存取令牌**對應的 LINE 通道**，若要傳送資料給不同的 LINE 通道，就要建立專屬的連線。**LINE 通道**只會傳送通知給設定中指定網址的 webhook，如果設計好的聊天機器人已讀不回，就可能是 LINE 通道中的網址設定錯誤，無法通知 webhook，或是 LINE 回覆訊息的模組設定的連線錯誤，無法傳回訊息。

4-2 讓聊天機器人變聰明

現在我們已經可以利用 make.com 設計與 LINE 通道溝通的腳本，接下來我們準備幫 LINE 聊天機器人加上 AI 成分，讓你可以透過 LINE App 像是 ChatGPT 那樣與 AI 對答。這一節會在前一節完成的範例上添加 OpenAI 應用的聊天模組，首先從複製腳本開始。

複製使用 webhook 的腳本

由於 webhook 是接收通知的機制, 如果兩個腳本使用同一個 webhook, 就會發生新收到的訊息被其中一個腳本取走, 另一個腳本卻以為沒有收到新訊息的問題。因此複製使用到 webhook 的腳本時也會被強迫要建立新的 webhook。請依照以下步驟複製上一章建立的腳本:

Tip

以下操作假設沿用前一節建立的 LINF 通道, 如果你希望不同範例使用各自的 LINE 通道, 也可以先建立新的 LINE 通道, 我們會在操作過程中提醒如何搭配新建立的通道運作。

step 01 進入腳本清單頁面複製腳本:

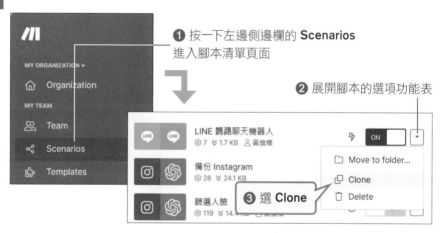

❶ 按一下左邊側邊欄的 **Scenarios** 進入腳本清單頁面

❷ 展開腳本的選項功能表

❸ 選 **Clone**

step 02 沿用上一節的 LINE 連線建立新的 webhook:

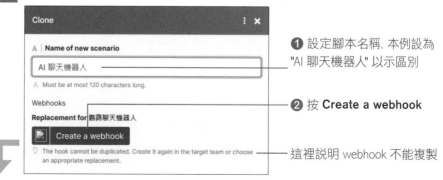

❶ 設定腳本名稱, 本例設為 "AI 聊天機器人" 以示區別

❷ 按 **Create a webhook**

這裡說明 webhook 不能複製

4-27

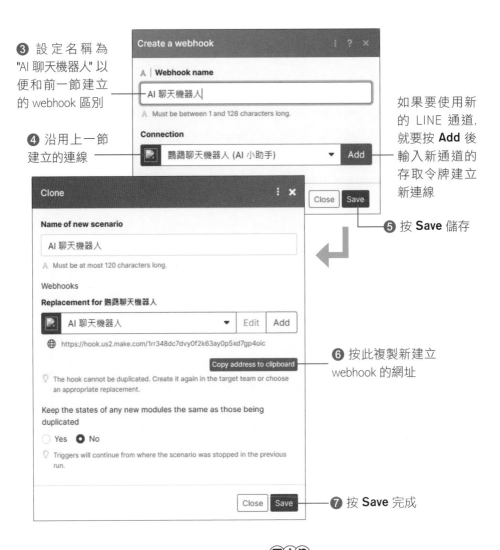

❸ 設定名稱為 "AI 聊天機器人" 以便和前一節建立的 webhook 區別

❹ 沿用上一節建立的連線

如果要使用新的 LINE 通道, 就要按 **Add** 後輸入新通道的存取令牌建立新連線

❺ 按 **Save** 儲存

❻ 按此複製新建立 webhook 的網址

❼ 按 **Save** 完成

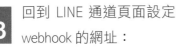

step 03 回到 LINE 通道頁面設定 webhook 的網址：

Tip
請記得你選用哪一個連線, 就要到對應的 LINE 通道頁面設定 webhook 網址。

Webhook settings

Webhook URL ⓘ   https://hook.us2.make.com/v8m3ieirws6k2wkdw9rkk1lxt5mq1a56

Verify   Edit

❶ 回到 LINE 通道設定頁面按 **Edit** 設定或修改網址

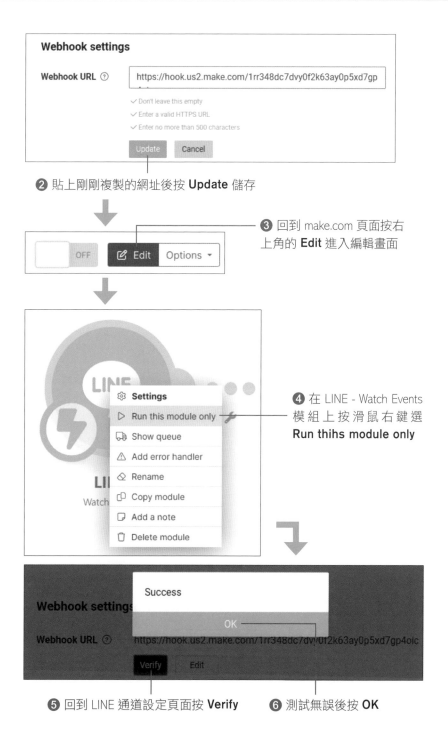

Webhook settings

Webhook URL ⑦　https://hook.us2.make.com/1rr348dc7dvy0f2k63ay0p5xd7gp

　　　　　　　✓ Don't leave this empty
　　　　　　　✓ Enter a valid HTTPS URL
　　　　　　　✓ Enter no more than 500 characters

　　　　　　　Update　　Cancel

❷ 貼上剛剛複製的網址後按 **Update** 儲存

❸ 回到 make.com 頁面按右
上角的 **Edit** 進入編輯畫面

　　OFF　　🖉 Edit　　Options ▾

⚙ Settings
▷ Run this module only　🔧
🚚 Show queue
⚠ Add error handler
◇ Rename
🗗 Copy module
🗒 Add a note
🗑 Delete module

❹ 在 LINE - Watch Events
模 組 上 按 滑 鼠 右 鍵 選
Run thihs module only

Webhook settings

Success

OK

Webhook URL ⑦　https://hook.us2.make.com/1rr348dc7dvy0f2k63ay0p5xd7gp4oic

Verify　　Edit

❺ 回到 LINE 通道設定頁面按 **Verify**　　❻ 測試無誤後按 **OK**

這樣就複製完畢腳本了。

加入聊天模組讓 AI 回覆訊息

現在就可以幫複製好的腳本加上 OpenAI 應用聊天模組, 要先說明的是, OpenAI 應用的聊天模組與 AI 溝通的單位是**訊息 (message)**, 每一個訊息都包含有發言的**角色**與發言的**內容**, 發言角色分為以下三種：

● **System(系統)**：這個腳色的發言代表要**給 AI 的規定**, 所有你希望規範 AI 的內容都可以用這個腳色發言的訊息來告知。

● **User(使用者)**：這個腳色代表**一般使用者**, 想要問或者與 AI 聊的內容都可以用這個腳色發言的訊息來提供。

● **Assistant(助理)**：這個腳色代表 **AI 自己**, 以這個腳色發言的訊息會被 AI 當成它自己回覆過的內容, 如果要讓 AI 記得它自己講過的內容, 就可以用這個腳色發言的訊息來提供。

這三個角色的訊息可以搭配運用, 助理角色的訊息通常是要記錄聊天歷程的時候才需要使用到, 不過有關聊天**歷程**我們會透過 OpenAI 提供的另一個機制來完成, 所以我們幾乎不會使用到助理角色。

step 01 新增提供 AI 對談功能的模組：

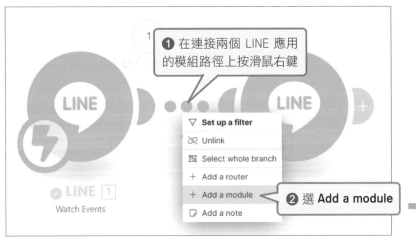

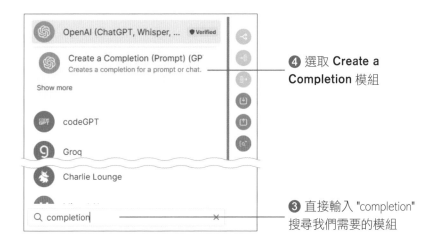

④ 選取 **Create a Completion** 模組

③ 直接輸入 "completion" 搜尋我們需要的模組

設定與 AI 溝通的內容：

① 選取前一章建立與 OpenAI 溝通的連線

② 選用 **Create a Chat Completion** 方法可以進行問答

③ 選用經濟實惠的 **GPT-4o-mini** 模型

⑤ 按 **Add message** 新增要傳送給模型的內容

④ 輸出 token 數量填 0, 表示以模型本身的限制為上限

Tip

OpenAI 應用的不同模組設定方式並不一致, 上一章的 Analyze Image 是留空不設定表示以模型本身的限制為 token 數量上限, 但這裡要輸入 0, 請特別留意。

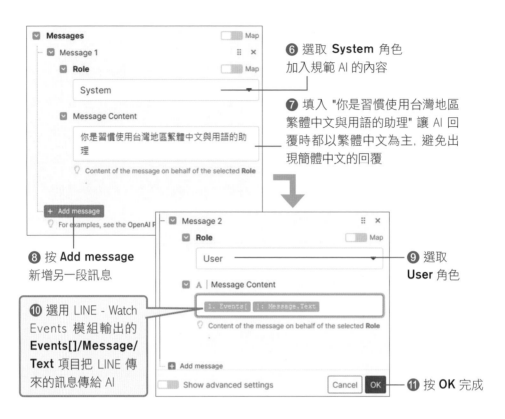

⑥ 選取 **System** 角色
加入規範 AI 的內容

⑦ 填入 "你是習慣使用台灣地區繁體中文與用語的助理" 讓 AI 回覆時都以繁體中文為主, 避免出現簡體中文的回覆

⑧ 按 **Add message**
新增另一段訊息

⑨ 選取 **User** 角色

⑩ 選用 LINE - Watch Events 模組輸出的 **Events[]/Message/Text** 項目把 LINE 傳來的訊息傳給 AI

⑪ 按 **OK** 完成

step 03 設定 LINE 改用 AI 的回覆內容當回覆訊息:

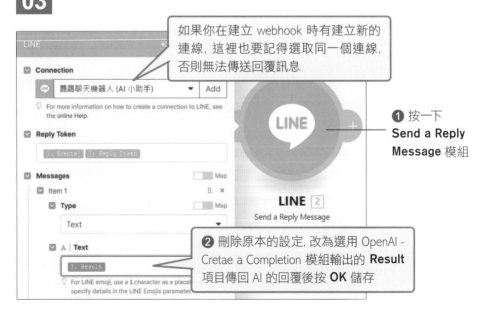

如果你在建立 webhook 時有建立新的連線, 這裡也要記得選取同一個連線, 否則無法傳送回覆訊息

❶ 按一下
Send a Reply Message 模組

❷ 刪除原本的設定, 改為選用 OpenAI - Cretae a Completion 模組輸出的 **Result** 項目傳回 AI 的回覆後按 **OK** 儲存

測試 AI 聊天機器人

現在我們就可以來測試看看 AI 是不是會跟我們聊天了：

 step 01 執行腳本：

❷ 啟動定時執行腳本　　　　❶ 按此儲存腳本

step 02 使用 LINE App 跟 AI 聊天：

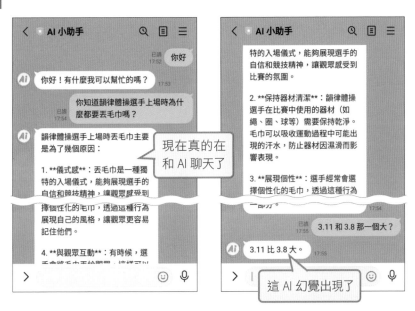

如果你要定時執行腳本時右下角出現如右訊息：

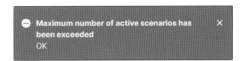

表示你超過了可定時執行的腳本數量限制, 還記得第 2 章說明過免費帳戶同時間只能定時執行 2 個腳本, 如果你有定時執行其它腳本, 請先停止它們再執行這個腳本。

4-3 設計網頁摘要機器人

現在有了 LINE 聊天機制與 OpenAI 應用的聊天模組, 就可以組合出有趣的應用, 舉例來說, 如果你常常需要看網路文章蒐集資料, 那麼就可以設計一款丟網址給 LINE 後自動回覆網頁內容摘要的機器人, 這一節我們就來試看看完成這樣的腳本。

使用 HTTP 應用的模組取得網頁內容

要設計網頁摘要機器人, 最基本的步驟就是要能像是瀏覽器那樣取得網頁內容, make.com 預設就提供有 HTTP 應用, 內含許多可以模擬瀏覽器功能的模組, 我們就先從這裡出發, 以這一篇討論機械鍵盤的英文文章 (https://pse.is/6bwvv3) 為範例, 說明如何擷取網頁:

Tip

有些短網址服務, 像是 reurl, 使用了 HTTP 模組不支援的 JavaScript 轉址機制, 擷取回來的會是沒有實際內容的網頁。這是同一個網址以 reurl 服務產生的短網址: https://reurl.cc/ly9nrq, 稍後你也可以用來測試。

step 01 請依照前面章節介紹的步驟建立新的腳本, 進入編輯頁面。

step 02 加入 HTTP 應用下的模組擷取網頁內容:

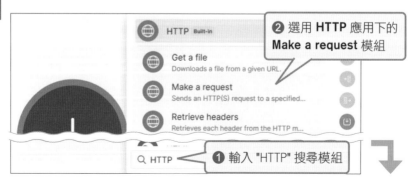

③ 貼上文章的網址

④ 使用預設的 **GET**

⑤ 按 OK 完成

step 03 測試模組是否可以正確取得網頁內容:

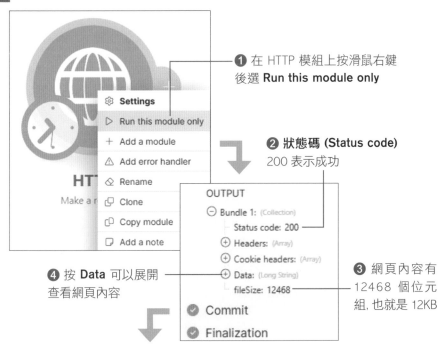

❶ 在 HTTP 模組上按滑鼠右鍵後選 **Run this module only**

❷ **狀態碼 (Status code)**
200 表示成功

❸ 網頁內容有 12468 個位元組, 也就是 12KB

❹ 按 **Data** 可以展開查看網頁內容

把網頁內容轉換成純文字

　　如果你仔細觀察擷取回來的網頁內容, 會發現其中包含許多以成對的**角括號 (< 與 >)** 標註的奇奇怪怪的文字, 這些稱為 **HTML 標籤**, 是用來標註網頁中個別部分的組成元素。你也會注意到網頁真正的文章內容出現在往下捲動很後面的地方, 對於摘要文章內容來説, 這些我們不想弄懂的 HTML 標籤佔了非常多的內容。如果把所有內容一併送給 AI, 雖然 AI 可以看得懂 HTML 標籤並擷取出文章內容來摘要, 不過卻會浪費輸入給語言模型的 token 數量, 還記得前一章提到的, OpenAI API 是以 token 數量來計費, 多送多扣錢。

　　為了節省 OpenAI API 的費用, 我們可以移除網頁內的這些 HTML 標籤, 只留下真正的文章內容再給 AI 摘要。make.com 中內建提供有 **Text Parser** 應用的模組可以幫我們這件事, 以下就來測試看看:

step 01 加入轉換網頁成純粹文字的模組：

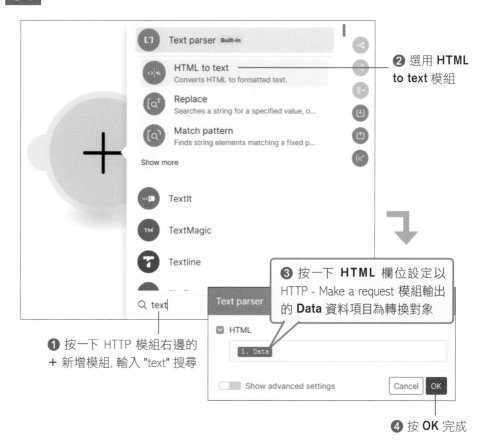

❷ 選用 **HTML to text** 模組

❸ 按一下 **HTML** 欄位設定以 HTTP - Make a request 模組輸出的 **Data** 資料項目為轉換對象

❶ 按一下 HTTP 模組右邊的 ➕ 新增模組, 輸入 "text" 搜尋

❹ 按 **OK** 完成

step 02 測試腳本：

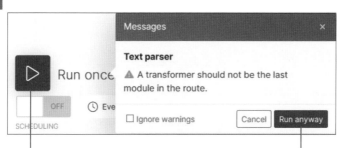

❶ 按一下 **Run once** 執行腳本

❷ 由於 Text Parser - HTML to text 模組是轉換資料的模組, 但轉換後卻沒有送給其它模組使用, 所以會出現警告訊息, 我們的目的是要觀察轉換結果, 這裡按 **Run anyway** 強迫執行

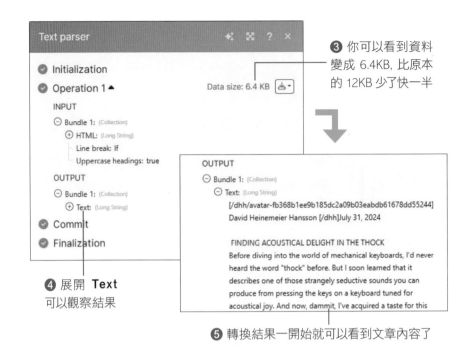

❸ 你可以看到資料變成 6.4KB, 比原本的 12KB 少了快一半

❹ 展開 **Text** 可以觀察結果

❺ 轉換結果一開始就可以看到文章內容了

利用將網頁內容轉換成純文字內容的方式, 可以節省 OpenAI API 的費用。

加上 AI 完成網頁摘要機器人

現在我們已經處理好擷取網頁內容的工作, 接下來就利用這一章前面學過的內容, 完成整個網頁摘要機器人：

step 01 在流程最前面加上 LINE 應用等待收到新通知的模組：

❶ 在 HTTP 模組上按滑鼠右鍵選 **Add a module** 以便在流程最前面加上新模組

❸ 選 **Watch Events** 模組

❷ 輸入 "LINE" 搜尋

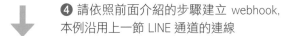

❹ 請依照前面介紹的步驟建立 webhook,
本例沿用上一節 LINE 通道的連線

Tip

如果你要建立新的
LINE 通道, 請自行建
立對應的新連線, 輸
入正確的存取令牌。

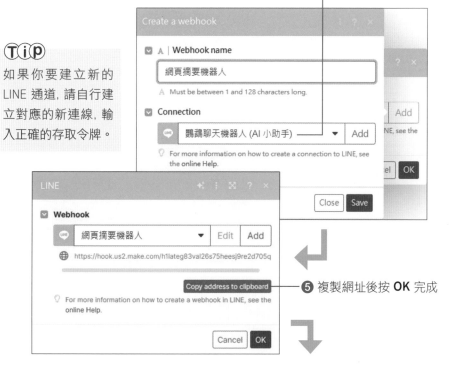

❺ 複製網址後按 **OK** 完成

❻ 使用剛剛複製的網址修改 LINE 通道中的 webhook 設定

step 02 使用從 LINE 收到的網址擷取網頁內容：

❶ 按一下 HTTP - Make a request 模組後設定 **URL** 欄位使用 LINE
Watch Events 模組輸出的 **Events/Message/Text** 項目為網址

step 03 加入摘要文章內容的 OpenAI 應用模組：

❶ 依照前面章節說明在 Text parser - HTML to text 模組
後面加上 **OpenAI - Create a completion prompt** 模組

❷ 選用 **gpt-4o-mini** 模組

4-40

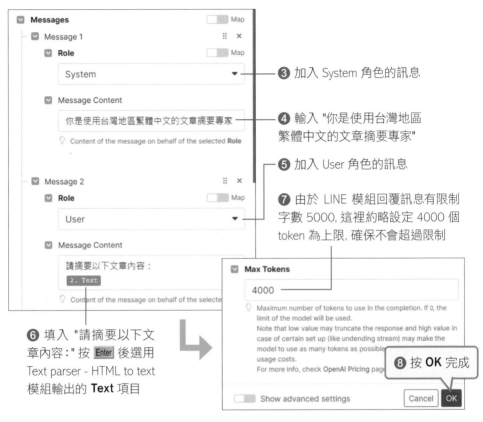

❸ 加入 System 角色的訊息

❹ 輸入 "你是使用台灣地區繁體中文的文章摘要專家"

❺ 加入 User 角色的訊息

❼ 由於 LINE 模組回覆訊息有限制字數 5000, 這裡約略設定 4000 個 token 為上限, 確保不會超過限制

❻ 填入 "請摘要以下文章內容:" 按 Enter 後選用 Text parser - HTML to text 模組輸出的 **Text** 項目

❽ 按 **OK** 完成

step 04 加入將摘要內容回覆給使用者的模組:

❶ 依照前面介紹的步驟加入 **LINE - Send a Reply Message** 模組

❷ 選取正確的連線

❸ 選用 LINE - Watch Events 模組的 **Events[]/Reply Token** 項目

❹ 加入 **Text** 類型的回覆訊息

❺ 使用 OpenAI 模組的 **Result** 資料項目當回覆內容

這樣就設計完腳本了。

測試腳本

現在我們只要把網址透過 LINE App 送給腳本, 就會引發自動化流程取得網頁摘要:

step 01 執行腳本:

❷ 啟用定時執行腳本　　❶ 請記得先儲存腳本

step 02 輸入網址測試:

你可以看到如果送給它網址, 它會正確地摘要網頁內容給我們, 但如果提供給它的不是網址, 不但已讀不回, 而且腳本看起來好像已經不會再運作了。

錯誤處理

為了瞭解發生什麼事, 可以切換到**執行歷史**頁次, 查看執行過程發生了什麼事:

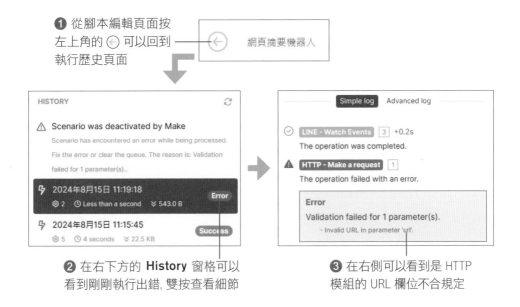

❶ 從腳本編輯頁面按左上角的 ⊙ 可以回到執行歷史頁面

❷ 在右下方的 **History** 窗格可以看到剛剛執行出錯, 雙按查看細節

❸ 在右側可以看到是 HTTP 模組的 URL 欄位不合規定

這是因為從 LINE 送來的是一般文字, 並不是可以連往某個網頁的網址, 所以 HTTP - Make a request 模組檢查後發現無法完成擷取網頁內容的工作。由於我們沒有處理錯誤, 所以當出錯時, make.com 會強制終止腳本運作, 使得我們的 LINE 網頁摘要機器人失效。

要解決這個問題, 只要加上錯誤處理的功能即可, 我們準備在出錯的時候, 通知使用者提供的網址不正確, 請依照以下步驟加上錯誤處理機制:

❶ 切回 **DIAGRAM** 頁次

❷ 按 **Edit** 進入編輯畫面

❸ 在 HTTP Make a request
模組上按一下滑鼠右鍵選
Add a error handler

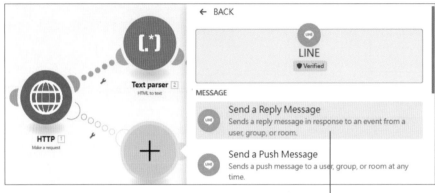

❹ 在新出現的錯誤處理路徑上加入
LINE - Send a Reply Message 模組

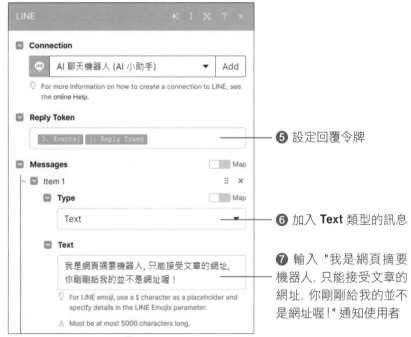

❺ 設定回覆令牌

❻ 加入 **Text** 類型的訊息

❼ 輸入 "我是網頁摘要
機器人, 只能接受文章的
網址, 你剛剛給我的並不
是網址喔!" 通知使用者

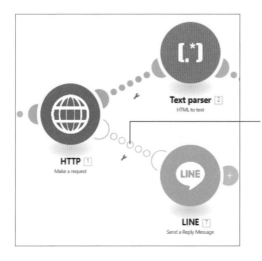

❽ 完成後可以看到這條
透明沒有填色的路徑就是
發生錯誤時會執行的流程

　　這樣我們就幫 HTTP 模組加上一個簡單的錯誤處理機制, 只要無法正確擷取網頁內容導致錯誤, 就會回覆制式的訊息通知使用者；如果正常擷取網頁內容, 就循原本的路徑請 AI 幫我們摘要內容。接著就來測試看看：

step 01 儲存腳本後啟用定時執行：

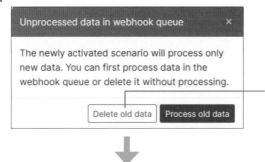

❶ 由於前一次執行發生錯誤
強制終止, 會儲存沒有成功
處理的資料, 按 **Process old
data** 會重新處理舊資料, 這
裡我們按 **Delete old data**
捨棄舊資料從頭開始

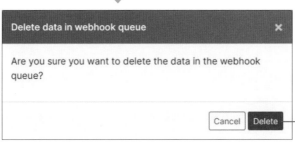

❷ 會再確認一次是否
真的要刪除舊資料, 請
按 **Delete** 確認

輸入一般文字與網址測試看看是否都能正確運作：

❷ 正確告知只能傳送網址　　❶ 輸入一般文字

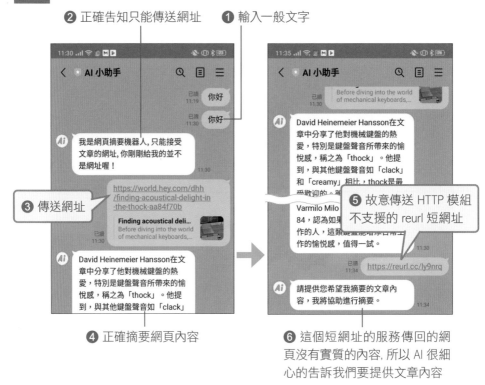

❸ 傳送網址

❹ 正確摘要網頁內容

❺ 故意傳送 HTTP 模組不支援的 reurl 短網址

❻ 這個短網址的服務傳回的網頁沒有實質的內容, 所以 AI 很細心的告訴我們要提供文章內容

　　這樣我們就完成了網頁摘要機器人了, 你也可以結合前面章節所學到的內容, 像是自動把摘要內容統整備份到 Notion 筆記中, 使用者就不需要自己複製摘要內容了。最後還是要提醒使用 LINE 聊天模組的注意事項：

● LINE **通道**就是一個虛擬的**聯絡人**, 加入成為好友就可以和它對話。

● make.com 上的一個 LINE **連線**可以和對應的一個 LINE 通道傳輸資料, 若是想要傳送資料給不同的 LINE 通道, 就要建立不同的連線。

● LINE 通道只能傳送通知給所設定網址對應的 **webhook**。

　　在下一章中, 我們要把 AI 帶入聲音的世界, 讓我們的自動化流程可以聽得懂使用者說什麼。

CHAPTER 5

帶領自動化流程進入
聲音與繪圖的世界

上一章我們帶大家建構了 LINE AI 機器人，可以直接以 LINE App 當成溝通的介面，不過您可能會想說，如果可以不要打字，直接用講的是不是更方便？在這一章中，我們就會把 OpenAI 語音轉文字以及文字轉語音的功能代入 LINE AI 機器人中，讓你出一張嘴就可以指揮 AI 做事。此外，我們也會說明 OpenAI 中透過文字生圖的功能，讓你可以隨時生成想要的圖片。

5-1 設計自動口譯機

出國旅遊最怕人生地不熟, 語言又不通, 如果能夠使用隨身攜帶的手機當成即時口譯機, 那就太棒了。在這一節中, 我們會一步步帶領大家利用 OpenAI 提供的語音功能, 實作一個中英文即時口譯的機器人, 你講中文它會翻譯成英文, 你講英文它會翻譯為中文, 而且不只翻譯, 還會生成語音讓你也可以用聽的就可以懂意思, 再也不用找翻譯軟體打字手忙腳亂了。

讓自動化流程聽懂你的話

要實作即時口譯機, 第一步就是讓 LINE 機器人可以用語音輸入, 雖然手機上的輸入法就有語音輸入, 不過要講不同語言還要切換到該種語言的輸入法, 有點麻煩。LINE App 雖然也有語音輸入, 但它是錄音, 並不會幫你轉為文字。不過別擔心, OpenAI 提供有 **Whisper** 模型, 可以幫我們從語音辨識成文字, 而且是多國語言通用, 你怎麼講它都可以聽懂喔!

以下我們就來建立一個簡單的腳本, 試看看這個模型的威力:

step 01 請先依照前面章節介紹的步驟, 建立一個新的腳本, 命名為 "語音轉文字"。

step 02 你可以建立新的 LINE 通道, 或者是沿用前面章節建立的 LINE 通道。

step 03 進入編輯畫面後, 加入 LINE 應用中等候新訊息的 Watch Events 模組:

❶ 建立新的 webhook, 複製網址更新 LINE 通道的 webhook 設定

(TiP)
如果你是使用新的 LINE 通道,請記得在建立新的 webhook 時也要建立新的 LINE 連線,並輸入新通道的存取令牌。

step 04 執行模組接收 LINE 送來的錄音訊息:

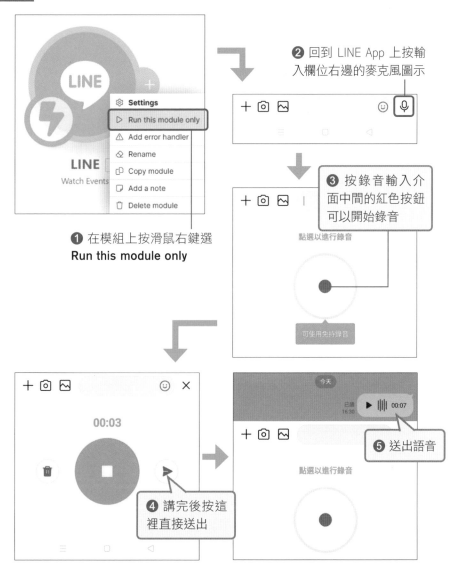

❷ 回到 LINE App 上按輸入欄位右邊的麥克風圖示

❸ 按錄音輸入介面中間的紅色按鈕可以開始錄音

❶ 在模組上按滑鼠右鍵選 **Run this module only**

❺ 送出語音

❹ 講完後按這裡直接送出

step 05 回到 make.com 檢視錄音訊息的資料包內容：

❶ 這裡可以看到訊息類型是**音訊 (audio)**

❷ 錄音訊息會存在 LINE 伺服器上，必須透過**訊息識別碼 (Message ID)** 下載音檔

step 06 錄音訊息和文字訊息不同的地方在於錄音訊息內並沒有錄音的內容，要額外下載錄音檔案回來，這必須仰賴剛剛資料包中的訊息識別碼以及 LINE 應用中下載夾檔的 **Download a Message Attachment** 模組：

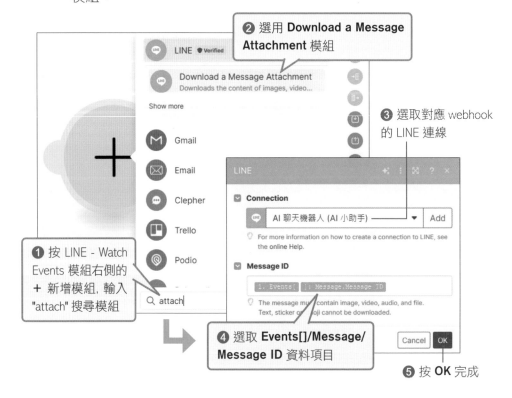

❷ 選用 **Download a Message Attachment** 模組

❸ 選取對應 webhook 的 LINE 連線

❶ 按 LINE - Watch Events 模組右側的 ➕ 新增模組，輸入 "attach" 搜尋模組

❹ 選取 **Events[]/Message/ Message ID** 資料項目

❺ 按 **OK** 完成

step 07

請按編輯頁面左下角的 **Run once** 執行腳本一次, 然後在 LINE App 中重新傳送一次錄音, 回到 make.com 檢視下載夾檔的模組收到的資料包, 查看錄音檔案的相關細節:

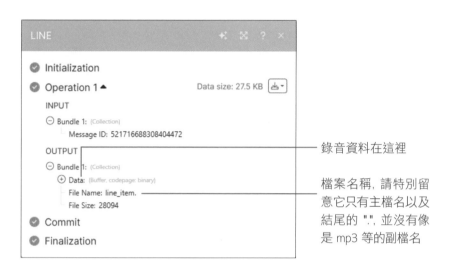

錄音資料在這裡

檔案名稱, 請特別留意它只有主檔名以及結尾的 ".", 並沒有像是 mp3 等的副檔名

step 08

加入語音轉文字的 OpenAI 模組:

❷ 選用 OpenAI 應用下的 **Create a Transcription (Whisper)** 模組

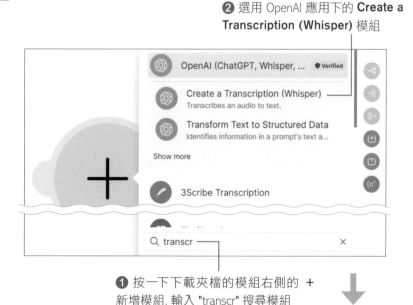

❶ 按一下下載夾檔的模組右側的 ＋ 新增模組, 輸入 "transcr" 搜尋模組

OpenAI 應用下有
兩個名稱非常相
近的模組：

將語音固定轉換
成英文的模組

視語音內容轉換
成對應語言的模組

Create a Translation 模組不論你使用哪一種語言說話, 都會轉成英文, 不
符合我們設計即時口譯機的需求, 請不要選錯。

❸ 選取連線

預設勾選的選項會直接沿用下
載夾檔的檔名, 如同前面檢視
時所看到, 這個檔名缺了副檔名

❹ 勾選 **Map** 自行對應檔案名
稱與資料位置

❺ 選取下載夾檔模組的 **File
Name** 資料項目, 由於資料內容
沒有副檔名, 請在這裡強制加
上 "mp3" 副檔名, 否則 OpenAI
會拒絕處理音檔

❻ 選取 **Data** 項目
做為檔案內容

❼ 語音轉文字只有 **Whisper-1**
模型可選

❽ 輸入 "如果是中文, 請使用台
灣地區的繁體中文與詞彙", 讓
模組選用繁體中文, 避免出現
簡體中文用語

❾ 選擇 **Text** 輸出純文字

❿ 按 **OK** 完成

step 09 最後加上把轉換結果送回 LINE App 的模組：

❶ 在 OpenAI 模組右側按 **+** 新增 LINE 應用的 **Send a Reply Message** 模組

❷ 選取 webhook 對應的連線

❸ 設定回覆令牌

❹ 新增文字類型的訊息

❺ 以 OpenAI - Create a Transcription 模組的 **Text** 資料項目為訊息內容

 step 10 設定完成後就可以執行腳本，然後在 LINE App 中送出錄音訊息測試：

❶ 再次送出錄音訊息

❷ 腳本會把轉換後的文字送回來

這樣我們就可以把語音轉換回文字了。

如果你的腳本會在 OpenAI - Create a Transcription 模組出錯, 請看一下錯
誤內容:

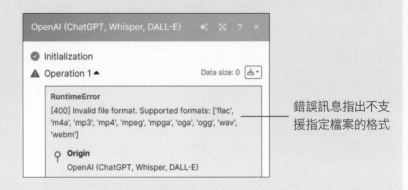

錯誤訊息指出不支
援指定檔案的格式

這表示 OpenAI - Create a Transcription 模組設定的檔案名稱不正確, 請確
認依照前述步驟加上 "mp3" 當副檔名。

最後要說明的是, Whisper 模型的計費方式很簡單, 本書撰寫時音檔長度
每分鐘 0.006 美元, 計費時是**以秒數計算**。

讓自動化流程把結果說出來

現在我們已經可以從錄音訊息轉換成文字了, 實際翻譯文字到另外一種
語言前, 先來學習如何從文字生成語音, 這有賴 OpenAI 應用中的 **Generate
an Audio** 模組, 以下就一步步來完成:

請沿用剛剛的腳本繼續操作。

如果你想要保留剛剛的腳本, 也可以依照前面章節介紹的步驟複製腳本再進行後續的操作:

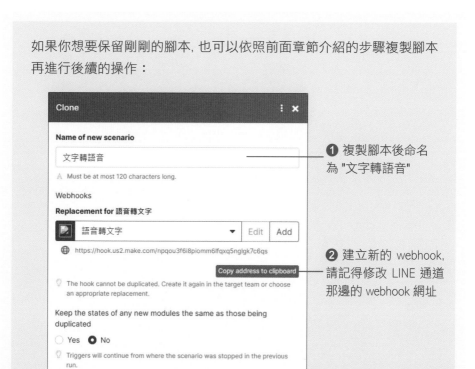

❶ 複製腳本後命名為 "文字轉語音"

❷ 建立新的 webhook, 請記得修改 LINE 通道那邊的 webhook 網址

❸ 按 **Save** 完成

step
02

新增文字轉語音的模組:

❶ 在 OpenAI - Create a Transcription 模組連往 LINE - Send a Reply Message 模組的路徑上按滑鼠右鍵後選 **Add a module**

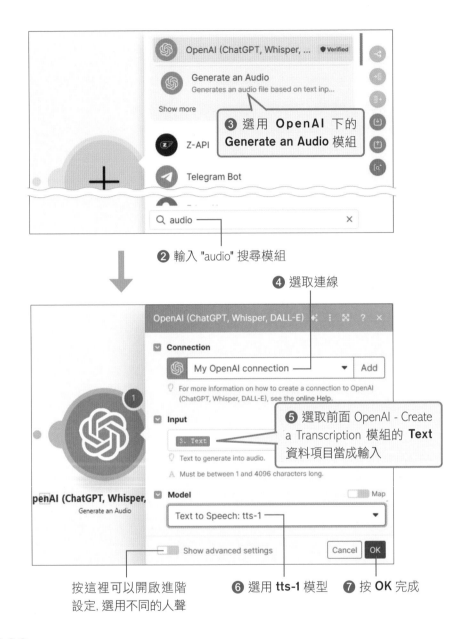

③ 選用 **OpenAI** 下的 **Generate an Audio** 模組

❷ 輸入 "audio" 搜尋模組

❹ 選取連線

❺ 選取前面 OpenAI - Create a Transcription 模組的 **Text** 資料項目當成輸入

按這裡可以開啟進階設定, 選用不同的人聲　　**❻** 選用 **tts-1** 模型　　**❼** 按 **OK** 完成

> **Tip**
>
> 你也可以選用號稱高品質的 tts-1-hd 模型, 不過我們自己實測下來並沒有感受到明顯的差異, 但費用是 tts-1 模型的兩倍, 所以建議使用 tts-1 模型即可。tts-1 模型是每 1,000,000 個字元 15 美金, tts-1-hd 則是兩倍的價格。

step 03 OpenAI - Generate an Audio 會直接產生語音內容, 但是要在 LINE 的回覆訊息中加入語音就和加入圖片一樣, 不是把語音內容直接塞到回覆訊息中, 而是要提供語音檔案的網址。還記得第 3 章使用 OneDrive 時可以取得檔案的下載網址嗎？這裡我們就會利用 OneDrive, 把音檔上傳放置在 OneDrive 中, 然後傳送從 OneDrive 下載檔案的網址給 LINE。首先上傳音檔：

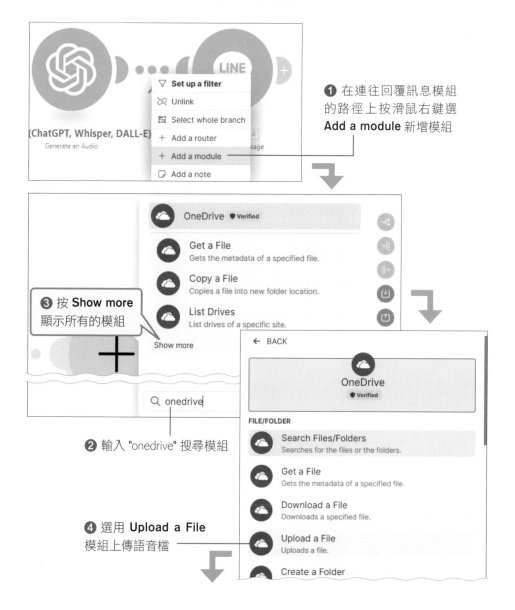

❶ 在連往回覆訊息模組的路徑上按滑鼠右鍵選 **Add a module** 新增模組

❸ 按 **Show more** 顯示所有的模組

❷ 輸入 "onedrive" 搜尋模組

❹ 選用 **Upload a File** 模組上傳語音檔

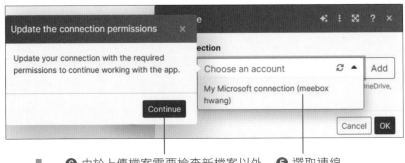

6 由於上傳檔案需要檢查新檔案以外
的權限，請按這裡一路同意完成授權

5 選取連線

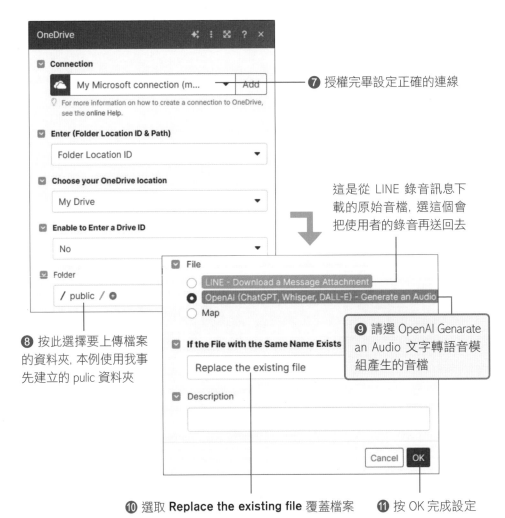

7 授權完畢設定正確的連線

這是從 LINE 錄音訊息下
載的原始音檔，選這個會
把使用者的錄音再送回去

8 按此選擇要上傳檔案
的資料夾，本例使用我事
先建立的 pulic 資料夾

9 請選 OpenAI Genarate
an Audio 文字轉語音模
組產生的音檔

10 選取 **Replace the existing file** 覆蓋檔案　　**11** 按 OK 完成設定

step 04 上傳檔案後, 要再透過取得檔案的模組才能得到下載的網址:

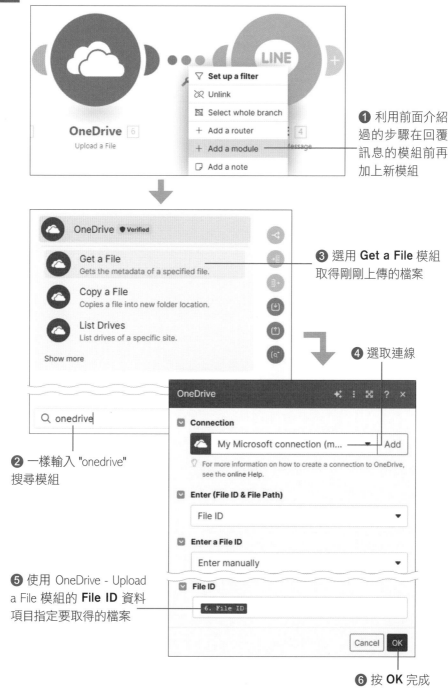

❶ 利用前面介紹
過的步驟在回覆
訊息的模組前再
加上新模組

❸ 選用 **Get a File** 模組
取得剛剛上傳的檔案

❹ 選取連線

❷ 一樣輸入 "onedrive"
搜尋模組

❺ 使用 OneDrive - Upload
a File 模組的 **File ID** 資料
項目指定要取得的檔案

❻ 按 **OK** 完成

step 05 取得檔案後就可以使用下載網址以音檔回覆 LINE 訊息了：

❶ 按一下回覆 LINE 訊息
的模組開啟設定交談窗　❷ 新增第 2 個項目　❸ 選 **Audio** 傳送音檔

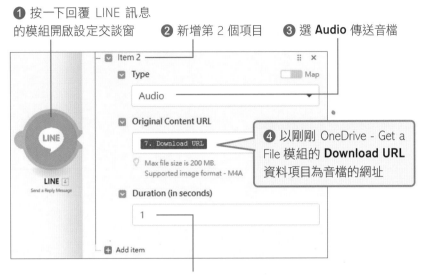

❹ 以剛剛 OneDrive - Get a
File 模組的 **Download URL**
資料項目為音檔的網址

❺ 在 **Duration** 欄位輸入 "1" 先固定在
LINE App 上顯示音檔播放時間為 1 秒

Tip

Duration 欄位設定的時間長度只是顯示給使用者看的, 不論你的音檔實際時間多長, 這個設定都不會影響播放時的正確性。我們會在稍後測試過後, 改用音檔實際播放的時間長度來替換欄位的設定。

step 06 完成後就可以按 **Run once** 測試腳本：

❶ 用錄音輸入傳送

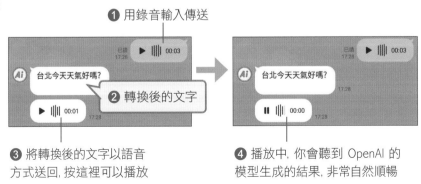

❷ 轉換後的文字

❸ 將轉換後的文字以語音
方式送回, 按這裡可以播放

❹ 播放中, 你會聽到 OpenAI 的
模型生成的結果, 非常自然順暢

變更人聲

你也可以修改 OpenAI 生成語音的模組設定，選用不同的聲音：

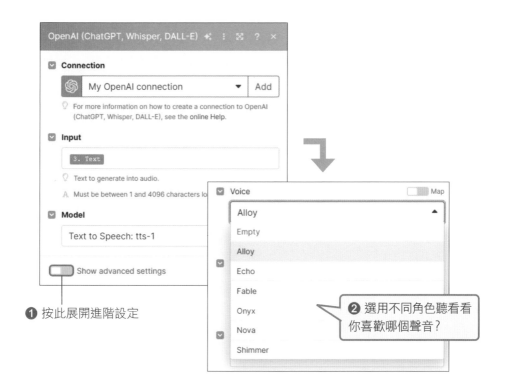

❶ 按此展開進階設定

❷ 選用不同角色聽看看
你喜歡哪個聲音？

為每次生成的語音儲存不同音檔

如果你觀察 OneDrive - Get a File 模組，會看到它的輸出結果如下：

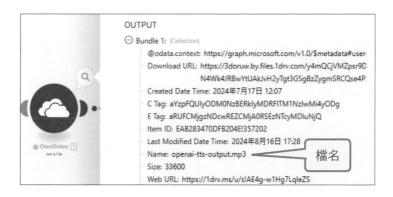

檔名

由於在上傳檔案的模組中設定了覆蓋既有檔案，所以不論我們測試多少次，這個檔名都一樣，也就是永遠都只有一個檔案。這樣做的壞處就是，即使在 LINE App 上看到多次回覆的語音訊息，但不論你按哪一個語音訊息都會播放同一個檔案，也就是最後一次回覆的音檔。

如果你想要區隔每次回覆的音檔，可以修改上傳檔案模組的設定：

這樣每次上傳時雖然指定的是同樣的檔名，但是會在檔案尾端加上數字區別。設定後觀察實際測試結果：

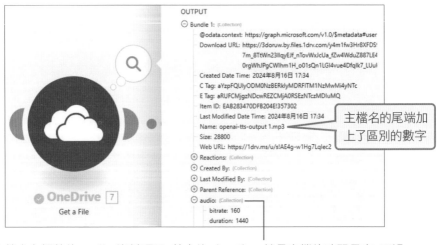

音檔會有額外的 **audio** 資料項目，其中的 **duration** 就是音檔的時間長度，不過單位是毫秒 (千分之一秒)，不是 LINE Send a Reply Message 設定欄位中需要的秒

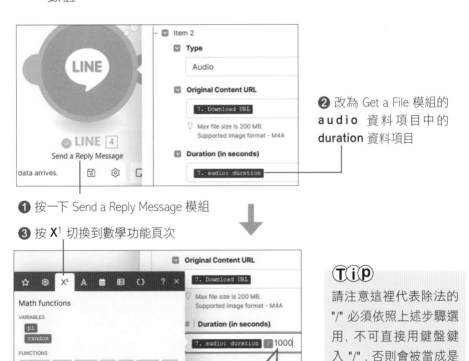

Tip

在我們的測試中, 有時候會遇到 Get a File 模組的結果不會有 audio 項目, 如果你也遇到這個狀況, 可以再重新測試一次, 直到看到 audio 項目為止。

修正顯示的播放時間

還記得剛剛設計腳本時, 我們在回覆訊息的模組中把音檔播放時間固定顯示為 1 秒嗎？現在我們看到 OneDrive - Get a File 模組中其實就有播放時間, 接著就來修正顯示的時間長度：

step 01 修改音檔播放時間, 要注意的是 LINE 的模組是以秒為單位, 但是 OneDrive 的模組是以毫秒為單位, 所以必須換算才可以得到正確的數值：

❷ 改為 Get a File 模組的 **audio** 資料項目中的 **duration** 資料項目

❶ 按一下 Send a Reply Message 模組

❸ 按 **X¹** 切換到數學功能頁次

❹ 按 **/** 加入除法

❺ 填入 1000 從毫秒換算為秒

Tip

請注意這裡代表除法的 "/" 必須依照上述步驟選用, 不可直接用鍵盤鍵入 "/", 否則會被當成是單純插入一個文字符號, 而不是要進行除法。

step 02 完成設定後就可以再按 **Run Once** 測試：

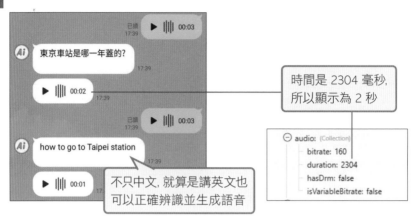

時間是 2304 毫秒, 所以顯示為 2 秒

不只中文, 就算是講英文也可以正確辨識並生成語音

修正無法取得音檔長度時的意外--Ignore 錯誤處理機制

剛剛測試時我們提過, OneDrive - Get a File 模組有時候無法提供音檔的播放時間長度, 在輸出的資料包中並不會出現 audio 資料項目, 這會導致回覆 LINE 訊息的模組出錯, 你會看到右上角出現驚嘆號的圖示：

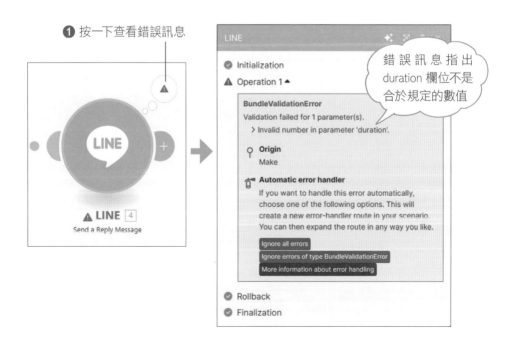

❶ 按一下查看錯誤訊息

錯誤訊息指出 duration 欄位不是合於規定的數值

這是因為我們設定要使用 OneDrive - Get a File 的 **audio/duration** 項目除以 1000 來計算秒數，但是這次的測試卻沒有出現 audio 資料項目，無法得到有效的數值進行計算無：

為了解決這個問題，我們採用一個簡單的作法，也就是在無法取得播放時間長度時回歸到一開始固定設為 1 秒鐘的作法，以下就為回覆訊息的模組加上錯誤處理的流程：

step 01 首先複製一個回覆訊息的模組，稍後會在錯誤處理的路徑上利用這個複製的模組重新回覆訊息：

❶ 在回覆訊息的模組上按滑鼠右鍵後選 **Clone** 複製模組

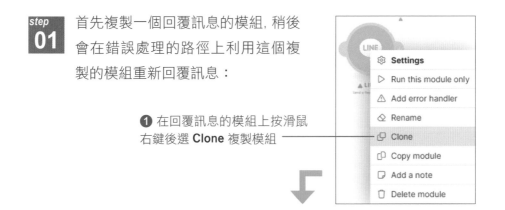

加入處理錯誤的流程：

❶ 在原始回覆訊息的模組上再按一次滑鼠右鍵選 **Add error handler** 新增錯誤處理流程

❷ 選用 **Ignore** 以便在重新傳送回覆訊息後忽略錯誤當成成功結束流程

❸ 這個模組沒有任何需要設定的內容

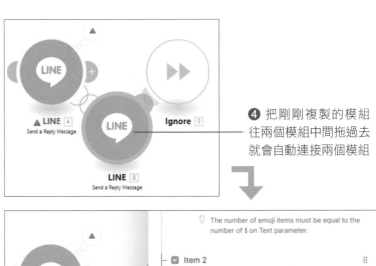

❹ 把剛剛複製的模組往兩個模組中間拖過去就會自動連接兩個模組

❺ 按一下複製的模組

❻ 刪除設定內容

❼ 改為 1 後按 **OK** 完成

step 03　現在編輯頁面上的模組排列的有點擠，重新整理一下：

❶ 按編輯頁面底部
的 **Auto -align** 自動
排列對齊模組

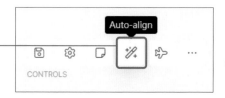

❷ 自動等距排成一列　　　　　❸ 透明的路徑代表錯誤處理的流程，當錯誤發
生時，會循此路徑以第 2 個回覆 LINE 訊息的
模組重新回覆訊息，然後忽略剛剛發生的錯誤

step 04　現在就可以儲存腳本後重新執行：

原始語音長度為 9 秒

生成的文字內容

上述內容轉成語音一定不只 2 秒，
但因為無法取得時間長度，會循
著錯誤處理路徑改成回覆 1 秒

　　對於 Ignore 方式的錯誤處理流程，也可以在處理流程的路徑直接加入要
執行的模組，不需要先加入 Ignore 模組。像是剛剛建立的腳本，實際上就跟
沒有最後面的 Ignore 模組一樣：

透明的路徑是錯誤處理流程

沒有最後的 Ignore 模組

讓 AI 當即時口譯員

現在我們已經可以從音檔轉成文字，也可以從文字轉成音檔，設計即時口譯的最後一里路就剩下翻譯了，請跟著以下步驟補上翻譯功能：

step **01**　請沿用剛剛的腳本繼續操作

Ｔｉｐ

如果你要保留剛剛的腳本，也可以複製腳本後再繼續操作，有關複製腳本的相關操作，請參考之前的說明，之後就不再重複說明。

step **02**　加入翻譯的 OpenAI 模組：

❶ 在兩個 OpenAI 模組的路徑上按滑鼠右鍵選 **Add a module**

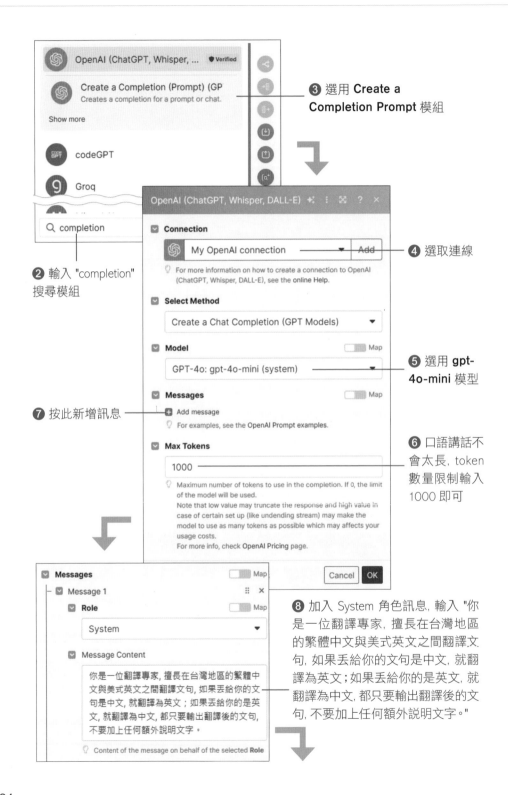

❸ 選用 **Create a Completion Prompt** 模組

❷ 輸入 "completion" 搜尋模組

❹ 選取連線

❺ 選用 **gpt-4o-mini** 模型

❼ 按此新增訊息

❻ 口語講話不會太長, token 數量限制輸入 1000 即可

❽ 加入 System 角色訊息, 輸入 "你是一位翻譯專家, 擅長在台灣地區的繁體中文與美式英文之間翻譯文句, 如果丟給你的文句是中文, 就翻譯為英文；如果丟給你的是英文, 就翻譯為中文, 都只要輸出翻譯後的文句, 不要加上任何額外說明文字。"

⑨ 再新增 User 角色的訊息, 選用 OpenAI - Create a Transcription 模組的 Text 以語音辨識結果當輸入

⑩ 按 **OK** 完成

step 03 修改文字轉語音的模組, 改用翻譯結果當輸入 :

❶ 按一下 OpenAI - Generate an Audio 模組

❷ 改用 OpenAI - Create a Completion 模組的 **Result** 資料以翻譯結果當輸入

❸ 按 **OK** 完成

step 04 修改回覆 LINE 訊息的模組, 讓它同時顯示原始輸入的內容以及翻譯後的結果 :

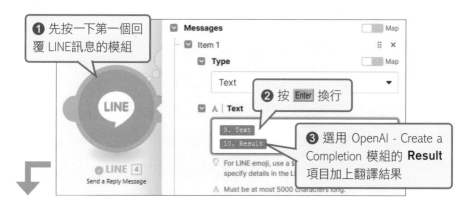

❶ 先按一下第一個回覆 LINE訊息的模組

❷ 按 Enter 換行

❸ 選用 OpenAI - Create a Completion 模組的 **Result** 項目加上翻譯結果

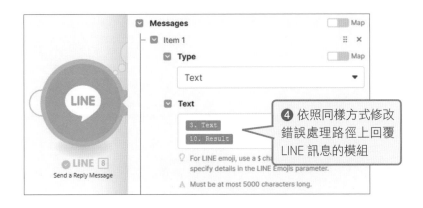

step 05

現在就可以儲存
腳本後定時執行
並測試了：

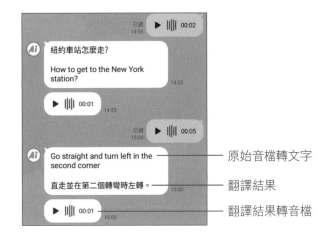

原始音檔轉文字
翻譯結果
翻譯結果轉音檔

處理直接輸入文字時的錯誤--Resume 錯誤處理機制

雖然我們已經完成了即時口譯的功能，不過有的時候你可能位於吵雜的
環境，怎麼講都無法辨識成功，或者是在不適合發出聲音的場合，就會想要
直接輸入文字，這時就會發現直接輸入文字只會已讀不回：

直接輸入文字
會已讀不回

這是因為目前的腳本預設收到的是語音訊息，一旦收到的是文字訊息，流程進行到下載 LINE 訊息夾檔的模組時就會因為文字訊息沒有夾檔而出錯，而腳本中並沒有處理這個錯誤的流程，就被強制終止了。只要進入腳本的執行歷史頁面，就可以看到錯誤：

❶ 歷史窗格顯示腳本已經被強制終止了

❷ 按一下錯誤進入詳細錯誤頁面　　❸ 確認是下載夾檔的模組出錯了

為了處理這個錯誤，我們要採用跟處理無法取得音檔時間長度時不一樣的作法，我們希望收到文字訊息下載夾檔出錯時可以讓流程繼續往下走，而不是忽略錯誤當成已經成功完成流程。make.com 提供有 **Resume** 錯誤處理機制，可以讓你用**替代資料假扮**成出錯模組的輸出結果，繼續未完的流程。我們準備利用這個機制為下載 LINE 訊息夾檔以及語音轉文字的模組加上錯誤處理的流程：

1. 首先當下載夾檔的模組因為文字訊息沒有夾檔而出錯時，我們會利用 Resume 機制假造一個不存在的檔案當成它的輸出，讓流程繼續往語音轉文字的模組進行。

2. 由於是假造的檔案，所以語音轉文字的模組無法取得檔案並根據內容運作而出錯，我們再利用 Resume 機制把文字訊息的內容當成是語音轉文字的結果，讓流程可以繼續往翻譯的模組進行。

利用這樣的方式，不論是用語音訊息還是文字訊息，都可以完成翻譯流程，以下就一步步來加上錯誤處理的流程：

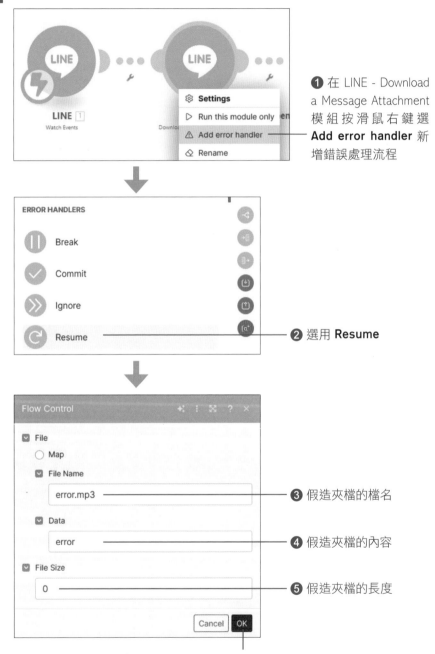

step 01 回到腳本的編輯頁面幫下載夾檔的模組加上錯誤處理流程：

❶ 在 LINE - Download a Message Attachment 模 組 按 滑 鼠 右 鍵 選 **Add error handler** 新增錯誤處理流程

❷ 選用 **Resume**

❸ 假造夾檔的檔名

❹ 假造夾檔的內容

❺ 假造夾檔的長度

❻ 按 **OK** 以假造的資料當成 LINE Download a Message Attachment 模組的輸出結果

step 02 幫語音轉文字的模組加上處理錯誤的流程：

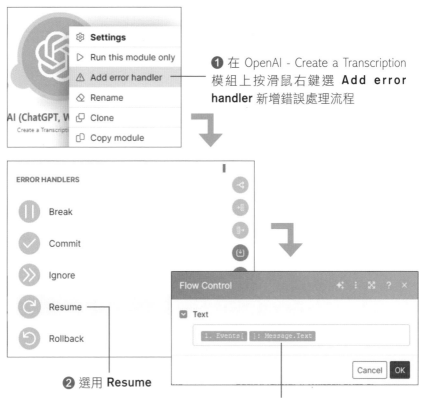

❶ 在 OpenAI - Create a Transcription 模組上按滑鼠右鍵選 **Add error handler** 新增錯誤處理流程

❷ 選用 **Resume**

❸ Resume 模組會根據錯誤處理的對象變換設定的內容，這裡請以文字訊息的內容當成語音轉文字的結果

Tip

如果你按了 **Text** 欄位後，卻沒有文字訊息的資料項目，可以先按 **Cancel** 取消並且按 **Run once** 執行腳本一次，並從 LINE 送文字訊息過來讓腳本出錯，這時在 **Text** 欄位內就會有文字訊息的資料項目可以選用了。

剛剛加入的兩個 Resume 錯誤處理流程

完成後請儲存腳本重新定時執行, 就可以開始測試了:

直接打字沒問題

用語音輸入也可以

這樣就完成了可以即時口譯的 LINE 機器人了。

5-2 讓 AI 幫我們生圖

OpenAI 不只提供了語音相關的功能, 還提供從文字生圖的功能, 即使沒有繪畫天分, 也可以快速的產生一定品質的圖。OpenAI 使用來生圖的模型有兩種:DALL・E 2 和 DALL・E 3, 從名字上就可以看出來, DALL・E 3 顯然是新一代的模組, 實際上 DALL・E 2 生的圖並不理想, 有些時候還會產生詭異的圖, 因此本書完全不使用 DALL・E 2。

▋測試 DALL・E 3 模型生圖

我們先從單獨測試 AI 生圖模組開始:

請先建立一個新的腳本, 進入腳本編輯頁面:

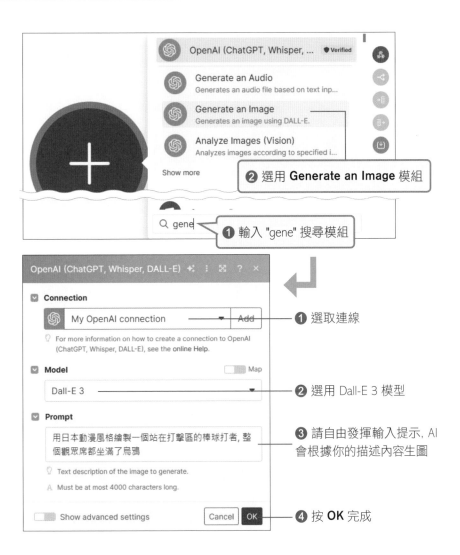

2 選用 **Generate an Image** 模組

1 輸入 "gene" 搜尋模組

1 選取連線

2 選用 Dall-E 3 模型

3 請自由發揮輸入提示, AI 會根據你的描述內容生圖

4 按 **OK** 完成

執行模組測試：

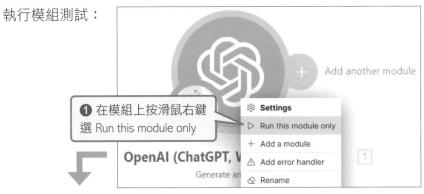

1 在模組上按滑鼠右鍵 選 Run this module only

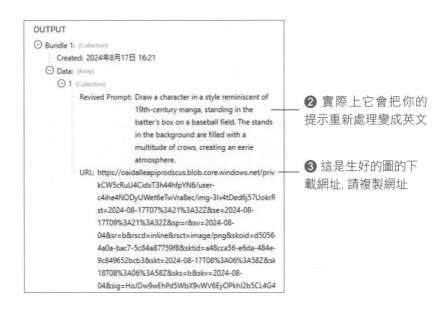

OUTPUT
⊖ Bundle 1: (Collection)
├─ Created: 2024年8月17日 16:21
⊖ Data: (Array)
⊖ 1 (Collection)
Revised Prompt: Draw a character in a style reminiscent of 19th-century manga, standing in the batter's box on a baseball field. The stands in the background are filled with a multitude of crows, creating an eerie atmosphere.

❷ 實際上它會把你的提示重新處理變成英文

URL: https://oaidalleapiprodscus.blob.core.windows.net/priv kCW5cRuU4CidxT3h44hfpYN6/user-c4ihe4NODyUWet6eTwVra8ec/img-3lv4tDed6j57UokrR st=2024-08-17T07%3A21%3A32Z&se=2024-08-17T09%3A21%3A32Z&sp=r&sv=2024-08-04&sr=b&rscd=inline&rsct=image/png&skoid=d5056 4a0a-bac7-5c84a87759f8&sktid=a48cca56-e6da-484e-9c849652bcb3&skt=2024-08-17T08%3A06%3A58Z&sk 18T08%3A06%3A58Z&sks=b&skv=2024-08-04&sig=HoJDw9wEhPd5WbX9vWV6EyOPkhI2b5CL4G4

❸ 這是生好的圖的下載網址, 請複製網址

在瀏覽器檢視生成的圖：

❶ 貼上網址

❷ 生成的圖

要注意的是, 下載圖檔的網址在一小時內有效, 如果要保留圖檔, 就要下載儲存。

調整參數

生圖模組還有一些進階選項可以設定, 你可以依照以下步驟設定:

step 01　展開進階選項設定:

❶ 按一下展開進階選項

step 02　進階選項說明:

❶ 可選取圖像大小, 預設是 **1024×1024**, 另可選擇把寬或高其中之一改成 1792 像素的大小

❷ 選擇圖像品質, 預設是 **Standard(標準)**, 本例改為 **HD(高品質)**

❸ 設定圖像風格, 預設採用具有現代風格的 **Vivid**, 也可選擇樸素自然的 **Natural** 風格

❹ 輸出格式, 預設是把圖檔暫存在 OpenAI, 提供下載網址的 **URL** 方式, 也可選用直接提供檔案內容的 **Image File** 方式, 下一節我們就會用到

改用 **HD** 品質測試同樣的提示內容生成的結果：

從剛剛粗糙黑白線條變成彩色細緻的成果

改用 **Natural** 風格測試相同提示生成的結果：

樸實自然的風格

5-3 綜合演練-- 自動從網頁清單摘要配圖

上一章我們製作過一個可以從輸入網址自動摘要文章內容的 LINE 聊天機器人，但如果你需要從多個網頁整理摘要內容，並且希望可以幫每個網頁自動配一張適當的圖，原本的聊天機器人就不夠用。這一小節我們會帶大家製作一個腳本，讓你可以在 Excel 檔中輸入要摘要的網頁網址，並執行腳本自動讀取網頁內容後填入摘要，並根據摘要自動配一張生成的圖。

使用網頁版的 Excel 建立試算表

要搭配 make.com 建立操作 Excel 試算表的腳本，必須採用網頁版或是訂閱 Office 365 的 Excel，本例採用網頁版的 Excel，請依據以下步驟建立記錄網址的 Excel 檔：

❶ 連到 https://www.microsoft365.com 登入你的微軟帳號

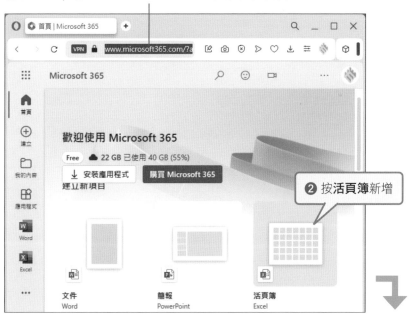

❷ 按**活頁簿**新增

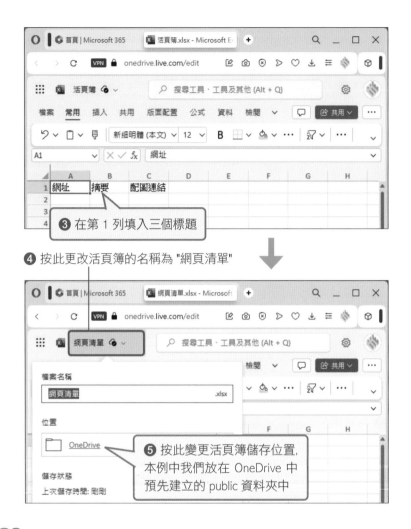

③ 在第 1 列填入三個標題

④ 按此更改活頁簿的名稱為 "網頁清單"

⑤ 按此變更活頁簿儲存位置,
本例中我們放在 OneDrive 中
預先建立的 public 資料夾中

Tip

再次提醒, 一定要使用網頁版的 Excel 建立, 稍後才能透過 make.com 修改活頁簿內容。
如果是在本機建立 Excel 檔同步到 OneDrive 中, make.com 只能讀取內容, 無法修改。

建立使用 Excel 的腳本

建立好活頁簿後, 就可以在 make.com 的腳本中取用該活頁簿的內容了:

step 01　建立一個新的腳本。

step 02　加入檢查工作表是否加入新列的模組：

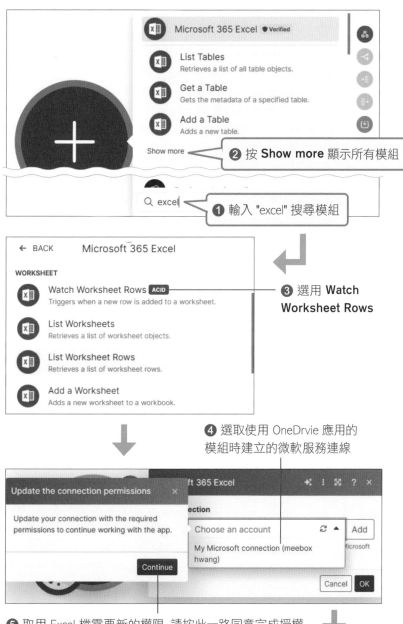

❷ 按 **Show more** 顯示所有模組

❶ 輸入 "excel" 搜尋模組

❸ 選用 **Watch Worksheet Rows**

❹ 選取使用 OneDrvie 應用的模組時建立的微軟服務連線

❺ 取用 Excel 檔需要新的權限, 請按此一路同意完成授權

⑥ 按此選取檔案

⑦ 選取剛剛建立的 "網頁清單.xlsx" 檔

⑧ 選取要使用的工作表

⑨ 輸入 100 限制每次讀取時的列數

⑩ 指定從第 1 列 (不含) 之後才算新的資料列

也可以把所有資料列都當新的, 這樣就會把第 1 列也取回

或是可以列出資料列讓你選取 要從哪一列之後開始算新的

step 03 測試是否可以讀取新的資料列：

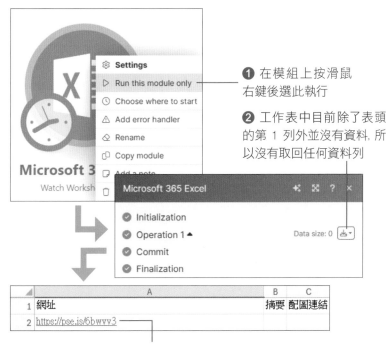

❶ 在模組上按滑鼠右鍵後選此執行

❷ 工作表中目前除了表頭的第 1 列外並沒有資料, 所以沒有取回任何資料列

❸ 在第 2 列的網址行填入上一章測試網頁摘要時的文章網址 https://pse.is/6bwvv3

❹ 讀取到的每列資料會放入一個資料包

❺ 第 2 列的資料

❻ 會以欄位序號以及第 1 列的表頭來表示各欄位

step **04** 為了稍後測試方便, 我們會將模組讀取位置的設定復原, 讓它在下次執行時仍然從第 2 列當成未讀取過的新資料列:

❶ 在模組上按滑鼠右鍵選 **Choose where to start**

❷ 填入 1 讓它從第 1 列 (不含) 之後才當成是新資料列

完成自動摘要並配圖的腳本

接下來就可以運用之前學過的內容, 完成自動化的流程了:

step **01** 加入讀取網頁的模組:

❶ 加入 HTTP 應用下的 **Make a request** 模組

❷ 設定網址為剛剛 Excel 模組的 **Row/(A): 網址/Value** 項目, 取得網址儲存格的內容

step 02　加入將網頁內容轉換成文字的模組：

❷ 選用 HTTP - Make a request 模組的 **Data** 資料以下載的網頁內容為轉換對象

❶ 加入 Text parser 應用下的 **HTML to text** 模組

step 03　加入摘要網頁內容的模組：

❷ 選取連線

❶ 加入 OpenAI 應用下的 **Create a Completion** 模組

❸ 選用 **gpt-4o** 或是 **gpt-4o-mini** 模型都可以

❹ 新增 System 角色訊息輸入 "你是一位使用台灣地區繁體中文的文章摘要專家"

⑤ 再新增如圖的 User 角色訊息, 選用 Text Parser - HTML to text 模組的 Text 項目以轉換後的文字為摘要對象

⑥ 設定 token 數量上限

step
04 建立依據摘要內容生圖的模組:

❶ 加入 OpenAI 應用的 **Generate an Image** 模組　　❷ 選取連線

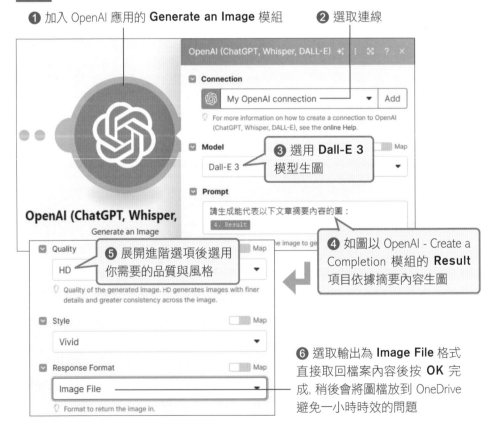

❸ 選用 **Dall-E 3** 模型生圖

❹ 如圖以 OpenAI - Create a Completion 模組的 **Result** 項目依據摘要內容生圖

❺ 展開進階選項後選用你需要的品質與風格

❻ 選取輸出為 **Image File** 格式直接取回檔案內容後按 **OK** 完成, 稍後會將圖檔放到 OneDrive 避免一小時時效的問題

step 05　加入上傳圖檔到 OneDrive 並取得下載連結的模組：

❷ 選取連線

❶ 加入 OneDrive 應用的 Upload a File 模組

❸ 選取要儲存圖檔的資料夾

❹ 選此項將生圖模組傳回的檔案上傳

❺ 生圖模組傳回的檔名是固定的，選 **Rename the new file** 在檔名後面加序號避免蓋掉之前生成的圖檔，最後按 **OK** 完成

❼ 選取連線

❻ 再加入 OneDrive 應用的 **Get a File** 模組

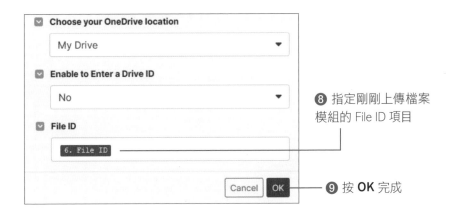

⑧ 指定剛剛上傳檔案模組的 File ID 項目

⑨ 按 OK 完成

step
06 把摘要內容以及配圖的網址更新回工作表中：

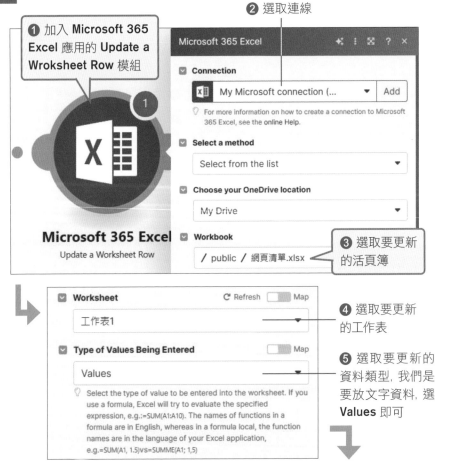

❶ 加入 Microsoft 365 Excel 應用的 Update a Wroksheet Row 模組

❷ 選取連線

❸ 選取要更新的活頁簿

❹ 選取要更新的工作表

❺ 選取要更新的資料類型，我們是要放文字資料，選 Values 即可

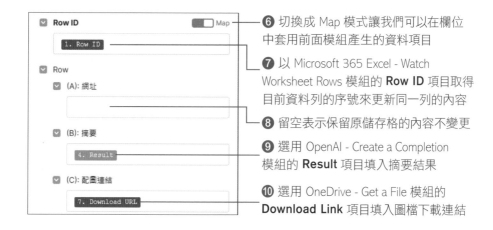

❻ 切換成 Map 模式讓我們可以在欄位中套用前面模組產生的資料項目

❼ 以 Microsoft 365 Excel - Watch Worksheet Rows 模組的 **Row ID** 項目取得目前資料列的序號來更新同一列的內容

❽ 留空表示保留原儲存格的內容不變更

❾ 選用 OpenAI - Create a Completion 模組的 **Result** 項目填入摘要結果

❿ 選用 OneDrive - Get a File 模組的 **Download Link** 項目填入圖檔下載連結

這樣就完成腳本的設計了, 個別模組的流程順序如下：

測試腳本

請按 **Run once** 執行腳本一次, 執行成功後可以回頭檢視工作表的內容：

配圖的下載網址　　　　　　摘要內容

網址	摘要	配圖連結
https://world.hey.com/dhh/finding-acoustical-delight-in-the-thock-aa84f70b	David Heinemeier Hansson在文章中分享了他對機械鍵盤、特別是「thock」聲魅力的愛好。他解釋了「thock」之聲的吸引力, 即鍵盤按下時發出的悅耳聲音, 並推薦了兩款他喜愛的鍵盤：Varmilo Milo 75和Lofree Flow 84。他指出, 雖然機械鍵盤可能帶來一些不便, 如電池壽命縮短和噪音, 但從中獲得的打字樂趣和個人偏好探索卻使其成為一種令人愉悅的愛好。他還證揚了市場上多樣化的選擇和競爭, 使得高品質的機械鍵盤更加普及和實惠。	https://3doruw.by.files.1drv.com/y4mKqPso7l3ZVCpI6h6-tSep12PPTiJOwDOnr7YvMYfdd19IU0Of0KHZ9b_81eaGjoVtgmrWdsf2uvbu4jMp06lhUx80x0PBzMbOfzN8v5QMbUMXp4H_i7uy_eRM58uXl1vpySeoWRl7JmbZB645G_K-AL-aafdSw4zHtxnW34dHORK4LzKZA6MLrLURE17MhsnRKVsqeIOpbeulu3GGYlikQIwvyaBw-VcsNjxWU-YGI8OM56s3O0TIbmlX8UesAEUXfupJ6X-PBAM8CJ3sphQsQ

我測試時自動配的圖如下：

▲ 是不是抓到了『機械』鍵盤的精髓了呢？

這樣就完成了批次自動摘要網頁內容並且自動配圖的腳本了。

這一章我們學到了如何使用 OpenAI 的文字轉語音、語音轉文字以及文字生圖的功能，下一章我們將要帶大家處理流程的分支，也就是因應輸入資料的不同，可以走不同的處理流程。

CHAPTER 6

讓 AI 自主規劃流程 – 代理 (Agent)

目前我們設計的腳本都是單一流程、單一目的, 並沒有辦法根據輸入完成不同的事情, 像是摘要網頁的聊天機器人如果收到不是網址的訊息, 就只會噴出錯誤訊息。在這一章中, 要帶大家設計出可以彈性處理不同類型輸入的腳本, 最後還要設計出可讓 AI 自己完成工作的**代理 (agent)** 機制。

6-1 依據明確資料項目進行不同流程

　　假設我們想要設計一個 LINE 聊天機器人, 如果傳送文字給它, 就會請 AI 直接回覆；但是如果傳送圖片給它, 它就會依據圖片的內容另外生成一個相似的圖片, 這樣就可以在找到符合需求圖片的時候, 利用 AI 生成相似的圖片, 避免直接使用別人的圖片造成侵權問題了。

Tip

還是要特別提醒, 並非 AI 生成的圖就不會造成侵權, 實際運用上建議還是要諮詢法律專家。

　　要完成這樣的功能, 就必須要能夠根據輸入資料的類型不同而走不同的流程。最直接的作法就是看看輸入的資料中是否有可供區別的明確內容, 否則就必須另外想辦法了。

判斷 LINE 訊息的類型

　　在上一章製作即時口譯機時, 你已經看到如果是錄音訊息, LINE 模組收到的訊息中, **Message** 項目下的 **Type** 項目會是 "audio", 但如果是文字訊息, 這個項目的內容就會是 "text"。你也可以進一步測試, 傳送圖片的話就會是 "image"：

LINE 可以傳送的訊息種
類如右：

Message/Type 資料項目內容	訊息種類
text	文字
image	圖片
audio	錄音
video	影片
sticker	貼圖
location	位置 (經緯度)
file	檔案

由於 **Message/Type** 資料項目的內容會依據訊息種類而設定為固定的內容, 我們就可以根據它來決定要走的流程了。

使用 Router 模組建立多向流程

make.com 在 **Flow Control** 應用中提供有 **Router** 模組, 可以在流程中建立分支, 也就是從單一流程擴展出多個流程。以下就以本節一開始描述的功能為例, 製作一個可以依據收到的訊息是文字還是圖片, 走不同流程的腳本：

 step 01 建立新腳本並加入 LINE - Watch Events 模組：

❶ 新增 webhook 並更新 LINE 通道 webhook 的設定

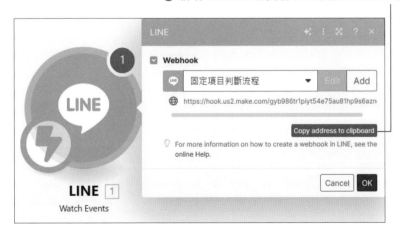

step 02 加入增加流程分支的 Router 模組：

❶ 按一下 LINE - Watch Events 模組右側的 **+** 新增模組

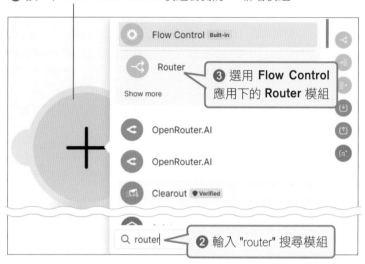

❸ 選用 **Flow Control** 應用下的 **Router** 模組

❷ 輸入 "router" 搜尋模組

Flow Control 是專門**控制流程**的應用, "flow" 一字就是『流程』的意思。Router 源自 "route", 指的是『路徑』, 加上 "r" 變成 "er" 結尾就是選擇路徑的機制, 在網路技術中會把這個詞翻譯成『路由器』, 實際意義上就是『選路器』或者是『擇路器』, 也就是選擇要往那個路徑走的意思, 本書還是以 **Router** 稱呼。

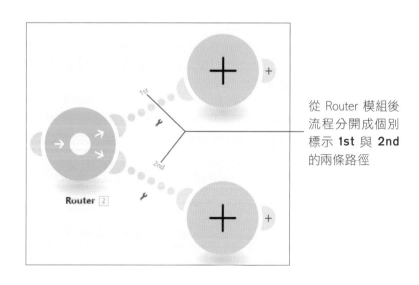

從 Router 模組後流程分開成個別標示 **1st** 與 **2nd** 的兩條路徑

如果需要增加更
多路徑，可以將
滑鼠移到模組上，
就會出現 +

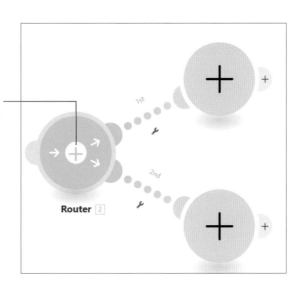

step 03 由於我們希望這兩條路徑可以分別處理不同種類的訊息，所以要先
設定個別路徑的篩選條件，如果沒有設定篩選條件，資料會依序往每
一條路徑傳送。首先設定處理圖片的路徑：

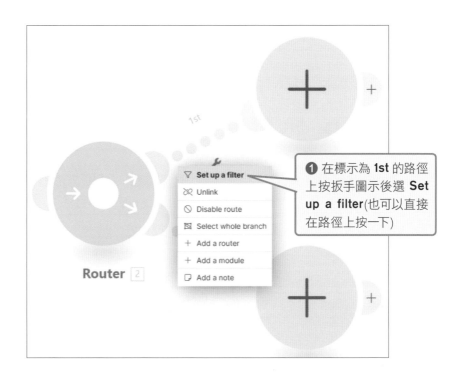

❶ 在標示為 **1st** 的路徑
上按扳手圖示後選 **Set
up a filter**(也可以直接
在路徑上按一下)

❷ 輸入自訂的
路徑名稱 "圖片"

❸ 選取 LINE - Watch Events
模組的 **Events[]/Message/
Type** 為篩選對象

❹ 預設會以 **Txext
operators: Equal to** 比
較文字內容是否相同

❺ 輸入 "image" 為篩選內容,
只讓圖片訊息通過這條路徑

❻ 按 **OK** 完成

step 04 接著設定處理文字的路徑:

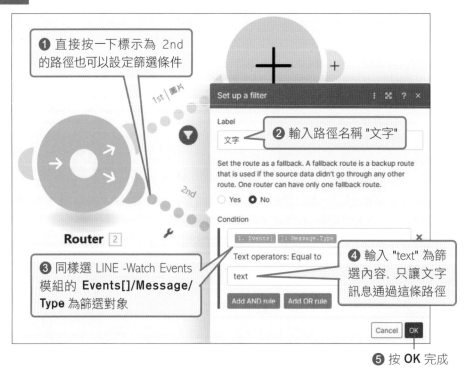

❶ 直接按一下標示為 2nd
的路徑也可以設定篩選條件

❷ 輸入路徑名稱 "文字"

❸ 同樣選 LINE -Watch Events
模組的 **Events[]/Message/
Type** 為篩選對象

❹ 輸入 "text" 為篩
選內容, 只讓文字
訊息通過這條路徑

❺ 按 **OK** 完成

個別路徑都標示有剛剛設定的名稱

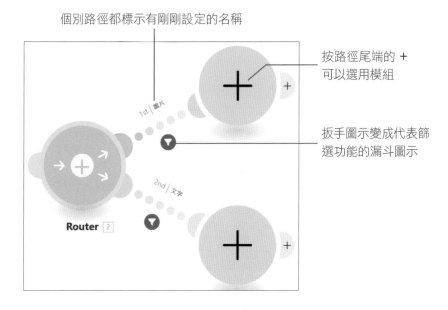

按路徑尾端的 +
可以選用模組

扳手圖示變成代表篩
選功能的漏斗圖示

step 05 接著就可以在個別路徑上選用處理資料的模組, 我們先從處理圖片的路徑著手。LINE 收到圖片時和收到音檔訊息一樣, 訊息內並沒有圖片內容, 需要額外下載附檔:

❶ 請在處理圖片路徑的尾端按 + 選用 **LINE -
Download a Message Attachment** 模組

❷ 選取正確的連線

❸ 選取 LINE Watch Events 模組的 **Events[]/
Message/Message ID** 項目指定訊息識別碼

❹ 按 **OK** 完成

step 06 加入描述圖片內容的 OpenAI 模組, 稍後我們會使用它的描述讓 OpenAI 重新生成一張類似的圖:

1 在剛剛的 LINE - Download a Message Attachment 後面加入 **OpenAI - Analyze Image** 模組

2 選取連線

3 輸入 "提示內容為:請分析這張圖片, 盡量詳細描述圖片的 內容、風格與細節, 我希望能夠拿描述的結果讓語言模型生成 類似的圖片, 只要給我描述內容即可, 不要加上額外的說明。"

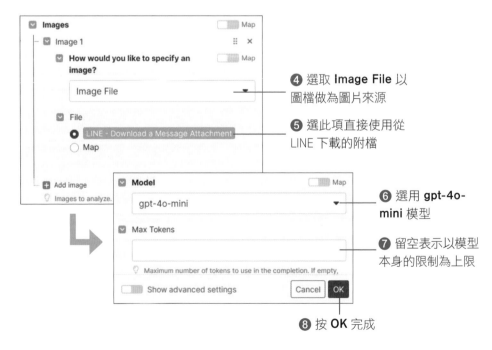

4 選取 **Image File** 以 圖檔做為圖片來源

5 選此項直接使用從 LINE 下載的附檔

6 選用 **gpt-4o-mini** 模型

7 留空表示以模型 本身的限制為上限

8 按 **OK** 完成

step 07 利用剛剛解析圖片得到的描述內容請 AI 幫我們重新生成一張圖：

❶ 在 OpenAI - Analyze Images 後面加入 **OpenAI - Generate an Image** 模組

❷ 選取連線

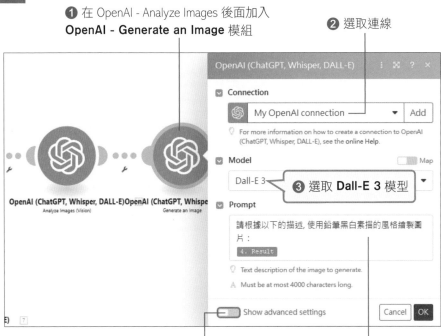

❸ 選取 **Dall-E 3** 模型

❹ 輸入 "請根據以下的描述, 使用鉛筆黑白素描的風格繪製圖片:" 再選用 OpenAI - Analyze Images 的 **Result** 項目

❺ 按此展開進階設定

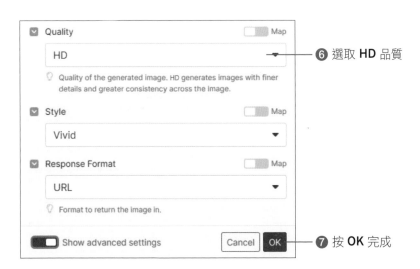

❻ 選取 **HD** 品質

❼ 按 **OK** 完成

step 08 最後將生成的圖回覆到 LINE：

❶ 在 OpenAI - Generate an Image 後面加入
LINE - Send a Reply Message 模組

❷ 選取正確的連線

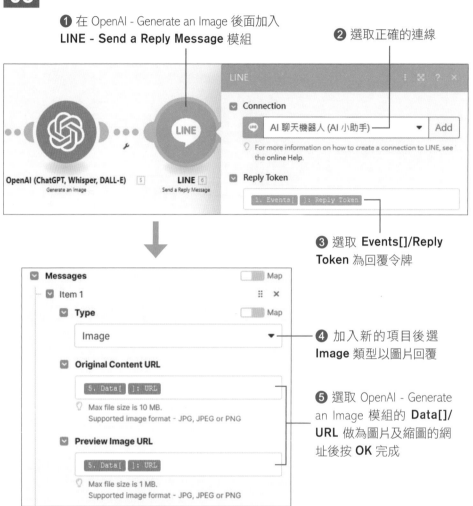

❸ 選取 **Events[]/Reply Token** 為回覆令牌

❹ 加入新的項目後選 **Image** 類型以圖片回覆

❺ 選取 OpenAI - Generate an Image 模組的 **Data[]/ URL** 做為圖片及縮圖的網址後按 **OK** 完成

這樣就完成了處理圖片的路徑。

step 09 接著設計處理文字訊息的流程：

❷ 選取正確的連線

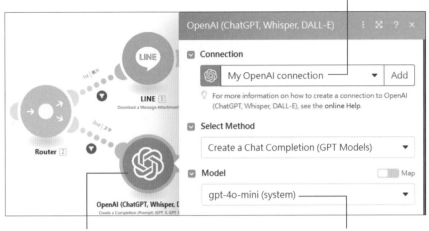

❶ 請在處理文字的路徑上按路徑尾端的 ＋
新增 OpenAI - Create a Completion 模組

❸ 選 **gpt-4o-mini** 模型

❹ 新增 **System** 角色的訊息 "你是
使用台灣繁體中文的小助理"

❺ 再新增 User 角色的訊息，並以
LINE - Watch Events 模組的 **Events[]/
Message/Text** 為訊息內容

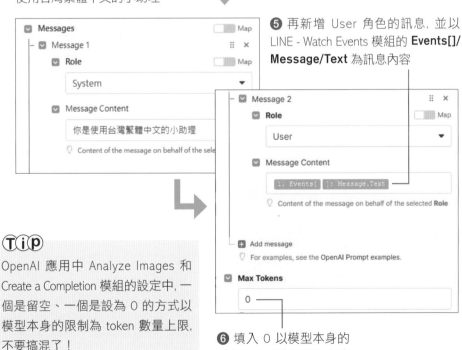

Ｔｉｐ

OpenAI 應用中 Analyze Images 和
Create a Completion 模組的設定中，一
個是留空、一個是設為 0 的方式以
模型本身的限制為 token 數量上限，
不要搞混了！

❻ 填入 0 以模型本身的
限制為上限後按 **OK** 完成

step 10 最後再把 AI 的回覆送回給 LINE 就完成了：

❷ 選取正確的連線

❸ 選取 LINE - Watch Events 模組的 **Events[]/Reply Token** 設定回覆令牌

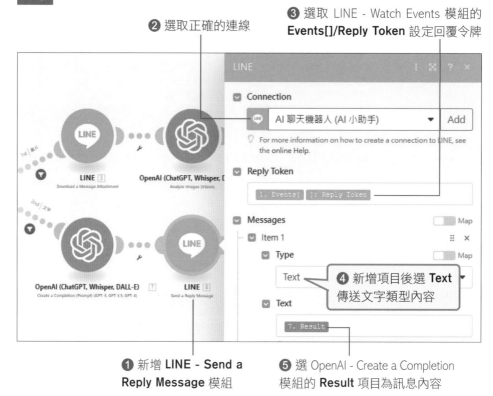

❶ 新增 **LINE - Send a Reply Message** 模組

❺ 選 OpenAI - Create a Completion 模組的 **Result** 項目為訊息內容

❹ 新增項目後選 **Text** 傳送文字類型內容

step 11 最後完成的結果如下圖：

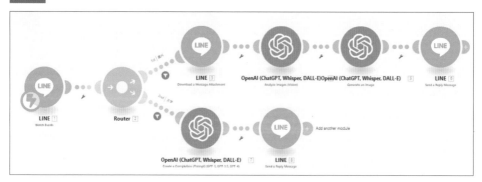

現在就可以來測試看看：

請先按 Run once 執行腳本, 然後輸入文字訊息:

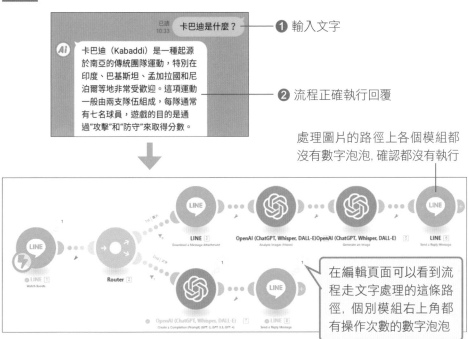

❶ 輸入文字

❷ 流程正確執行回覆

處理圖片的路徑上各個模組都
沒有數字泡泡, 確認都沒有執行

在編輯頁面可以看到流
程走文字處理的這條路
徑, 個別模組右上角都
有操作次數的數字泡泡

再按 Run once 執行一次, 這次輸入圖片看看:

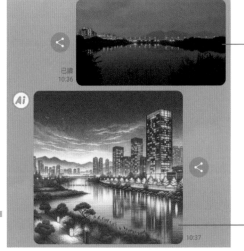

❶ 送一張河邊夜景的照片

❷ AI 生成一張黑白素描圖,
表示有依照正確的流程進行

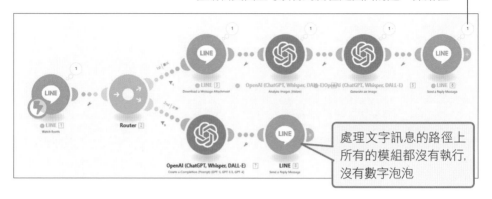

在編輯頁面上可以看到流程走圖片的這一條路徑

處理文字訊息的路徑上所有的模組都沒有執行,沒有數字泡泡

這樣我們就完成了依據固定項目的內容區分流程,可以在確認不同種類的輸入時以不同的路徑處理。

6-2 讓 AI 判斷下一步流程

上一節的成果雖然蠻不錯的,不過如果要設計的腳本並沒有明確的判斷項目或內容,就無法利用這樣的方式設計流程。舉例來說,如果要設計一個聊天機器人,當使用者是詢問某個網頁內容的問題時,腳本必須先找出問題中的網址,並且讀取網頁內容後再提供給 AI 參考回覆;但如果使用者詢問的問題不需要讀取網頁,就可以直接回覆。要設計這樣的腳本,會遇到兩個問題:

● 如何確認回覆問題**需要讀取網頁內容**:在過去沒有 AI 輔助的情況下,必須仰賴**複雜的邏輯**判斷,例如問題內提到『摘要內容』或者『翻譯內容』等語意的文字,但是因為口說的對話極具彈性,不一定會使用我們用來判斷的字眼,要判斷周全並不容易。另一種極端的作法,則是規定只能**限定**使用**特定詞彙**,例如想要摘要網頁內容,就一定要出現『摘要』兩個字,但這樣使用起來又不方便,使用者也許不清楚可用的詞彙,發問『我想知道這篇文章寫什麼?』就會因為沒有出現特定的詞彙而不被認為是需要讀取網頁內容。

● 如何從問題內找出需要讀取網頁的**網址**：你必須很清楚網址的組成規則，才能夠判斷問題中那個部分是網址。

不過現在有 AI 輔助，可以讓 AI 用理解文字意思的方式去幫我們解決這些問題，省掉我們自己要去想清楚複雜邏輯的麻煩。

讓 AI 幫我們判斷問題

以下我們就先來設計剛剛描述的聊天機器人的前半部，嘗試讓 AI 幫我們分析使用者的問題，判斷是否需要讀取網頁內容，並且幫我們找出網址：

step 01 請先建立新的腳本，並加入 LINE - Watch Events 模組，這部分的操作大家已經很熟悉，往後就不再重複說明，但還是要提醒大家要記得修改 LINE 通道的 webhook 設定。

step 02 利用 AI 幫我們解析使用者的問題：

❷ 選取連線

❶ 加入 **OpenAI - Create a Completion** 模組

OpenAI (ChatGPT, Whisper, DALL-E)

☑ Connection

My OpenAI connection ▾ | Add

For more information on how to create a connection to OpenAI (ChatGPT, Whisper, DALL-E), see the online Help.

☑ Select Method

Create a Chat Completion (GPT Models) ▾

☑ Model ⬜ Map

gpt-4o-mini (system) ▾

LINE ①
Watch Events

OpenAI (ChatGPT, Whisper, D...
Create a Completion (Prompt) (GPT-3, GPT-...

☑ **Messages** ⬜ Map

— ☑ Message 1 ⠿ ✕

☑ **Role** ⬜ Map

System ▾

☑ Message Content

你是個使用台灣繁體中文的專家，可以分辨收到的問題是否包含有網址，並且需要讀取網頁內容才能回覆，如果是的話，請把網址取出來。

如果這個問題不需要讀取網頁內容就可以回答，那就直接回覆問題。

❸ 選用 **gpt-4o-mini** 模型

❹ 加入如圖的 System 角色訊息

❺ 加入 User 角色訊息，選用 LINE - Watch Events 的 **Events[]/Message/Text** 項目為內容

❻ 輸入 0 以模型本身的限制為上限

step 03 再加入回覆 LINE 訊息的模組：

❶ 選取正確的連線

❷ 設定回覆令牌

❸ 新增文字項目

❹ 以 AI 的回覆結果常訊息內容

step 04 完成後就可以按 **Run once** 測試：

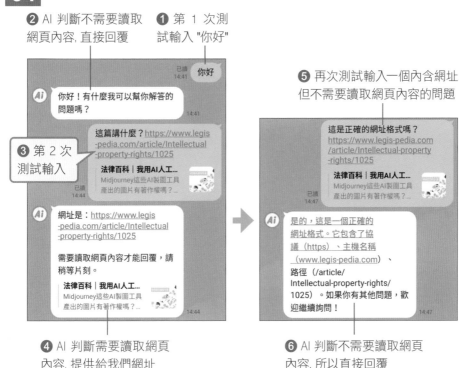

❷ AI 判斷不需要讀取
網頁內容, 直接回覆

❶ 第 1 次測
試輸入 "你好"

❺ 再次測試輸入一個內含網址
但不需要讀取網頁內容的問題

❸ 第 2 次
測試輸入

❹ AI 判斷需要讀取網頁
內容, 提供給我們網址

❻ AI 判斷不需要讀取網頁
內容, 所以直接回覆

　　AI 顯然可以清楚地分辨問題是否需要閱讀網頁內容才能回覆, 而且也可以找出網址, 不過問題是依照 AI 這樣的口語方式回覆, 我們仍然無法接續判斷區分流程, 並且加入閱讀網頁提供內容給 AI 重新回覆的流程。我們想要的是讓 AI 依循某種固定的格式回覆, 以便利用上一節介紹的 Router 模組來選擇路徑, 不需要讀取網頁內容時就直接把 AI 的回覆傳送回 LINE, 否則就先依據網址讀取網頁內容後, 把網頁內容送給 AI 再重新回覆。

讓 AI 以規定的格式回覆問題--JSON

　　還記得在設定模組時, 可以從流程前面的模組產生的資料包中選用資料項目嗎？如果我們也可以讓 AI 的回覆變成資料包, 裡面有網址的資料項目以及回覆內容的資料項目, 這樣就可以明確地用來選擇路徑了。

為了達到這件事，我們先回頭觀察資料包是如何產生的，首先來看一下最後回覆 LINE 訊息的模組：

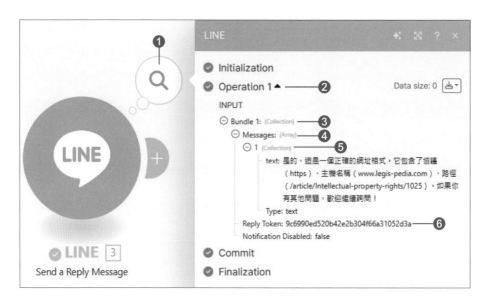

❶ 按一下 LINE - Send a Reply Message 模組右上角的數字泡泡

❷ 點一下 **Operation 1** 展開輸入的資料包

❸ 第 1 個資料包是集合

❹ 資料包裡面有 **Messages** 項目，這是一個陣列

❺ Message 裡面的第 1 個項目是一個集合，裡面有 **text** 和 **Type** 兩個資料項目

❻ 輸入資料的第 1 個資料包中還有 **Reply Token** 與 **Notification Disabled** 兩項資料

如果你按一下右上角的下載鈕：

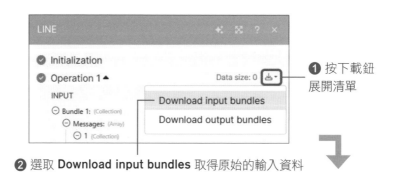

❶ 按下載鈕展開清單

❷ 選取 **Download input bundles** 取得原始的輸入資料

Bundle content

```
[
  {
    "messages": [
      {
        "text": "是的，這是一個正確的網址格式。它包含了協議（https）
        "type": "text"
      }
    ],
    "replyToken": "9c6990ed520b42e2b304f66a31052d3a",
    "notificationDisabled": false
  }
]
```

剛剛看到的輸入資料以文字表達的形式

這是以文字形式表示前一個畫面看到的輸入資料的內容, 我們把它列在底下並且加上行號方便解説:

```
 1: [
 2:     {
 3:         "messages": [
 4:             {
 5:                 "text": "你好！有什麼我可以幫你解答的問題嗎？",
 6:                 "type": "text"
 7:             }
 8:         ],
 9:         "replyToken": "a0d6976dda0b4652bc1b13e8b7f28d7d",
10:         "notificationDisabled": false
11:     }
12: ]
```

在這個表達形式中:

● 以成對的**方括號 []** 包起來的是**陣列**, 像是第 1 行與最後第 12 行包起來的就是一個陣列。

- 以成對的**大括號 {}** 包起來的是**集合**，像是第 2 行和第 11 行包起來的就是一個集合。

- 陣列或是集合內包含有資料項目，**陣列**內的資料項目**沒有名稱**，**集合**內的資料項目則是以 **"項目名稱":資料內容**的格式表示，注意項目名稱必須以英文的雙引號括起來，像是第 5 行就是集合內名稱為 text 的資料，它的內容是一段文字。

- 陣列或是集合內的資料可以是文字，像是第 5 行的 "你好！.....?"，**文字**類型的資料必須以英文的**雙引號**括起來。

- 若陣列或集合內有**多項資料**時，必須以**英文逗號**相隔開，像是第 5 行和第 6 行就是同一個集合內的兩項資料，所以在第 5 行最後有逗號相隔。

- 陣列或是集合內的資料也可以是陣列或集合，像是第 3~8 行就表示 messages 這個項目的內容是一個陣列，這個陣列中只有一項資料，是一個集合。

- 由於陣列、集合內的資料也可能是陣列或集合，會有多層的結構，所以一般書寫的時候都會像是上面看到的那樣，用**向右縮排**的方式清楚展現**層級關係**，像是 2~11 行往右縮排，就可以看出這個區間的集合是 1~12 行的陣列內的一項資料；同理，3,9,10 往右縮排的層次相同，個別是 4~11 行這個集合內的 3 項資料。

　　透過以上的規則，你可以跟前面直接觀察輸入資料的交談窗比對，多看幾次，應該就可以熟悉這樣的寫法與資料包的對應關係。這種以文字表示層級結構資料的格式稱為 **JSON**(**J**ava**S**cript **O**bject **N**otation 的首字母縮寫)。我們並不會深究 JSON 的細節，重點是在 make.com 中提供有能夠把 JSON 格式資料**轉換成資料包**的模組，如果能夠讓 AI 以 JSON 格式回覆，就可以讓接續流程的模組取得回覆中的個別資料。

稍後我們希望能夠規定 AI 生成資料時, 固定成以下 JSON 格式:

● 如果是需要閱讀網頁內容才能回覆的問題, 請 AI 以如下格式回覆:

```
{
    "網址":"要閱讀網頁的網址",
    "回覆":""
}
```

● 但如果是不需要閱讀網頁內容就可以回覆的問題, 則是:

```
{
    "網址":"",
    "回覆":"直接回覆問題的內容"
}
```

透過這樣的方式, 只要把 AI 的回覆轉換成資料包, 就可以依據**網址**項目的內容或是**回覆**項目的內容明確判斷後續該進行的流程了。

以下就修改剛剛的腳本, 看看 AI 是不是會乖乖的聽話:

 修改 OpenAI 模組的提示與設定, 讓它以我們規定的 JSON 格式回覆。新的提示內容如下:

你是個使用台灣繁體中文的專家, 可以分辨收到的問題是否包含有網址, 並且需要讀取網頁內容才能回覆。如果需要讀取網頁內容才能回覆, 就以如下 JSON 格式回覆:
```
{
    "網址": "需要讀取的網頁的網址",
    "回覆": ""
}
```
如果這個問題不需要讀取網頁內容就可以回答, 那就直接回覆問題, 並且以如下 JSON 格式回覆:
```
{
    "網址": "",
    "回覆": "針對問題的回覆內容"
}
```
除了 JSON 資料以外, 不要加上任何額外的說明與文字。

請按一下 OpenAI - Create a Completion 模組進行修改：

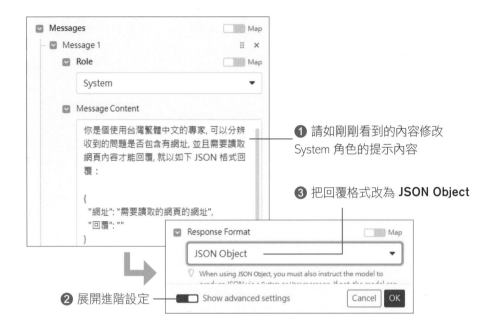

❶ 請如剛剛看到的內容修改 System 角色的提示內容

❸ 把回覆格式改為 **JSON Object**

❷ 展開進階設定

要特別留意的是，單純修改提示只是規範了以 JSON 回覆時的樣版，你還必須設定輸出格式才能強制 AI 以 JSON 格式回覆。另外，當選用 **JSON Object** 格式回覆時，你的提示中一定要出現 **"JSON"** 字眼，否則 OpenAI - Create a Completion 模組會回報錯誤。

step 02 重新執行 **Run once** 測試，確認 AI 會以我們規定的格式回覆：

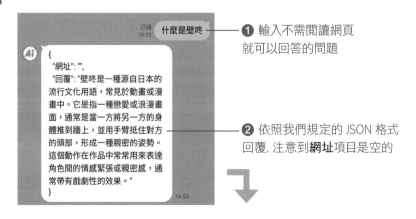

❶ 輸入不需閱讀網頁就可以回答的問題

❷ 依照我們規定的 JSON 格式回覆，注意到**網址**項目是空的

❸ 再次按 **Run once** 執行腳本，輸入
需要閱讀網頁才能回答的內容

❺ 再次執行腳本後輸入含有網址但
卻不需要閱讀內容就可回答的問題

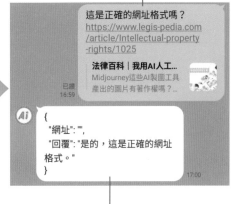

❹ **網址**項目是網頁的網址，
回覆項目則是空的

❻ AI 仍然可以正確判斷，
並且設定個別資料項目

step 03 確認 AI 可以生成正確的 JSON 格式資料後，最後一步就是把 JSON 格
式的文字資料變成資料包，讓接續的模組可以方便取得**網址**或是**回覆**項目的內容：

❶ 按一下剛剛測試後模組右上方的數字泡泡

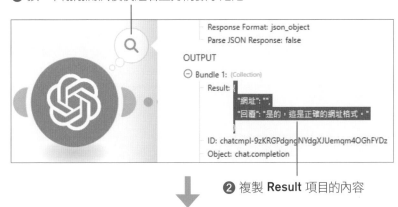

❷ 複製 **Result** 項目的內容

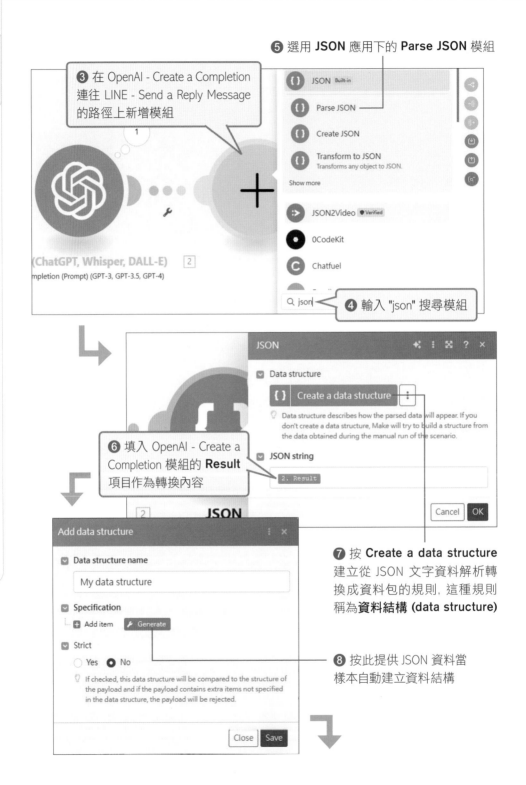

❺ 選用 **JSON** 應用下的 **Parse JSON** 模組

❸ 在 OpenAI - Create a Completion 連往 LINE - Send a Reply Message 的路徑上新增模組

JSON Built-in

Parse JSON

Create JSON

Transform to JSON
Transforms any object to JSON.

Show more

JSON2Video ● Verified

0CodeKit

Chatfuel

Q json

❹ 輸入 "json" 搜尋模組

JSON

Data structure

{ } Create a data structure

Data structure describes how the parsed data will appear. If you don't create a data structure, Make will try to build a structure from the data obtained during the manual run of the scenario.

JSON string

2. Result

❻ 填入 OpenAI - Create a Completion 模組的 **Result** 項目作為轉換內容

Cancel OK

❼ 按 **Create a data structure** 建立從 JSON 文字資料解析轉換成資料包的規則，這種規則稱為**資料結構 (data structure)**

Add data structure

Data structure name

My data structure

Specification

🔧 Add item 🔧 Generate

Strict

○ Yes ● No

If checked, this data structure will be compared to the structure of the payload and if the payload contains extra items not specified in the data structure, the payload will be rejected.

❽ 按此提供 JSON 資料當樣本自動建立資料結構

Close Save

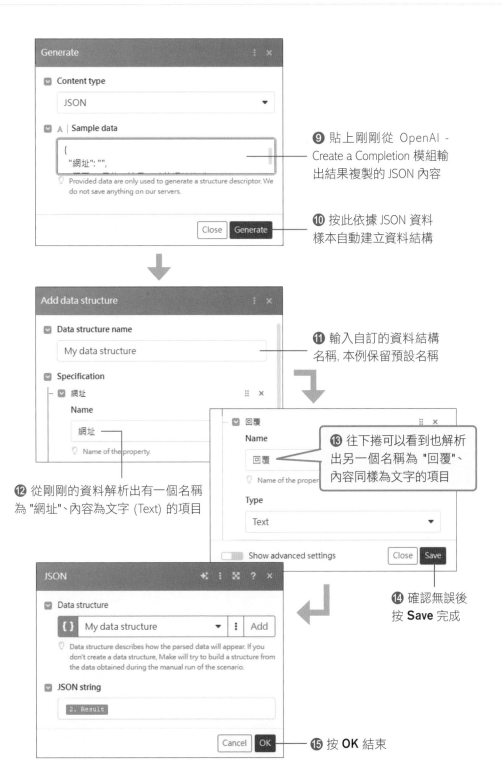

Generate

☑ Content type

JSON ▼

☑ A | Sample data

{
　"網址": "",

💡 Provided data are only used to generate a structure descriptor. We do not save anything on our servers.

Close　Generate

❾ 貼上剛剛從 OpenAI - Create a Completion 模組輸出結果複製的 JSON 內容

❿ 按此依據 JSON 資料樣本自動建立資料結構

Add data structure

☑ Data structure name

My data structure

☑ Specification

☑ 網址　⋮ ✕

Name

網址

💡 Name of the property.

⓫ 輸入自訂的資料結構名稱, 本例保留預設名稱

☑ 回覆　⋮ ✕

Name

回覆

💡 Name of the proper

Type

Text ▼

⓭ 往下捲可以看到也解析出另一個名稱為 "回覆"、內容同樣為文字的項目

⓬ 從剛剛的資料解析出有一個名稱為 "網址"、內容為文字 (Text) 的項目

Show advanced settings　Close　Save

⓮ 確認無誤後按 **Save** 完成

JSON

☑ Data structure

{} My data structure ▼ ⋮ Add

💡 Data structure describes how the parsed data will appear. If you don't create a data structure, Make will try to build a structure from the data obtained during the manual run of the scenario.

☑ JSON string

2. Result

Cancel　OK

⓯ 按 **OK** 結束

接著我們先修改 LINE 回覆訊息的模組, 讓它改成傳回 JSON 模組輸出的**回覆**項目:

❶ 按一下 LINE - Send a Reply Message 回覆訊息的模組修改設定

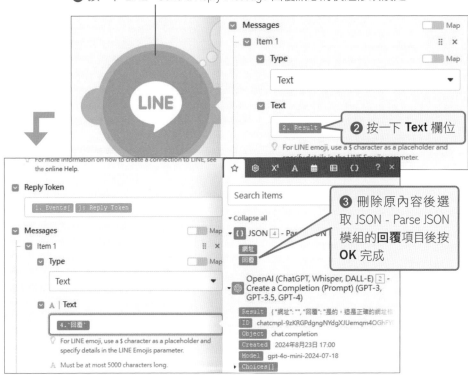

❷ 按一下 **Text** 欄位

❸ 刪除原內容後選取 JSON - Parse JSON 模組的**回覆**項目後按 **OK** 完成

完成後我們就可以按 **Run once** 進行測試:

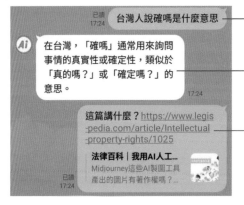

❶ 按 **Run once** 執行腳本後輸入不需閱讀網頁就能回答的問題

❷ 從**回覆**項目中取得 AI 直接回覆問題的內容

❸ 再執行一次腳本輸入需要閱讀網頁才能回答的問題, 但卻已讀不回。這是因為**回覆**項目的內容是空的, 導致回覆 LINE 訊息的模組出錯

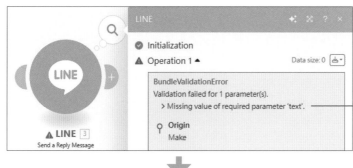

❹ 檢視 LINE -Send a Reply Message 訊息的模組就會看到錯誤訊息, 它説缺了 text 項目內容

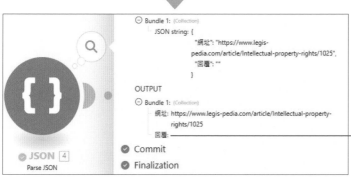

❺ 往回檢查就會看到回覆項目是空的, 連帶導致 LINE Send a Reply Message 模組中 **text** 項目也是空的而出錯

讓 AI 幫 AI 解決問題

為了解決剛剛看到的問題, 我們必須在 AI 判斷需要閱讀網頁內容時, 幫 AI 讀取網頁, 再把讀取到的內容跟原本的問題一起送回給 AI 重新回覆:

step 01　加入 Router 模組增加路徑:

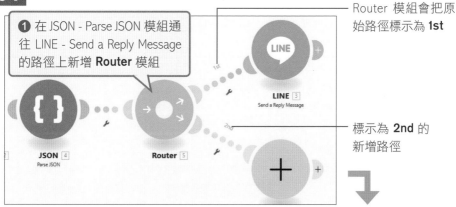

Router 模組會把原始路徑標示為 **1st**

❶ 在 JSON - Parse JSON 模組通往 LINE - Send a Reply Message 的路徑上新增 **Router** 模組

標示為 **2nd** 的新增路徑

設定往原來路徑的篩選條件, 這裡以**網址**項目是空的為判斷依據, 表示不需要閱讀網頁內容, 可以直接回覆:

② 輸入路徑名稱 "直接回覆"　　　　**⑤** 切換到 **A** 頁次

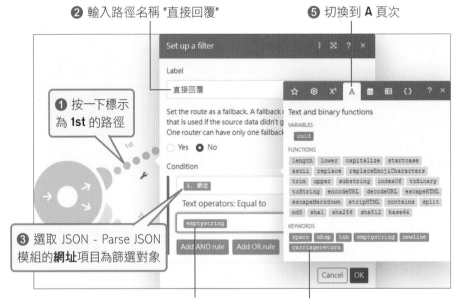

❶ 按一下標示為 **1st** 的路徑

❸ 選取 JSON - Parse JSON 模組的**網址**項目為篩選對象

❹ 按一下設定篩選內容　**❻** 選代表空空的文字內容的 **emptystring** 為篩選內容後按 **OK** 完成

設定新路徑的篩選條件, 這裡以**回覆**項目是否為空的為判斷依據, 表示沒有直接回覆, 要讀取網頁內容再回覆:

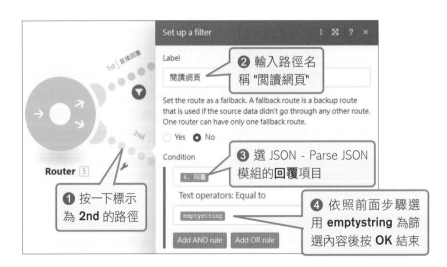

② 輸入路徑名稱 "閱讀網頁"

❶ 按一下標示為 **2nd** 的路徑

❸ 選 JSON - Parse JSON 模組的**回覆**項目

❹ 依照前面步驟選用 **emptystring** 為篩選內容後按 **OK** 結束

step 04 在新增的路徑上幫 AI 閱讀網頁內容：

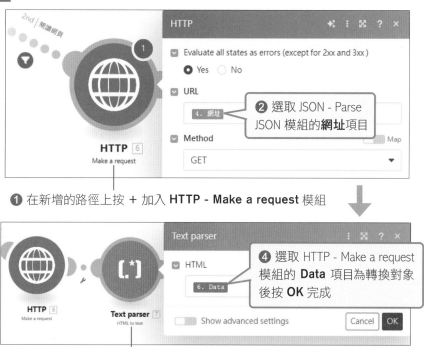

❷ 選取 JSON - Parse JSON 模組的**網址**項目

❶ 在新增的路徑上按 **+** 加入 **HTTP - Make a request** 模組

❹ 選取 HTTP - Make a request 模組的 **Data** 項目為轉換對象後按 **OK** 完成

❸ 再新增 **Text parser - HTML to text** 模組將網頁內容轉成純文字

step 05 把讀取到的網頁內容送給 AI 參考再重新回覆：

❷ 選取連線

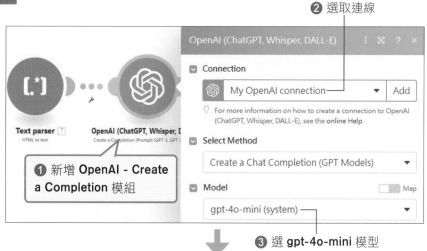

❶ 新增 **OpenAI - Create a Completion** 模組

❸ 選 **gpt-4o-mini** 模型

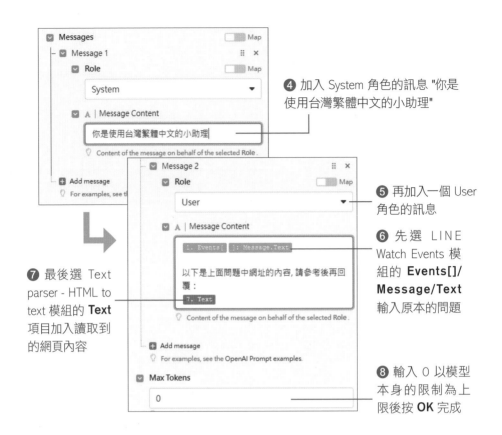

❹ 加入 System 角色的訊息 "你是使用台灣繁體中文的小助理"

❺ 再加入一個 User 角色的訊息

❻ 先選 LINE Watch Events 模組的 **Events[]/Message/Text** 輸入原本的問題

❼ 最後選 Text parser - HTML to text 模組的 **Text** 項目加入讀取到的網頁內容

❽ 輸入 0 以模型本身的限制為上限後按 **OK** 完成

step **06** 加上回覆訊息的 LINE 模組：

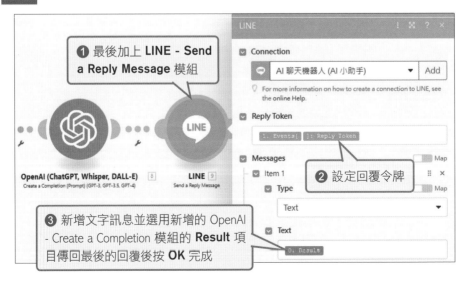

❶ 最後加上 **LINE - Send a Reply Message** 模組

❷ 設定回覆令牌

❸ 新增文字訊息並選用新增的 OpenAI - Create a Completion 模組的 **Result** 項目傳回最後的回覆後按 **OK** 完成

最後就可以進行測試了：

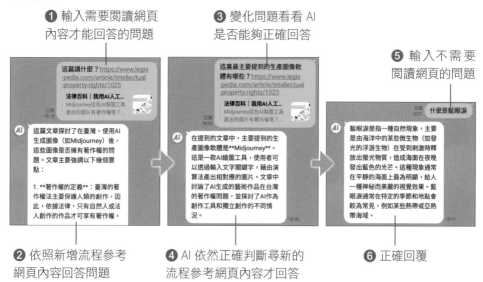

❶ 輸入需要閱讀網頁內容才能回答的問題

❸ 變化問題看看 AI 是否能夠正確回答

❺ 輸入不需要閱讀網頁的問題

❷ 依照新增流程參考網頁內容回答問題

❹ AI 依然正確判斷尋新的流程參考網頁內容才回答

❻ 正確回覆

　　到這裡，即使是口語極具彈性的問題，我們也可以透過強制 AI 以 JSON 格式回覆，再依據回覆採取不同的流程正確完成工作了。

6-3 設計可讓 AI 自主選用的工具

　　我們可以變化上一節的成果，讓它更具彈性，把我們可以幫 AI 完成的工作，例如瀏覽網頁或是從網路下載檔案等等，變成是 AI 可以自主選用的工具，只要提供給 AI 每種工具的描述，讓 AI 在判斷需要使用工具時，依據描述中指定的格式告訴我們，就可以隨意增加可用的工具，讓 AI 自主判斷流程了。

　　這一節我們就修改上一節的成果，設計一個可以依據網頁內容回覆、下載檔案備份到 OneDrive、或是直接回覆問題的多功能聊天機器人。

描述工具

我們的第一步就是把流程中 AI 沒辦法完成, 需要外力幫助的部分都描述成一種 AI 可以使用的工具, 像是瀏覽網頁、下載檔案等等。因此我們必須修改 OpenAI 模組的提示, 讓 AI 知道有什麼工具可以使用:

請沿用前一節的腳本繼續修改。

修改第 1 個 OpenAI - Create a Completion 模組中 System 角色的提示內容, 本例要使用的提示如下:

你是使用台灣繁體中文的小助理, 可以根據問題判斷是否需要使用以下我所提供給你的工具:

工具名稱:讀取網頁
工具說明:可以依據提供的網址讀取網頁內容, 並且將內容轉成純文字提供給你
工具參數:要讀取網頁的網址

工具名稱:下載檔案
工具說明:可以依據提供的網址下載檔案
工具參數:要下載檔案的網址

如果需要使用上述工具, 請使用以下 JSON 格式回覆:

{
    "工具名稱": "要使用的工具名稱",
    "工具參數": "工具需要的參數"
}

如果不需要使用工具, 就直接生成回覆, 並以如下格式回覆:

{
    "工具名稱": "",
    "工具參數": "",
    "回覆": "針對問題回覆的內容"
}

只要提供 JSON 內容, 不要加上任何其它說明。

我們規範了描述每一種工具時的規格, 以及若需要使用工具時, AI 回覆的格式, 這樣就可以方便後續判斷流程進行的路徑了。

❶ 按一下第一個 OpenAI - Create a Completion 模組

❷ 把 System 角色的訊息內容修改如剛剛所列的新提示

step 03 由於變更了 AI 回覆的格式, 所以我們也要修改 JSON 模組的設定, 讓它可以依據新的格式解析內容, 請先複製剛剛提示中的這一段回覆格式, 以便能夠讓 JSON 模組自動建立對應的資料結構:

```
{
    "工具名稱": "",
    "工具參數": "",
    "回覆": "針對問題回覆的內容"
}
```

接著修改設定:

❷ 按此展開選項

❶ 按一下 JSON - Parse JSON 模組修改設定

❸ 按此編輯之前設定好的資料結構

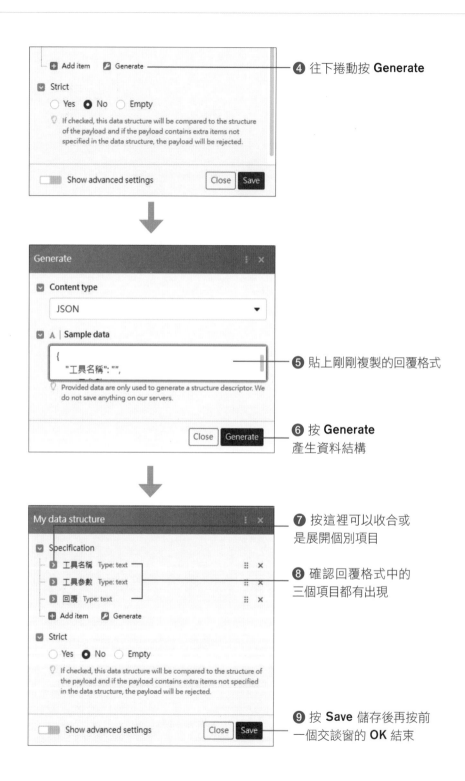

4 往下捲動按 **Generate**

5 貼上剛剛複製的回覆格式

6 按 **Generate**
產生資料結構

7 按這裡可以收合或
是展開個別項目

8 確認回覆格式中的
三個項目都有出現

9 按 **Save** 儲存後再按前
一個交談窗的 **OK** 結束

使用工具名稱篩選路徑

現在我們可以依據剛剛看到的資料項目修改路徑的篩選條件, 只要根據**工具名稱**就可以區別不同的路徑:

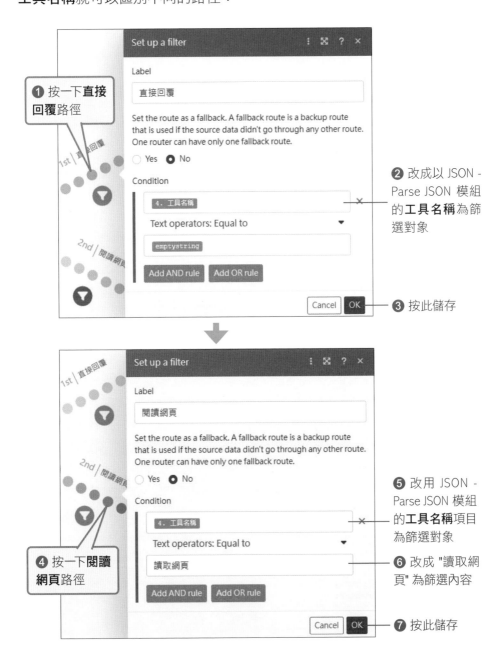

❶ 按一下**直接回覆**路徑

❷ 改成以 JSON - Parse JSON 模組的**工具名稱**為篩選對象

❸ 按此儲存

❹ 按一下**閱讀網頁**路徑

❺ 改用 JSON - Parse JSON 模組的**工具名稱**項目為篩選對象

❻ 改成 "讀取網頁" 為篩選內容

❼ 按此儲存

使用工具參數設定模組

　　由於採用描述工具的格式, 讀取網頁的網址現在是記錄在**工具參數**項目中, 所以要修改 HTTP - Make a request 模組:

❶ 按一下 HTTP - Make a request 模組

❷ 改用 JSON - Parse JSON 模組的**工具參數**項目設定 **URL** 網址

加入新工具的處理路徑

　　本例在工具的描述中多增加了可以下載檔案的工具, 所以也要新增處理該工具的路徑:

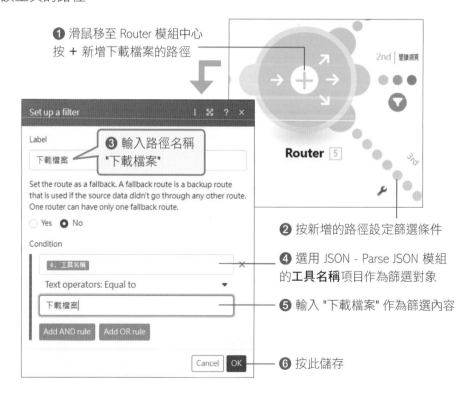

❶ 滑鼠移至 Router 模組中心按 + 新增下載檔案的路徑

❸ 輸入路徑名稱 "下載檔案"

❷ 按新增的路徑設定篩選條件

❹ 選用 JSON - Parse JSON 模組的**工具名稱**項目作為篩選對象

❺ 輸入 "下載檔案" 作為篩選內容

❻ 按此儲存

完成新工具的功能

最後就是要在新增加的路徑加入下載檔案以及上傳檔案到 OneDrive 的模組：

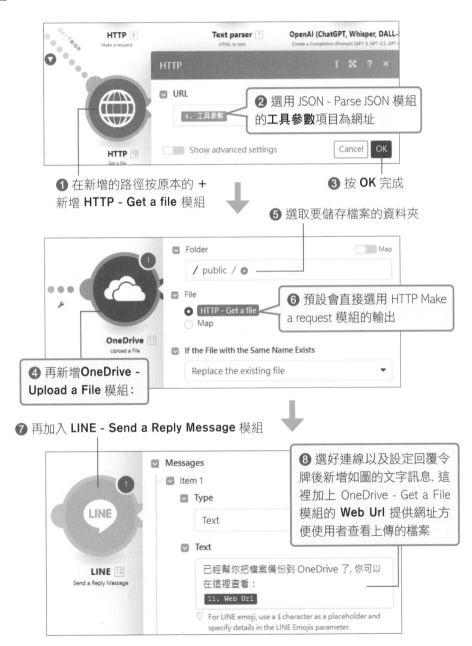

❶ 在新增的路徑按原本的 ＋
新增 **HTTP - Get a file** 模組

❷ 選用 JSON - Parse JSON 模組
的**工具參數**項目為網址

❸ 按 **OK** 完成

❹ 再新增**OneDrive -
Upload a File** 模組：

❺ 選取要儲存檔案的資料夾

❻ 預設會直接選用 HTTP Make
a request 模組的輸出

❼ 再加入 **LINE - Send a Reply Message** 模組

❽ 選好連線以及設定回覆令
牌後新增如圖的文字訊息，這
裡加上 OneDrive - Get a File
模組的 **Web Url** 提供網址方
便使用者查看上傳的檔案

測試腳本

完成之後就可以進行測試了，請儲存腳本之後按 **Run once** 分次測試或是直接定時執行：

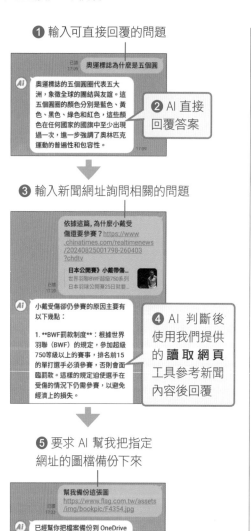

❶ 輸入可直接回覆的問題

奧運標誌為什麼是五個圓

奧運標誌的五個圓圈代表五大洲，象徵全球的團結與友誼。這五個圓圈的顏色分別是藍色、黃色、黑色、綠色和紅色，這些顏色在任何國家的國旗中至少出現過一次，進一步強調了奧林匹克運動的普遍性和包容性。

❷ AI 直接回覆答案

❸ 輸入新聞網址詢問相關的問題

依據這篇，為什麼小戴受傷還要參賽？https://www.chinatimes.com/realtimenews/20240825001798-260403?chdtv

日本公開賽》小戴帶傷...
世界羽聯BWF超級750系列
日本羽球公開賽25日就要...

小戴受傷卻仍參賽的原因主要有以下幾點：

1. **BWF罰款制度**：根據世界羽聯（BWF）的規定，參加超級750等級以上的賽事，排名前15的單打選手必須參賽，否則會面臨罰款。這樣的規定迫使選手在受傷的情況下仍需參賽，以避免經濟上的損失。

❹ AI 判斷後使用我們提供的 **讀取網頁** 工具參考新聞內容後回覆

❺ 要求 AI 幫我把指定網址的圖檔備份下來

幫我備份這張圖
https://www.flag.com.tw/assets/img/bookpic/F4354.jpg

已經幫你把檔案備份到 OneDrive 了，你可以在這裡查看：
https://1drv.ms/i/s!AE4g-w1Hg7Lqledn

photos.onedrive.com
OneDrive photos, enjoy, share & organize your photos

❻ AI 判斷後使用我們提供的 **下載檔案** 工具，再由後續流程上傳到 OneDrive

❼ 點訊息中的連結可以看到備份在 OneDrive 的圖檔

Tip

注意，有些檔案下載網址是以 JavaScript 運作，就無法透過此腳本下載檔案。

6-4 設計可自主完成工作的代理 (agent)

現在我們已經把描述工具的方式制式化了，不過你可能已經發現幾個問題：

● 自動化流程中，下載檔案後並不一定就是要上傳到 OneDrive，也可能會想要把備份的下載連結放到 Notion 的頁面中讓團隊成員共享，或者是要直接把檔案附在 email 寄送給人，但是現在的作法把下載檔案和上傳到 OneDrive 兩件事**綁在一起**了。

● 上傳檔案到 OneDrive 本身也是一件 AI 自己無法完成的事，很適合變成像是讀取網頁那樣的獨立工具，那麼要如何才能讓 AI 可以根據問題先判斷要下載檔案，並在檔案下載回來後再根據問題判斷需要使用上傳到 OneDrive 的工具呢？

● 讀取網頁後我們只是把網頁內容附加到原本的問題中，再請 AI 重新回覆一次，這個重複詢問 AI 的步驟有沒有可能更自動化，不需要另外增加一個 OpenAI 模組，並且撰寫額外的提示呢？

在這一節中，我們要再改良剛剛的腳本，變成所謂的**代理 (agent)**，也就是一個重複進行 AI 判斷的機制，我們只需提供給它各種可用的工具資訊，它會在選用工具後，把工具的產生結果納入下一回的判斷參考依據，一直到它判斷已經擁有完備的參考資訊，不再需要使用任何工具就可以回覆問題為止才結束，如以下流程所示：

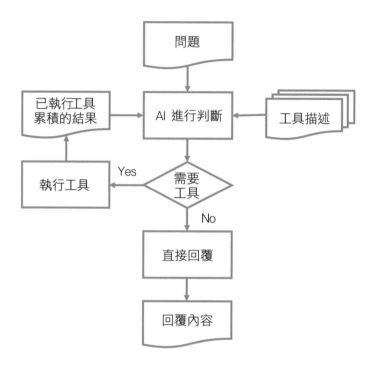

在代理運作的流程中, 只有一個地方需要由 AI 判斷流程, 也就只需要單一個 AI 模組。每次提供給 AI 的內容包括:

● **原始的問題**:目前使用的 AI 模組並**沒有記憶**功能, 所以每一輪都要重新告訴它原始的問題。

● **可用工具的描述內容**:有這項資訊 AI 才能判斷是否需要或是不需要使用特定工具才能回覆 (也包含沒有適合的工具可用, 回覆無法解決問題)。

● **工具的執行結果**:就像是上一節讀取網頁後把網頁內容加入原始問題那樣, 只是在代理的流程中, 必須把曾經執行過的工具**累積的結果**都送給 AI 參考, 以便讓 AI 瞭解整個代理流程執行到現在的全貌。

理論上這個流程會一直進行到 AI 確認可以回覆為止, 不過實務上我們會**限制流程重複的次數**, 避免 AI 陷入死胡同, 一直認為還需要使用工具而無法結束代理流程。為了設計上述代理的概念, 我們會需要兩種機制:

● 讓腳本內的某一段流程**重複運作**，這樣才能達到使用工具後回頭讓 AI 重新判斷的功能。

● **儲存**工具執行的結果，提供給 AI 參考，而不是限定 AI 只能或是一定要從哪些模組讀取特定資料，才不會綁死 AI 的功能。

我們會先說明如何達到這兩件事，再利用這兩個功能來設計具備代理功能的腳本。

重複執行

make.com 在 **Flow Control** 應用中提供有 **Repeater (重複器)** 模組，可以把接續的流程重複指定的次數，以下我們以一個可以重複在 Notion 頁面新增相同內容的腳本來示範它的作用：

step 01　建立新腳本後增加可以重複執行的 Repeater 模組：

❷ 選用 **Flow Control - Repeater** 模組

❶ 輸入 "repeater" 搜尋模組

③ 填入啟始值

④ 填入重複次數 (最多 1000 次), 本例填入 3 次

⑤ 按此 完成設定

Repeater 模組會產生一項名稱為 i 的資料項目, 記錄從**啟始值**開始**遞增**的數值, 每一次重新執行接續流程時, 就會增加該數值。以本例來說, 要重複 3 次流程, 第 1 次執行時, i 項目就是啟始值 1, 第 2 次執行時, i 項目就會變成 2, 第 3 次執行時就會變成 3。如果展開**進階設定**, 也可以**變更**每次要遞增的值, 預設為 1。透過項目 i 的值, 我們也可以在接續的流程中知道這是第幾次重複流程。

step 02 加入新增內容到 Notion 的模組：

② 取消 **Map** 方式, 從既有的頁面清單中選取要新增內容的頁面

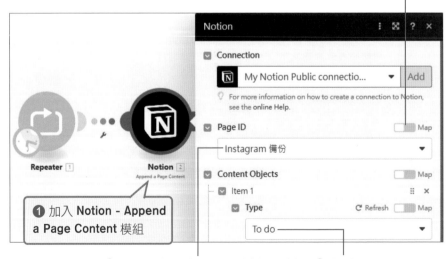

① 加入 Notion - Append a Page Content 模組

③ 選取用來測試的頁面, 本例選用前面章節建立的 "Instagram 備份" 頁面

④ 新增 **To do** 類型的內容項目

⑤ 在 **To do** 項目下新增 **Text** 類型的文字項目

⑥ 選用 Repeater 模組的 **i** 項目以便將目前執行次數顯示到 Notion 頁面

step **03** 完成後即可測試腳本, 按 **Run once** 後可以看到各模組的執行結果:

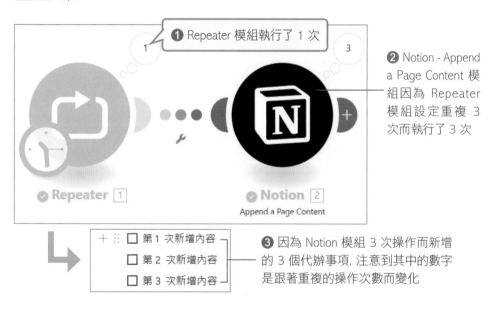

❶ Repeater 模組執行了 1 次

❷ Notion - Append a Page Content 模組因為 Repeater 模組設定重複 3 次而執行了 3 次

❸ 因為 Notion 模組 3 次操作而新增的 3 個代辦事項, 注意到其中的數字是跟著重複的操作次數而變化

利用變數存放資料

設定模組的內容時, 只能取用出現在流程前面的模組所產生的資料項目, 因此在不同流程分支上的模組, 就無法取用彼此產生的資料項目了。make.com 提供有**變數 (variable)**的機制, 可以讓我們儲存資料, 儲存後在腳本內任何路徑上的模組都可以取用。你可以將變數看成是一個**有名字的紙箱**,

能夠放置想要儲存的資料，一旦需要時，就可以從紙箱中取出存放的資料。
我們以剛剛測試 Repeater 模組的腳本為例，改成第 1 次進行流程時請 AI 幫
我們生成一個笑話，第 2 次執行時才把笑話內容新增到 Notion 上，示範變數
的用法：

step 01 請沿用上個腳本再修改。

step 02 新增 Router 模組在不同次重複流程時執行個別工作：

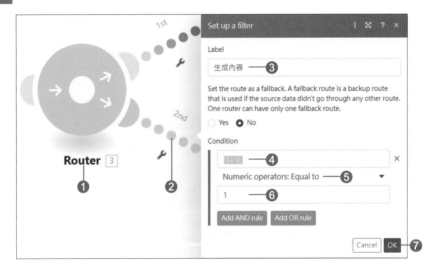

❶ 在 Repeater 通往 Notion - Append a Page Content 的路徑上
新增 **Flow Control - Router** 模組
❷ 按標示為 **2nd** 的路徑設定篩選條件
❸ 輸入路徑名稱 "生成內容"
❹ 選用 Repeater 模組的 **i** 項目為篩選對象
❺ 選用 **Numeric operators: Equal to** 比較數值是否相等
❻ 輸入 "1" 限定只有第 1 次重複流程時才能通過此路徑
❼ 按 **OK** 完成

Tip
這裡因為是以數值來比較，所以要選 **Numeric operators: Equal to** 篩選方式，不要選預
設的 **Text operators: Equal to**。

step 03 在此路徑新增生成笑話的模組：

❶ 加入 OpenAI - Create a Completion 模組後選用 **gpt-4o-mini** 模型

❷ 新增 **User** 角色的訊息，填入 "講個笑話給我聽"

❸ 填入 0 以模型本身限制為數量上限後按 **OK** 完成

step 04 加入記錄笑話內容的變數：

❶ 按路徑尾端的 **+** 新增 **Tools - Set variable** 模組

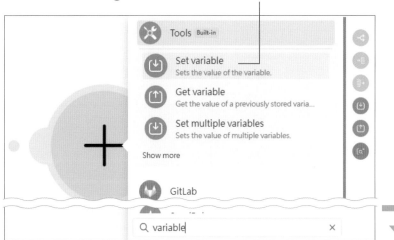

② 填入 "笑話" 當成
變數 (紙箱) 的名稱

③ 選用 OpenAI Create a
Completion 模組的 **Result** 項
目將生成的笑話放入變數中

④ 按 **OK** 完成

step 05 設定另一條路徑的篩選條件, 限制只有第 2 次重複流程時才通過：

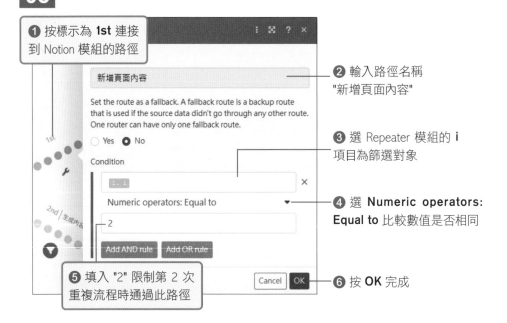

❶ 按標示為 **1st** 連接
到 Notion 模組的路徑

❷ 輸入路徑名稱
"新增頁面內容"

❸ 選 Repeater 模組的 **i**
項目為篩選對象

❹ 選 **Numeric operators:
Equal to** 比較數值是否相同

❺ 填入 "2" 限制第 2 次
重複流程時通過此路徑

❻ 按 **OK** 完成

step 06 改成從變數中取得笑話並新增到 Notion 頁面上：

❶ 在 Router 通往 Notion -
Append a Page Content 的路徑上
新增 **Tools - Get Variable** 模組

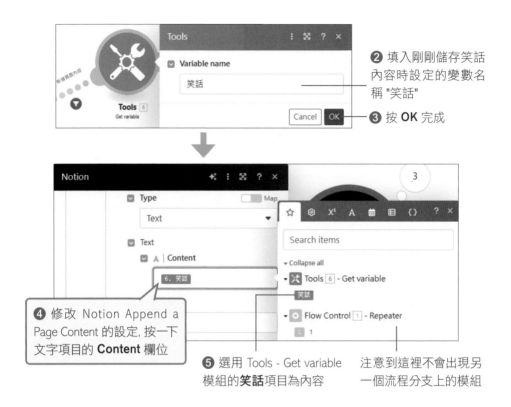

❷ 填入剛剛儲存笑話內容時設定的變數名稱 "笑話"

❸ 按 **OK** 完成

❹ 修改 Notion Append a Page Content 的設定，按一下文字項目的 **Content** 欄位

❺ 選用 Tools - Get variable 模組的**笑話**項目為內容

注意到這裡不會出現另一個流程分支上的模組

step **07** 完成後就可以測試了，按 **Run once** 後可以觀察執行狀況：

由於限定 Repeater 第 2 次執行接續流程才通過這個路徑，所以路徑上的模組都只會執行 1 次

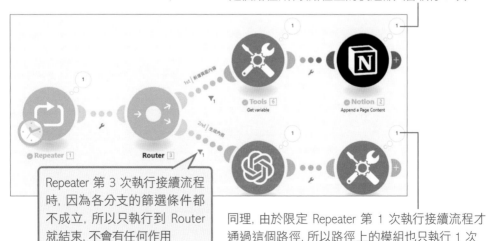

Repeater 第 3 次執行接續流程時，因為各分支的篩選條件都不成立，所以只執行到 Router 就結束，不會有任何作用

同理，由於限定 Repeater 第 1 次執行接續流程才通過這個路徑，所以路徑上的模組也只執行 1 次

+ :: ☐ 第1 次新增內容

☐ 第2 次新增內容

☐ 第3 次新增內容

☐ 有一天，小明去參加一個聚會，看到大家都在喝飲料。他好奇地問一個朋友：「你們喝的是什麼？」

朋友回答：「這是一種特別的飲料，喝了會變聰明！」

小明聽了，立刻拿起一杯喝了一口，然後驚訝地說：「哇！這真的有效！」

朋友好奇地問：「你怎麼知道的？」

小明一笑說：「因為我突然想到了，你們怎麼不早點告訴我這是智慧飲料，讓我少喝這麼多自來水！」

> 剛剛新增的
> 笑話內容

你可以看到我們利用變數儲存流程分支的執行結果, 並且在另一個分支上取得變數內容, 同時也透過 Router 來限制 Repeater 不同執行次數時通過不同的路徑。

設計代理 (agent) 機制

有了以上基礎後, 我們就可以進一步修改前一節的腳本, 讓它變成可以讓 AI 重複自主判斷的代理了。我們會使用到以下變數：

變數名稱	用途
已經完成	一開始的內容會設定為 **false(否)**, 表示還沒有完成代理流程；當 AI 判斷不需要使用工具時, 會把此變數設為 **true(是)**, 表示已經完成回覆工作, 以便透過路徑篩選的方式, 限制 Repeater 模組不再進行接續流程
目前成果	累積目前為止所有已使用工具的執行結果, 例如使用了**讀取網頁**工具, 這個變數就會含有網頁的內容, 如果又使用了**下載檔案**工具, 就會把下載檔案的相關資訊也加入, 以便提供給下一輪 AI 判斷時參考用。一開始會先將此變數設為**空**的內容, 表示還沒有執行過任何工具
F_檔名	由**下載檔案**工具放置檔案名稱, **上傳 OneDrive** 工具也會以此變數的內容作為上傳檔案的名稱
F_檔案內容	由**下載檔案**工具放置檔案內容, **上傳 OneDrive** 工具也會從此變數的內容取得要上傳檔案的內容

瞭解這些變數的用途後, 就可以來改造腳本了:

step 01 請沿用 6-3 節利用工具判斷流程
的腳本繼續修改。

Tip
以下操作都是前面練習過的內容,
我們會簡化圖解, 以文字說明。

step 02 加入設定變數初始內容的模組:

❶ 請在流程開頭 LINE - Watch Events 通往 OpenAI - Create a Completion 模組的路徑上按滑鼠右鍵選 **Add a module** 後新增 **Tools - Set multiple variables** 模組

Tip
Set multiple varialbles 模組可以讓我們一次設定多個變數, 減少模組數量, 也可以減少操作數, 節省使用 make.com 的成本。

❷ 新增項目後輸入變數名稱 "已經完成"　　❹ 切換到 ⚙ 頁次

❸ 按此設定變數內容　　❺ 選用 **false(否)** 表示一開始時還沒有完成代理流程

⑥ 再新增一個項目後輸入變數名稱 "目前成果"　⑧ 切換到 A 頁次

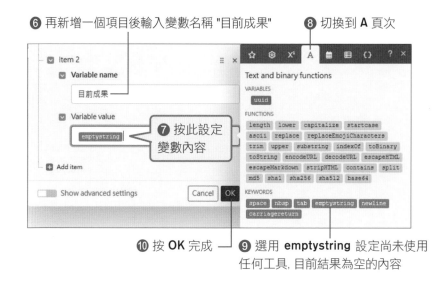

⑩ 按 OK 完成 —— ⑨ 選用 emptystring 設定尚未使用任何工具, 目前結果為空的內容

step 03 加入 Repeater 模組讓 AI 判斷流程可以重複多次：

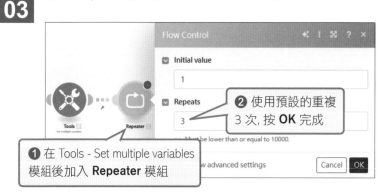

❷ 使用預設的重複 3 次, 按 OK 完成

❶ 在 Tools - Set multiple variables 模組後加入 **Repeater** 模組

step 04 加入讀取變數內容的模組, 取得目前的狀態：

❷ 新增項目後填入變數名稱 "已經完成"

❸ 再新增項目後填入變數名稱 "目前成果"

❶ 在 Repeater 模組後加入 **Tools - Get multiple variables** 模組

❹ 按 OK 完成

step 05 設定路徑篩選條件, 只在 AI 判斷需要工具時才進行接續流程：

① 按路徑設定篩選條件

② 輸入路徑名稱 "還沒完成"

③ 按一下選 Tools - Get multiple variables 模組的**已經完成**項目為篩選對象

④ 選用 **Boolean operations: Equal to** 比較是/否

⑤ 按一下設定篩選內容

⑥ 切換到 ⚙ 頁次

⑦ 選 **false** 表示否, 在 AI 還沒有完成回覆時通過路徑

⑧ 按 **OK** 完成

step 06 加入組合目前工具執行成果的模組, 第 1 次執行流程時並沒有工具執行結果, 只要輸出空的文字內容即可：

① 在 Tools - Get multiple variables 模組後加入 **Tools - Switch** 模組

② 以 Repeater 模組的 **i** 項目為判斷依據

③ 增加項目後填入 1, 限定首次執行流程時

④ 按一下後切換到 **A** 頁次, 選 **emptystring** 表示輸出空的內容

⑤ 填入如圖的內容在第 2 次執行流程開始，將説明文字與累積的工具執行結果組合在一起

⑥ 按 **OK** 完成

step 07 修改 OpenAI 模組, 加入**新工具**的描述文字, 以及目前工具**累積的執行結果**, 本例要提供給 AI 的工具描述如下:

你是使用台灣繁體中文的小助理， 可以根據問題判斷是否需要使用以下我所提供給你的工具:

工具名稱：讀取網頁
工具説明：可以依據提供的網址讀取網頁內容， 並且將內容轉成純文字提供給你
工具參數：要讀取網頁的網址

工具名稱：下載檔案
工具説明：可以依據提供的網址下載檔案
工具參數：要下載檔案的網址

工具名稱：上傳雲端
工具説明：可以依據放置在變數中的檔案名稱與檔案內容將檔案上傳到 OneDrive 雲端空間中
工具參數：無

如果需要使用上述工具， 請使用以下 JSON 格式回覆:

```
{
    "工具名稱": "要使用的工具名稱",
    "工具參數": "工具需要的參數"
}
```

如果不需要使用工具， 就直接生成回覆， 並以如下格式回覆:

```
{
    "工具名稱": "",
    "工具參數": "",
    "回覆": "針對問題回覆的內容"
}
```
只要提供 JSON 內容， 不要加上任何其它説明。

請如下修改：

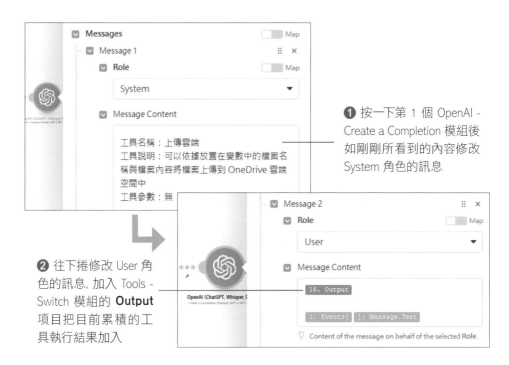

❶ 按一下第 1 個 OpenAI - Create a Completion 模組後如剛剛所看到的內容修改 System 角色的訊息

❷ 往下捲修改 User 角色的訊息, 加入 Tools - Switch 模組的 **Output** 項目把目前累積的工具執行結果加入

step 08 修改不需使用工具的路徑, 在回覆 LINE 訊息後設定變數表示已經完成工作：

❷ 輸入變數名稱 "已經完成"

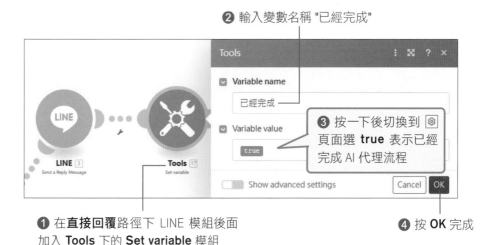

❶ 在**直接回覆**路徑下 LINE 模組後面加入 **Tools** 下的 **Set variable** 模組

❸ 按一下後切換到頁面選 **true** 表示已經完成 AI 代理流程

❹ 按 **OK** 完成

修改閱讀網頁的路徑, 記錄網頁內容到變數中:

❶ 在模組按滑鼠右鍵選 **Delete module** 刪除這兩個模組

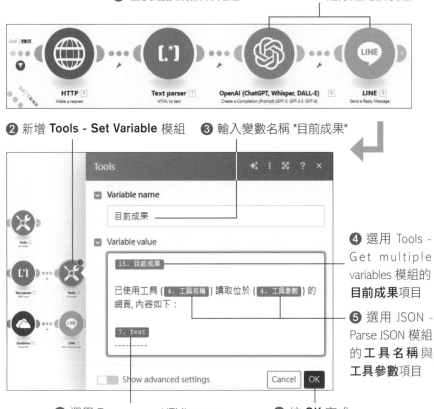

❷ 新增 **Tools - Set Variable** 模組 ❸ 輸入變數名稱 "目前成果"

❹ 選用 Tools - Get multiple variables 模組的 **目前成果** 項目

❺ 選用 JSON - Parse JSON 模組的 **工具名稱** 與 **工具參數** 項目

❻ 選用 Text parser - HTML to text 的 **Text** 項目納入網頁內容

❼ 按 **OK** 完成

這裡的設定過程可能要多看幾次才會熟悉, 我們是把變數 **目前成果** 的內容取出來, 跟讀取網頁取得的內容合併在一起, 再把合併完的結果放回 **目前成果** 變數中:

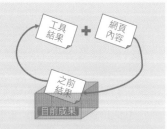

設定完成後, **目前成果** 變數的內容就會是到 **讀取網頁** 為止所有工具的執行結果了。

step 10 修改下載檔案路徑, 改成把下載的檔案名稱與檔案內容分別記錄在變數中:

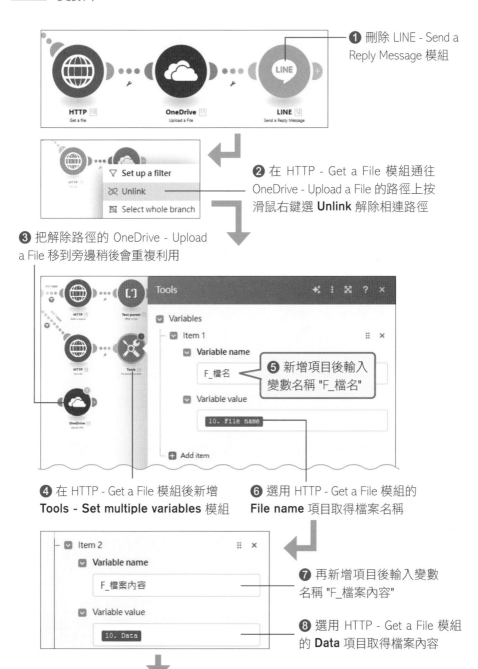

❶ 刪除 LINE - Send a Reply Message 模組

❷ 在 HTTP - Get a File 模組通往 OneDrive - Upload a File 的路徑上按滑鼠右鍵選 **Unlink** 解除相連路徑

❸ 把解除路徑的 OneDrive - Upload a File 移到旁邊稍後會重複利用

❺ 新增項目後輸入變數名稱 "F_檔名"

❹ 在 HTTP - Get a File 模組後新增 **Tools - Set multiple variables** 模組

❻ 選用 HTTP - Get a File 模組的 **File name** 項目取得檔案名稱

❼ 再新增項目後輸入變數名稱 "F_檔案內容"

❽ 選用 HTTP - Get a File 模組的 **Data** 項目取得檔案內容

⑨ 再新增項目輸入
變數名稱 "目前成果"

⑩ 如圖設定變數內容, 選用 Get
multiple variables 的**目前成果**項目

⑫ 選用 HTTP - Get a File
的 **File name** 項目

⑪ 選用 JSON - Parse JSON 的**工具名稱**與**工具參數**項目

step
11 新增上傳雲端工具的處理流程：

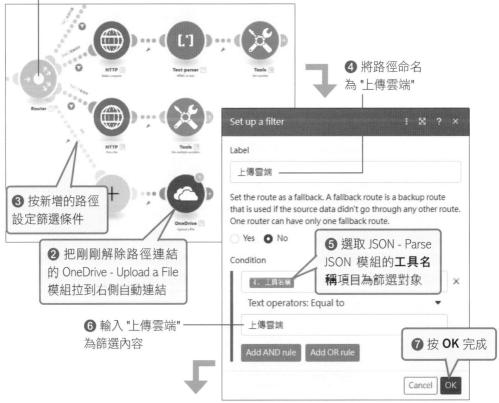

❶ 按 Router 中央的 **+** 新增路徑

❹ 將路徑命名
為 "上傳雲端"

❸ 按新增的路徑
設定篩選條件

❷ 把剛剛解除路徑連結
的 OneDrive - Upload a File
模組拉到右側自動連結

❺ 選取 JSON - Parse
JSON 模組的**工具名
稱**項目為篩選對象

❻ 輸入 "上傳雲端"
為篩選內容

❼ 按 **OK** 完成

8 按路徑中的 **+** 在 OneDrive - Upload a File 前面新增模組

9 選取 **Tools - Get multiple variables** 模組

10 新增項目填入變數名稱 "F_檔名" 取得檔名

11 新增項目填入變數名稱 "F_檔案內容" 取得檔案內容

12 按 **OK** 完成

13 按 OneDrive - Upload a File 修改設定

14 選用 Tools - Get multiple variables 模組的 **F_檔名** 項目取得檔名

15 選用 Tools - Get multiple variables 模組的 **F_檔案內容** 項目取得要上傳的檔案內容後按 **OK** 完成

完成之後, 我們就可以定時執行腳本進行測試了:

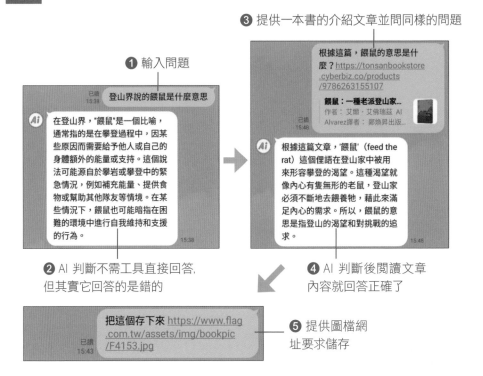

❸ 提供一本書的介紹文章並問同樣的問題

❶ 輸入問題

登山界說的餵鼠是什麼意思

在登山界,"餵鼠"是一個比喻, 通常指的是在攀登過程中, 因某些原因而需要給他人或自己的身體額外的能量或支持。這個說法可能源自於攀岩或攀登中的緊急情況, 例如補充能量、提供食物或幫助其他隊友等情境。在某些情況下, 餵鼠也可能暗指在困難的環境中進行自我維持和支援的行為。

❷ AI 判斷不需工具直接回答, 但其實它回答的是錯的

根據這篇, 餵鼠的意思是什麼? https://tonsanbookstore .cyberbiz.co/products /9786263155107

餵鼠:一種老派登山家... 作者:艾爾·艾佛瑞茲 AI Alvarez譯者:鄭煥昇出版...

根據這篇文章, '餵鼠' (feed the rat) 這個俚語在登山家中被用來形容攀登的渴望。這種渴望就像內心有隻無形的老鼠, 登山家必須不斷地去餵養牠, 藉此來滿足內心的需求。所以, 餵鼠的意思是指登山的渴望和對挑戰的追求。

❹ AI 判斷後閱讀文章內容就回答正確了

把這個存下來 https://www.flag .com.tw/assets/img/bookpic /F4153.jpg

❺ 提供圖檔網址要求儲存

這個測試常會遇到已讀不回的狀況, 如果回頭看編輯頁面上的執行狀況, 會發現:

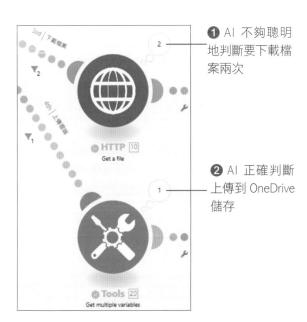

❶ AI 不夠聰明地判斷要下載檔案兩次

❷ AI 正確判斷上傳到 OneDrive 儲存

由於我們的腳本限制代理的 AI 判斷最多重複 3 次, 所以在 AI 錯誤地判斷重複下載兩次檔案才上傳檔案後, 就用掉 3 次的限制結束腳本了, 無法回頭根據上傳資訊通知我們上傳檔案的檢視網址。根據我們測試的結果, 發現 **gpt-4o-mini** 模組在處理這個腳本的 AI 判斷上**不夠聰明**, 會重複下載檔案, 改成 **gpt-4o** 就可以了:

Ti̇p

你當然也可以採取消極的方式, 放鬆限制增加代理的重複次數, 不過這樣有可能會重費下載檔案或是其它動作, 無端耗費額外的操作數, 所以我們並不建議這樣做。

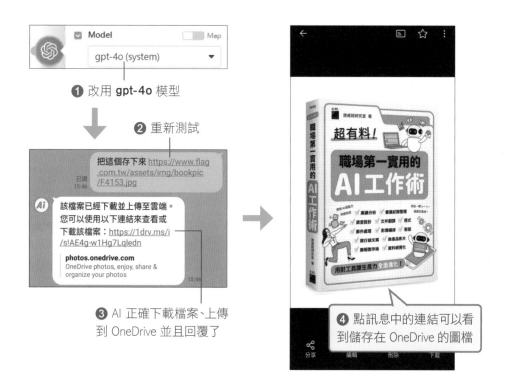

❶ 改用 **gpt-4o** 模型

❷ 重新測試

❸ AI 正確下載檔案、上傳到 OneDrive 並且回覆了

❹ 點訊息中的連結可以看到儲存在 OneDrive 的圖檔

如果你觀察現在完成的腳本, 在 Router 之後的流程就是依據工具的種類分別處理, 並且記錄下產生的結果, 這些工具在處理時並不知道真正的原始問題而獨立運作, 你可以嘗試看看幫 AI 再加上更多的工具, 同時增加代理進行 AI 判斷的次數, 就可以用白話的方式下達命令, 讓 AI 判斷後搭配工具完成工作, 而不需要你設定好個別工具執行的先後步驟了。

MEMO

CHAPTER **7**

使用外部 API
擴增功能

前面幾章我們使用了許多不同功能的模組，如果你是好奇寶寶，可能已經發現在某些應用中，似乎少了特定功能的模組，這一章就來告訴大家如何使用這些 make.com 尚未支援的功能。

7-1 使用 make.com 中缺乏的模組

　　make.com 中提供了許多不同種類的應用, 不過有些應用內並沒有包含所有功能的模組, 而是額外提供一個 **Make an API Call** 模組, 例如以下就是 LINE 以及 OneDrive 應用內的同名模組：

　　第 2 章說明過, make.com 主要的功能就是串接網路上的各式應用, 建構自動化的流程。這些應用都以稱為 **API** (**A**pplication **P**rogramming **I**nterface) 的方式提供服務, 從名稱中的 "programming" 可以知道 API 服務的對象是**程式 (或者腳本)**, 而不是拿滑鼠鍵盤操作的一般使用者。以下透過上傳檔案到 OneDrive 為例說明 API 的概念：

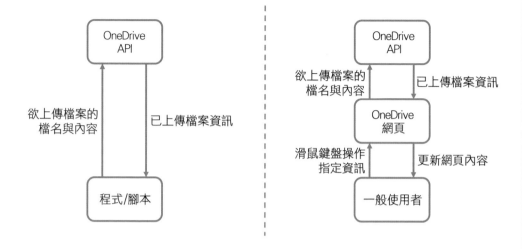

　　一般使用者會如上圖右操作**中介的網頁**, 間接使用背後的 API；但在自動化流程的腳本中, 並沒有這樣的操作介面, 腳本必須直接與 API 溝通。每個應用的個別功能都會有它自己提供服務的 **API 網址**, make.com 中的模組就是對應到這些個別的功能, 透過服務網址取用相關功能。不過並不是每個應用都會提供所有功能的完整模組, **Make an API Call** 就是為了讓我們可以自己透過 API 使用特定功能的模組。

　　要善用 **Make an API Call** 模組, 就要查閱個別應用自己的 **API 文件**, 才能知道特定功能的服務網址, 以及資料傳送的格式, 本節就以 LINE 為例, 帶大家從查閱文件開始實際完整跑一次流程。

認識網址

　　要查看各種服務的 API 之前, 由於 API 都是透過網址提供服務, 因此我們要先認識一下組成網址的個別部分。以下以讓 Goole 搜尋 "iphone" 的網址為例：

```
https://www.google.com/search?q=iphone
```

- "://" 之前的部分稱為**傳輸協定**, 本例就是 "https", 表示傳送資料給 API 的一組規則, 實際使用 API 時, 我們只要照著 API 文件提供的網址輸入即可。

- 傳輸協定後面到第 1 個 "/" 前面, 也就是 "www.google.com", 稱為**主機位址 (host)**, 指出了提供 API 服務的機器在網路上的位址, 有這個位址瀏覽器或是我們的腳本才知道要連線到哪一部機器。

- 從第 1 個 "/" 開始到 "?" 之前的部分, 也就是 "/search", 稱為**路徑 (path)**, 如果是一般的網站, 這通常是指該部主機內的檔案路徑。以 API 服務來說, 不同路徑就代表不同的功能。

- 從 "?' 開始的部分, 也就是 "?q=iphone", 稱為**查詢字串 (query string)**, 會以 "項目名稱=項目內容" 的格式傳遞資訊給 API 服務, 如果有多項資料, 就要用 "&" 串接。像是剛剛的網址中, 查詢字串中只有一項名稱為 "q", 內容為 "iphone" 的資料, 代表要請 Google 查詢的關鍵字。

查看 LINE Message API 文件

如果你在前幾章的範例中仔細觀察 LINE 接收訊息通知的資訊, 例如：

跟使用者相關的
資訊只有 **User ID**

你會發現收到 LINE 訊息時，模組輸出的資料包中雖然包含了許多資料，但跟訊息發送者直接相關的只有 **User ID** 這一項，可是在 LINE 應用中卻找不到可以提供顯示名稱等使用者資訊的模組。如果到 LINE Message API 的文件網站 (https://developers.line.biz/en/reference/messaging-api) 上查看：

Tip

大部分服務的開發廠商都是國外的公司，所以 API 文件通常都是英文，即便是風行台灣的 LINE 也是如此。不過好消息是，現在有生成式 AI 可以幫我們翻譯。

往下捲會找到 **Get profile** 小節

提供使用者資訊的API 服務網址

`GET https://api.line.me/v2/bot/profile/{userId}`

取用服務的方法，本例為 "GET"

用成對的大括號 {} 括起來的是你要提供的資訊，此處的 **userId** 就要置換成剛剛看到的 **User ID** 項目

這個 API 服務可以提供有加 LINE 通道好友的使用者資訊，它的網址如下：

```
GET https://api.line.me/v2/bot/profile/{userId}
```

- 開頭的 **GET** 是存取網址的方法, 不同的 API 服務可能會採用不同的方法, 使用 **Make an API Call** 模組時必須依照文件說明設定。

- LINE API 文件使用成對的**大括號 {}** 表示你要提供的**變動**內容, 稱為**參數 (parameter)**, 括號內就是參數的**名稱**。以本例來說, 取得使用者資訊需要名稱為 **userId** 的參數, 實際使用此 API 時就要把該參數置換成剛剛在資料包中看到的 **User ID** 項目。

如果你在文件頁面往下捲, 會看到如下的 **Path parameters** 小節, 說明要透過路徑傳遞的資訊:

"Path" 字樣表示是以路徑傳遞資訊

參數名稱 　　 說明這個參數要置換成 webhook 收到通知時資料包裡面 **User ID** 項目的內容, 不是使用者的 LINE ID

從說明可以看到, 要取得使用者資訊, 就一定要指定 userId 參數, 而且這個參數的內容要從 webhook 的資料包中 **User ID** 項目取得。

如果再往網頁下方捲動, 會看到 **Response** 小節, 說明此 API 服務會傳回什麼樣的資料給你:

成功執行會傳回狀態碼 200

displayName 是使
用者的顯示名稱

String 表示這個項目
的內容是文字

你可以看到它告訴你取用這個 API 會取得 JSON 格式的文字,其中包含有
個別資料項目,左邊有這些項目的説明。有些項目會有特別的標示,例如:

表示不一定會有,要先檢查
再使用這個項目才不會出錯

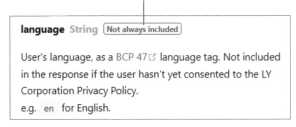

以下是各項目的說明：

項目名稱	說明	固定會有
displayName	使用者的顯示名稱	是
userId	使用者的識別碼, 也就是在剛剛 userId 參數的內容	是
language	使用者的語言偏好, 可參考 https://reurl.cc/Dloeej 查詢語言代碼	否, 使用者不同意透露隱私就不會提供
pictureUrl	圖示網址	否, 使用者可能未設定
statusMessage	狀態消息	否, 使用者可能未設定

API 的運作除了會傳回資料外, 還會透過**狀態碼 (status code)** 表示成功與否, 此例成功的狀態碼是 **200**, 如果失敗, 就會以不同數值的狀態碼表示出錯的原因。在頁面上再往下捲動, 就會看到個別狀態碼對應的錯誤原因, 例如：

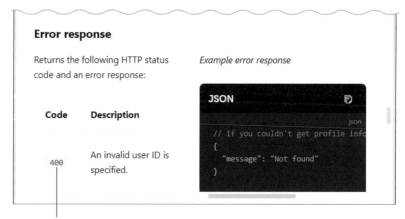

狀態碼 **400** 表示從網址上提供的使用者識別碼**格式不對**

其它可能的錯誤狀態碼還有 **404**, 這表示對方可能沒有加你的 LINE 通道為好友, 或者是加了又封鎖了等等。

瞭解以上這些後, 就可以動手試看看了。

取得 LINE 使用者的顯示名稱與狀態

　　假設我們現在要設計一個採用**生命靈數**的 LINE 命理機器人, 使用者輸入生日年月日即可得到 AI 命理大師的分析。我們希望在回覆的時候可以加上使用者的顯示名稱,凸顯專屬命理顧問的感受,以下就一步步來完成:

Tip
不用擔心你不懂生命靈數,由於有 AI 的幫忙,我們不需要是命理大師也能算生命靈數。本書採用生命靈數僅是因為舉例方便,不代表本書立場,亦不鼓勵將生命靈數作為人生依據。

step 01　請建立新腳本, 在腳本中先加入 **LINE** 應用的 **Watch Events** 模組, 並建立新的 webhook 後更新 LINE 通道的設定。

Tip
你可以沿用舊的 LINE 通道或是建立新的 LINE 通道。

step 02　加入取用使用者資訊的模組:

❶ 加入 **LINE - Make an API Call** 模組　　　　❷ 選取正確的連線

❸ 貼上剛剛在 API 文件頁面看到的網址　　❹ 設定 API 文件頁面上指定的存取方法 **GET**

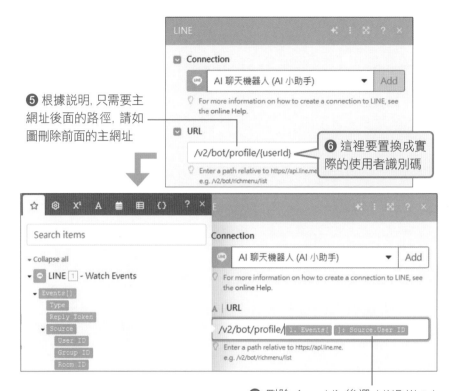

❺ 根據說明, 只需要主網址後面的路徑, 請如圖刪除前面的主網址

❻ 這裡要置換成實際的使用者識別碼

❼ 刪除 {userId} 後選 LINE-Watch Events 的 **Events[]/Source/User ID**

以上都是依照剛剛在 API 文件中看到的資訊設定。

step **03** 接著就可以先來測試看看, 是不是真的可以取得使用者資訊了, 請先按 **Run once** 執行腳本,然後隨意傳送任何訊息:

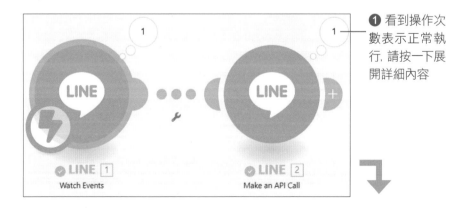

❶ 看到操作次數表示正常執行, 請按一下展開詳細內容

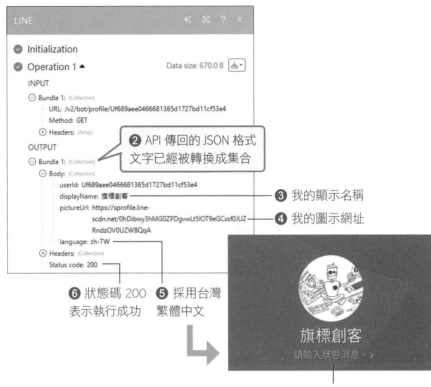

❷ API 傳回的 JSON 格式文字已經被轉換成集合

❸ 我的顯示名稱

❹ 我的圖示網址

❺ 採用台灣繁體中文

❻ 狀態碼 200 表示執行成功

由於沒有設定狀態消息, 所以剛剛的資料包中沒有 **statusMessage** 這項資料

設計生命靈數命理大師

接著就可以補上讓 AI 扮演命理大師的模組:

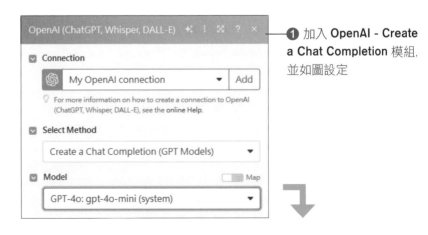

❶ 加入 **OpenAI - Create a Chat Completion** 模組, 並如圖設定

❷ 新增 System 角色的訊息，並要求 AI 回覆時一定要提到使用者的名字

❸ 從 **Make an API Call** 取得的使用者顯示名稱

完整提示內容為『你是使用台灣繁體中的命理大師，專精生命靈數，只要訊息中有包含日期，就幫他計算生命靈數，並且大略解說計算結果。如果訊息中沒有日期，只要回覆『我是生命靈數大師，只會依據你的生日推算，其餘問題一概不會回答』。對了，使用者叫做 **{{2.body.displayName}}**，回覆時一定要提到他的名字，以示尊重。』，**雙重大括號**括起來的部分表示是從前面的模組選用的資料項目。

❹ 再新增 User 角色的訊息，填入從 LINE 收到的內容

❺ 輸入 0 以模型本身限制為數量上限

⑥ 加入 LINE - Send a Reply Message 模組

⑦ 選擇連線

⑧ 設定回覆令牌

⑨ 新增文字訊息填入 AI 回覆的結果

最後就可以測試看看，請按 **Run once** 執行多次：

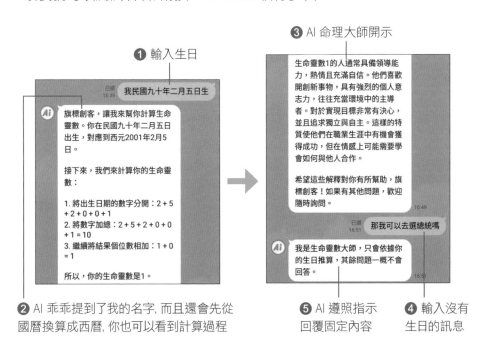

❸ AI 命理大師開示

❶ 輸入生日

❷ AI 乖乖提到了我的名字，而且還會先從國曆換算成西曆，你也可以看到計算過程

❺ AI 遵照指示回覆固定內容

❹ 輸入沒有生日的訊息

這樣我們就可以使用直接與 API 溝通的方式取得 make.com 中沒有完整提供的功能了。

修改模組的顯示名稱

你可能已經注意到 Make an API Call 模組並不像是其它模組那樣可以直接從名稱看出它真正的功用：

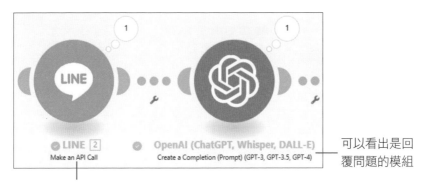

可以看出是回覆問題的模組

只知道會使用 API, 但不知道是哪個 API

如果需要, 你也可以修改模組的顯示名稱：

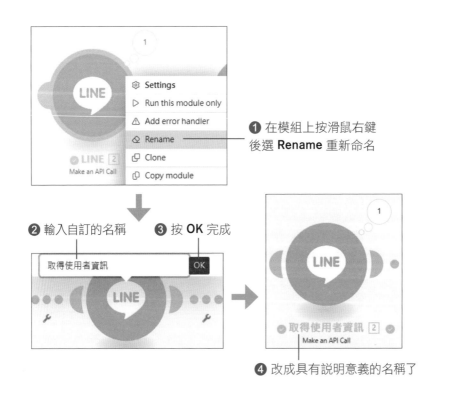

❶ 在模組上按滑鼠右鍵後選 **Rename** 重新命名

❷ 輸入自訂的名稱　❸ 按 **OK** 完成

❹ 改成具有說明意義的名稱了

利用同樣的方式, 你也可以自己查看 LINE Message API 的文件頁面, 看看還有沒有什麼你需要的神奇功能, 都可以利用同樣的方式直接使用 API 來取用。

Ｔｉｐ

要特別留意的是, 不同的應用有它自己的 Make a API Call 模組, 不能混用, 它們各自會處理相關的連線機制, 才能和 API 正確溝通運作。

7-2 使用 make.com 中尚未支援的應用

上一節介紹的方式, 僅限於 make.com 中已經支援的應用, 但缺乏特定功能的模組時。如果你想要使用的應用在 make.com 中根本就沒有支援, 那也不會有 **Make an API Call** 模組可以使用。不過別擔心, 只要該應用提供有 API, 就可以利用前面章節讀取網頁內容的 **HTTP** 應用來取用, 這一節我們會以一個**線上共筆系統 HackMD** 為例, 說明如何使用 make.com 並未支援的應用。

HackMD 共筆協作服務

HackMD 是由**台灣團隊**開發的線上共筆協作服務, 最大的特色就是採用 **Markdown** 語法撰寫文章內容, 語法簡單又可以呈現文章結構, 相比於網頁採用的 HTML 格式, 簡單易用又省檔案空間。舉例來說, 只要使用簡單的 * 符號, 就可以表示條列項目:

```
*  第一個項目
*  第二個項目
...
```

如果把這樣的內容輸入到 HackMD 的筆記頁面中，實際呈現的就會像是右圖這樣：

- 第一個項目
- 第二個項目
  ...

Markdown 語法也是目前生成式 AI 需要呈現豐富樣式的回覆時採用的格式，熟悉 Markdown 語法有助於理解回覆內容中個別段落的樣式及結構關係。我們並不會介紹 Markdown 語法的細節，因為稍後都是由 make.com 中的模組與 AI 幫我們生成，如果對於 Markdown 語法有興趣，可以參考 HackMD 自己的說明 (https://reurl.cc/jyveZM)。

▲ Markdown 語法說明

如果你還沒使用過 HackMD, 請先連往 https://hackmd.io/ 網站：

註冊過程會需要 email 認證, 認證後即可登入使用:

有興趣者可以自己先隨便玩看看, 稍後會以 HackMD 為例, 說明如何透過它所提供的 API 自動建立新的筆記。

建立代表登入身分的 API token (存取令牌)

HackMD 的 API 也和使用 OpenAI、LINE 應用一樣都需要透過 **API token(存取令牌)** 進行身分認證, 請依照以下步驟建立 API 存取令牌:

❶ 按一下左下方的使用者名稱

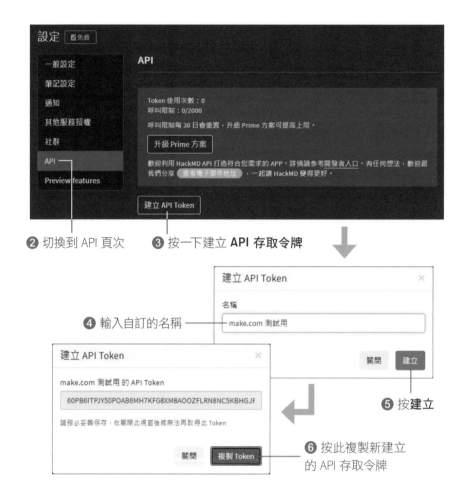

② 切換到 API 頁次   ③ 按一下建立 **API** 存取令牌

④ 輸入自訂的名稱

⑤ 按**建立**

⑥ 按此複製新建立
的 API 存取令牌

請特別留意, HackMD 建立的存取令牌和 OpenAI 一樣, 完成建立程序後就無法重新顯示內容, 請複製存取令牌記錄下來。你也可以隨時產生新的 API 存取令牌, 也可以註銷 (刪除) 不再需要使用的 API 存取令牌。

查看 HackMD 開發者文件

註冊好帳號並且建立 API 存取令牌後, 就可以查看 HackMD API 的文件, 請連到以下網址 (https://reurl.cc/ zDIDzV)：

認證身分

使用 API 的第一步, 就是要知道如何通過身分驗證, 之前使用過的應用, 都會在首次使用到該應用的模組時提供存取令牌或是金鑰建立連線, 由建立的連線負責身分認證。但是要使用 make.com 沒有支援的服務時, 就必須自己處理身分認證。在 API文件的頁面上可以找到相關資訊:

❶ 展開 **Documentation** 後切換到 **Authentication** 頁次

HackMD API authentication

Bearer Authentication —❷

Bearer authentication (also called token authentication) is an HTTP authentication scheme that involves security tokens called bearer tokens. The name "Bearer authentication" can be understood as "give access to the bearer of this token." The bearer token is a cryptic string, usually generated by the server in response to a login request. The client must send this token in the Authorization header when making requests to protected resources:

❸ ❹ ❺ ❻

Header: Authorization Bearer <token>

<token> can be created in your Settings, take a look at How to issue an API token.

❷ 標題説明採用的是 **Bearer** 驗證方式
❸ 表示要在 HTTP 模組傳送資料的**表頭**中加入認證資料
❹ 表頭項目名稱
❺ 標頭內容開頭要有固定的 **Bearer** 字眼
❻ 這裡要換成你自己的存取令牌

從文件中可以看到，HackMD 的 API 採用所謂的 **Bearer** 認證方式。HTTP 模組傳送資料使用 API 時，會傳送兩組資料：一組是**實際的內容**，像是送給 OpenAI 的提示內容、要加到 Notion 頁面的文字等等；另外一組則是**控制用的資訊**，會排列在實際的內容這一組資料之前，所以稱為**表頭 (header)**，用來和 API 溝通用，例如告訴 API 端傳送的內容是 JSON 格式、JPG 圖片或是其它格式等等。Bearer 認證需要的資訊就是放在表頭中，如果沒有加入這樣的表頭資訊，就無法通過認證，導致連往 HackMD 的 API 服務網址遭拒出錯。

由於存取 API 服務時，都會需要提供 API 存取令牌或金鑰驗證身分，make. com 提供有**鑰匙圈 (keychain)** 機制，可以讓我們將 API 存取令牌/金鑰認證方式單獨存放，如同建立連線的作用。實際設定畫面像是這樣：

❶ **key** 欄位要先填入 "Bearer"

❷ 空一格之後填入前面建立的 API 存取令牌

❸ **in the header** 表示 **key** 欄位的內容要放在表頭區

❹ 表頭區中標示 **key** 欄位內容的項目名稱，要填入剛剛在文件中看到的 "Authorization"

之後再透過 HTTP 應用中搭配鑰匙圈使用的 **Make an API Key Auth request** 模組，就可以套用鑰匙圈中的認證資訊取用 API 服務了。

透過鑰匙圈機制可以避免在腳本中直接揭露 API 存取令牌, 或是匯出腳本時連帶洩漏 API 存取令牌。把身分驗證方式獨立存放, 也可以方便在不同的腳本中共用同樣的身分驗證機制, 就像是我們在不同的腳本中共用 LINE 連線一樣。

HackMD API 服務的主網址

剛剛說明身分驗證的頁面載往下捲, 會有身分驗證的測試範例：

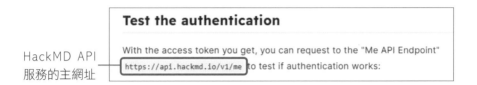

HackMD API
服務的主網址

我們並沒有要照著測試, 而是可以從這裡知道 HackMD API 服務的主網址是 https://api.hackmd.io/v1, 後面的 /me 是取得帳號資訊的 API 路徑, 稍後會取代為新增筆記的 API 路徑。

HackMD API 新增筆記的服務

稍後我們會以一個自動備份網頁內容的腳本來展示 HackMD API 的用法, 因此要先查詢可以在 HackMD 新增筆記的 API 使用方式：

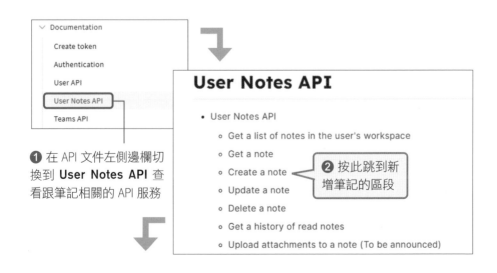

❶ 在 API 文件左側邊欄切換到 **User Notes API** 查看跟筆記相關的 API 服務

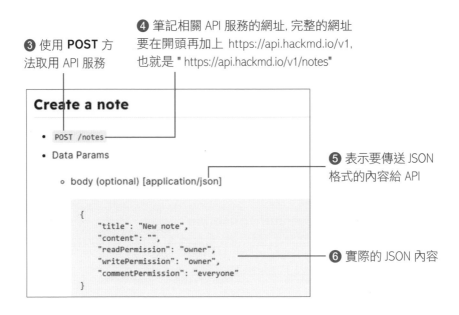

❸ 使用 **POST** 方法取用 API 服務

❹ 筆記相關 API 服務的網址, 完整的網址要在開頭再加上 https://api.hackmd.io/v1, 也就是 " https://api.hackmd.io/v1/notes"

❺ 表示要傳送 JSON 格式的內容給 API

❻ 實際的 JSON 內容

你可以看到要在 HackMD 裡面新增筆記, 必須以 JSON 格式描述筆記內容, 個別項目的說明如下：

項目名稱	說明
title	筆記標題, 預設會從筆記內容找尋第一層級的標題當筆記標題, 如果筆記內沒有這樣的標題, 就會用 tiitle 項目的內容當標題
content	筆記內容
readPermission	讀取權限設定
writePermission	修改權限設定
commentPermission	留言加註權限設定

其中讀取/寫入權限設定的類型如下：

權限類型	說明
owner	只有筆記擁有者可以, 其它人都不行
signed_in	有登入 HackMD 的使用者都可以
guest	任何人都可以

留言加註權限設定的類型如下：

權限類型	說明
Disabled	停用留言加註功能
Forbidden	啟用但禁止留言加註
Owners	只有筆記的擁有者才能留言加註
signed_in_users	有登入 HackMD 的使用者都可以留言加註
Everyone	任何人都可以

往下捲動頁面, 還會看到 API 服務成功時傳回的狀態碼與回覆資料：

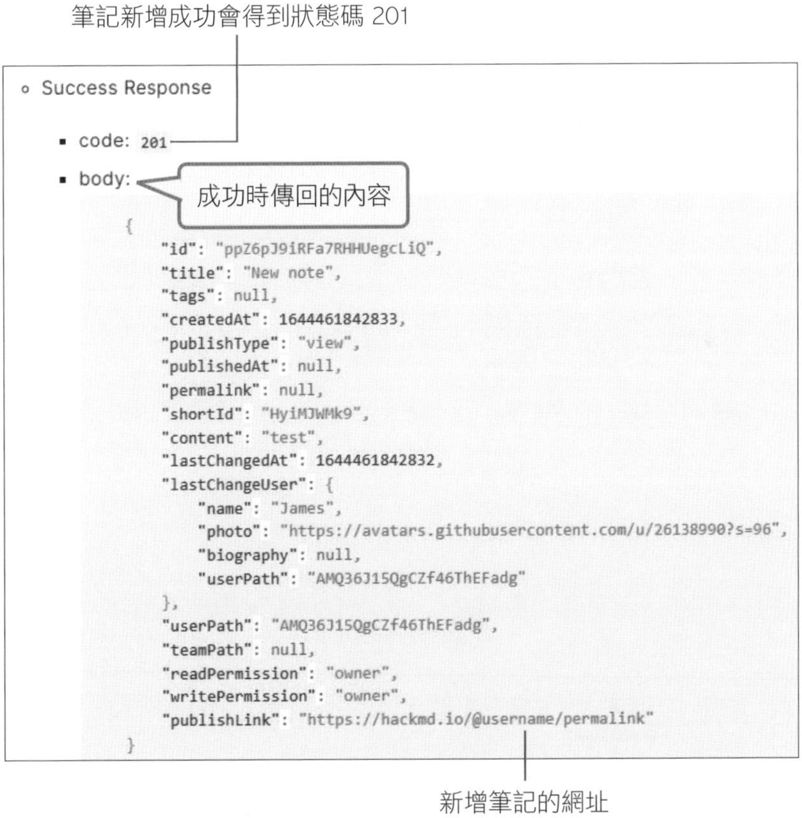

筆記新增成功會得到狀態碼 201

新增筆記的網址

你可以看到成功時會得到狀態碼 **201**, 並且會以 **JSON** 格式提供新增筆記的相關資訊。

設計可以自動備份網頁的 LINE 聊天機器人

現在我們就以一個可以傳入網址幫我們把網頁內容備份在 HackMD 上的腳本為例, 示範使用 HackMD 的 API 的方法:

step 01 請先建立一個新的腳本, 並加入 LINE - Watch Events 模組, 設定好連線與 webhook。

step 02 在 LINE 模組後加入讀取網頁內容的模組:

❶ 加入 **HTTP - Make a Request** 模組　　❷ 選用 LINE - Watch Events 模組的 **Events[]/Message/Text** 項目指定網址

step 03 加入可將網頁轉換成 Markdown 格式的模組:

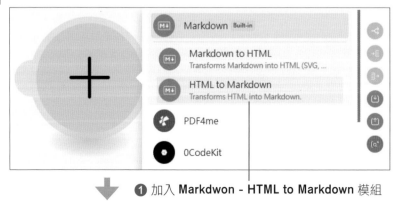

❶ 加入 **Markdwon - HTML to Markdown** 模組

❷ 選用 HTTP - Make a request 的 **data** 項目為轉換對象

step **04** 加入 JSON 模組幫我們建立要送給 HackMD API 服務的資料：

❶ 加入 **JSON - Create JSON** 模組

❷ 按 **Add** 建立新的資料結構

❸ 輸入自訂名稱 "HackMD API 建立新筆記"

❹ 按 **Generate** 從 API 文件內的範例建立資料結構

❺ 請複製前面 HackMD API 文件中新增筆記的 JSON 內容貼入

❻ 按 **Generate**

要貼入的是這一段：

```
{
    "title": "New note",
    "content": "",
    "readPermission": "owner",
    "writePermission": "owner",
    "commentPermission": "everyone"
}
```

❼ 依照 JSON 內容建立的 **Title** 項目

❽ 輸入 "新筆記" 當成找不到標題時的預設筆記標題

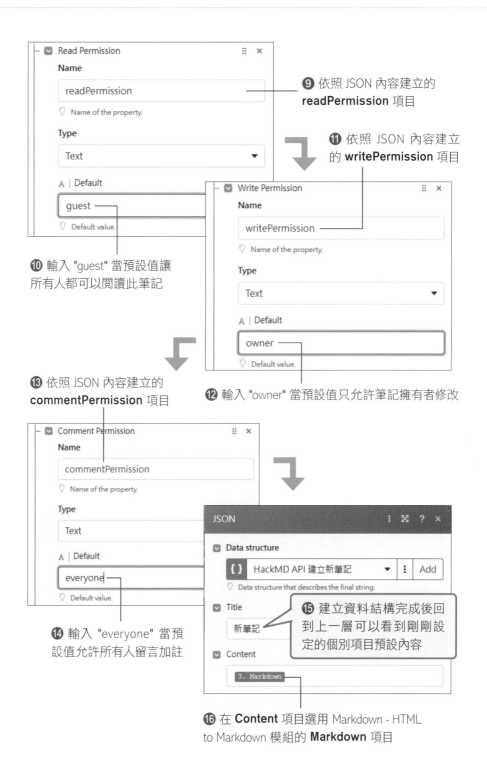

❾ 依照 JSON 內容建立的 **readPermission** 項目

⓫ 依照 JSON 內容建立的 **writePermission** 項目

❿ 輸入 "guest" 當預設值讓所有人都可以閱讀此筆記

⓬ 輸入 "owner" 當預設值只允許筆記擁有者修改

⓭ 依照 JSON 內容建立的 **commentPermission** 項目

⓯ 建立資料結構完成後回到上一層可以看到剛剛設定的個別項目預設內容

⓮ 輸入 "everyone" 當預設值允許所有人留言加註

⓰ 在 **Content** 項目選用 Markdown - HTML to Markdown 模組的 **Markdown** 項目

step 05 加入使用 HackMD API 建立新筆記的模組：

❶ 加入 **HTTP - Make an API Key Auth request** 模組

❷ 按 **Create a keychain** 建立儲存身分驗證方式的**鑰匙圈 (keychain)**

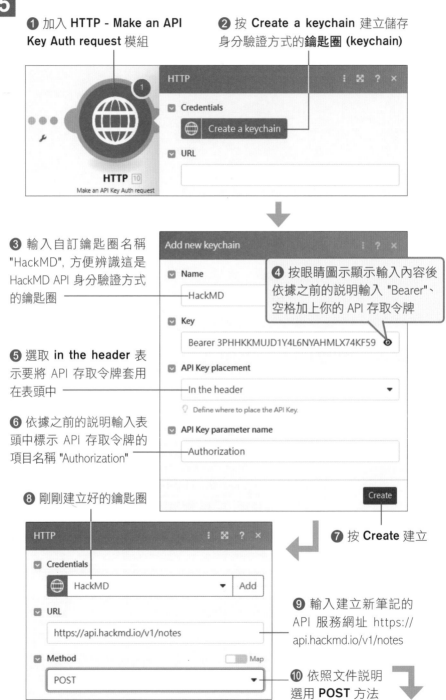

❸ 輸入自訂鑰匙圈名稱 "HackMD", 方便辨識這是 HackMD API 身分驗證方式的鑰匙圈

❹ 按眼睛圖示顯示輸入內容後依據之前的說明輸入 "Bearer"、空格加上你的 API 存取令牌

❺ 選取 **in the header** 表示要將 API 存取令牌套用在表頭中

❻ 依據之前的說明輸入表頭中標示 API 存取令牌的項目名稱 "Authorization"

❽ 剛剛建立好的鑰匙圈

❼ 按 **Create** 建立

❾ 輸入建立新筆記的 API 服務網址 https://api.hackmd.io/v1/notes

❿ 依照文件說明選用 **POST** 方法

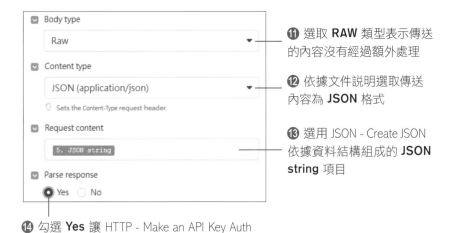

⑪ 選取 **RAW** 類型表示傳送的內容沒有經過額外處理

⑫ 依據文件說明選取傳送內容為 **JSON** 格式

⑬ 選用 JSON - Create JSON 依據資料結構組成的 **JSON string** 項目

⑭ 勾選 **Yes** 讓 HTTP - Make an API Key Auth request 自動解析 API 傳回的 JSON 內容

step 06 進行簡單的測試, 請儲存腳本後按 **Run once** 執行腳本：

❶ 傳送新聞網址 https://udn.com/news/story/7005/8049677

❷ 自動將 API 傳回的 JSON 資料解析之後轉換成集合

❸ 從 Markdown 內容找到的筆記標題

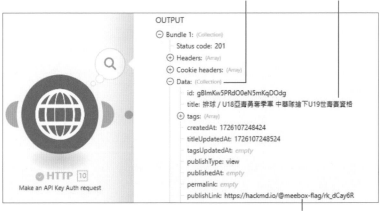

❹ 新筆記的網址

step 07 加上回覆 LINE 訊息的模組：

❶ 加入 **LINE - Send a Reply Message** 模組

❷ 設定回覆令牌

❸ 新增文字訊息選用 HTTP - Make an API KEY Auth request 的 **data/publishLink** 項目提供新筆記的網址

step 08 按 **Run once** 重新測試：

❶ 重新輸入同一個新聞網址

❷ 收到腳本回覆的筆記網址，按一下可以查看筆記內容

❸ 標題是對的

❹ 內容怎麼怪怪的

這是因為網頁內除了真正的文字內容外，還包含有許多額外的 JavaScript 程式碼等等不是真正內容的資料，make.com 的 Markdown 模組並沒有去除這些額外的內容，導致筆記中多出了這些奇怪的東西。

運用資料清洗備份乾淨的網頁內容

要解決剛剛遇到的問題，可以使用資料清洗的技術，把網頁內不必要的 JavaScript 程式碼移除，別擔心，你不需要瞭解技術細節，只要交給 AI 來處理即可，以下我們就補上資料清洗的功能：

step 01 加入 OpenAI 模組幫我們清洗資料：

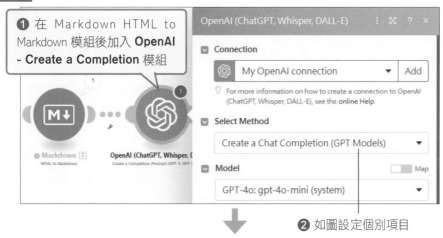

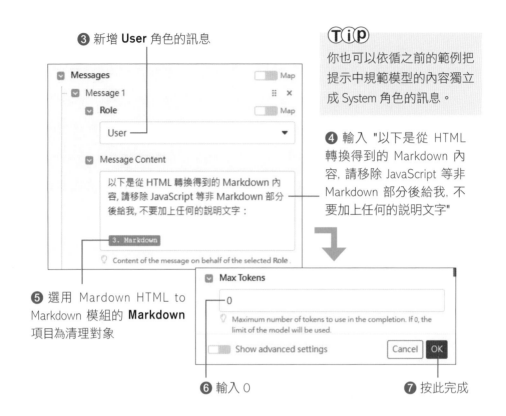

❸ 新增 **User** 角色的訊息

Tip

你也可以依循之前的範例把提示中規範模型的內容獨立成 System 角色的訊息。

❹ 輸入 "以下是從 HTML 轉換得到的 Markdown 內容, 請移除 JavaScript 等非 Markdown 部分後給我, 不要加上任何的說明文字"

❺ 選用 Mardown HTML to Markdown 模組的 **Markdown** 項目為清理對象

❻ 輸入 0

❼ 按此完成

---

step 02 修改 JSON 模組改用 AI 清理過的內容:

❶ 按一下 JSON - Create JSON 模組

❷ 改選用 OpenAI Create a Completion 的 **Result** 項目

step 03 按 **Run once** 重新測試：

❸ 完美備份網頁內容到 HackMD 了

❶ 重新輸入新聞網址

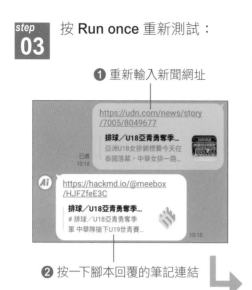

❷ 按一下腳本回覆的筆記連結

step 04 如果回到 HackMD 網站重新整理頁面觀察，就會看到剛剛新增的筆記：

由於使用同一個網址重複測試的關係，所以新增了同樣標題的多篇筆記

Tip

資料清洗是一項重要的工作，如果直接使用夾雜不必要資料的內容，除了耗費時間處理額外的資料外，也會增加後續處理的困難度，甚至無法正確完成工作。

這樣我們就透過一個備份網頁到 HackMD 的腳本, 示範使用 make.com 原本完全不支援的 HackMD 應用, 如果遇到其它類似的情境, 也可以比照這一節的流程, 觀察 API 文件的說明設計腳本。

7-3 需要額外步驟才能使用的 API

有些 API 在使用前還必須進行額外的設定, 而不是單純使用存取令牌或是金鑰驗證身分, 這一節我們就以 Google 提供的 **Google Custom Search JSON API** 付費服務為例, 說明這一類 API 的使用方式。這個 API 雖然是付費服務, 但提供有每日 100 次搜尋的免費額度可用。

用搜尋功能幫 AI 長知識

雖然 OpenAI 的模型是以大量的資料訓練, 不過本書撰寫時最新的模型也只訓練到 2023 年 10 月為止的資料。也就是說, 當需要**新的事實**才能回覆的問題, AI 就沒輒了。要解決這個問題, 有個簡單的作法, 就是利用**搜尋**提供搜尋結果給 AI 參考, 加入新的知識後再回覆, 剛剛提到的 **Google Custom Search JSON API** 就可以擔負這項任務

取得搜尋引擎 ID

要使用 Google Custom Search API, 第一步就是要建立程式化搜尋引擎, 取得它的**搜尋引擎 ID**, 請跟著以下步驟完成:

❶ 連至 https://reurl.cc/Kl4aMy

❸ 按此進入**程式化搜尋引擎控制台**

❹ 按此新增程式化搜尋引擎

❺ 輸入自訂的搜尋引擎名稱, 本例輸入 "make.com 專用"

❻ 往下捲勾選**搜尋整個網路**

❼ 勾選**我不是機器人**

❽ 按**建立**完成

❾ 按此檢視詳細資訊

⑩ 找到**搜尋引擎 ID**　　　　　⑪ 按此複製後記錄下來

取得 API 金鑰

剛剛建立的搜尋引擎 ID 只是在 Google 中建立了一個可透過程式/腳本使用的搜尋服務, 實際使用時還需認證身分, 這需要傳送 **API 金鑰 (key)**, 以下就説明取得 API 金鑰的方法:

Tip

API 金鑰 (key) 的作用跟前面看到其它服務的 API 存取令牌 (token) 是一樣的, 只是不同的服務採用不同的名稱而已。

❶ 重新連上 https://reurl.cc/Kl4aMy

❷ 往下捲找到 **API 金鑰**　　　　❸ 按**取得金鑰**

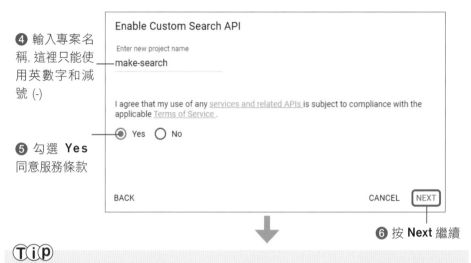

❹ 輸入專案名稱, 這裡只能使用英數字和減號 (-)

Enable Custom Search API

Enter new project name
make-search

I agree that my use of any services and related APIs is subject to compliance with the applicable Terms of Service .

❺ 勾選 Yes 同意服務條款

◉ Yes ○ No

BACK   CANCEL NEXT

❻ 按 Next 繼續

Tip

這裡建立的專案可以設定要使用哪些服務, 專案名稱有限制有些名稱不能使用, 筆者試過使用 "cse" 字眼就會在按下 **NEXT** 後被拒絕, 雖然符合英數字的規範 但可能是因為 CSE 是 **C**ustom **S**earch **E**ngine 這項服務名稱的首字母縮寫而被拒, 如果名稱被拒, 請自行改用其它名稱。

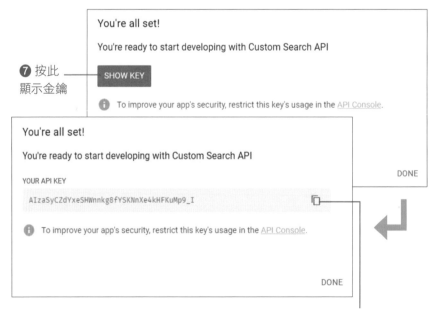

You're all set!

You're ready to start developing with Custom Search API

❼ 按此顯示金鑰

SHOW KEY

ⓘ To improve your app's security, restrict this key's usage in the API Console.

You're all set!

You're ready to start developing with Custom Search API

YOUR API KEY   DONE

AIzaSyCZdYxeSHWnnkg8fYSKNnXe4kHFKuMp9_I

ⓘ To improve your app's security, restrict this key's usage in the API Console.

DONE

❽ 按此複製金鑰記錄在別的地方

這樣就完成使用 Google Custom Search JSON API 的準備工作了。

查看文件

接著我們來看看 Google Custom Search API 的文件, 基本使用只要參考 https://reurl.cc/lyg1jv 頁面:

❶ 使用 **GET** 方法取用 API

❷ API 服務網址是 https://www.googleapis. com/customsearch/v1?[parameters]

❸ 方括號表示要透過查詢字串代入的**參數 (parameters)**

❹ 說明必要的 3 個參數

❺ 按此可以查看其它可用的參數

使用此 API 必須透過查詢字串提供 3 個**必要**的參數:

參數名稱	說明
key	剛剛取得的 API 金鑰
cx	剛剛取得的搜尋引擎 ID
q	要搜尋的關鍵字

如果你在剛剛的頁面按**查詢參數**連結, 可以查看其它可用的參數, 其中最重要的是:

參數名稱	說明
lr	搜尋特定語言, 繁體中文可設定為 lang_zh-TW

往下捲可以看到成功搜尋時狀態值
是 200, 回覆的格式是 JSON

我們並不需要詳細瞭解回覆內容的格式, 因為 JSON 是 AI 很會閱讀的格式, 它可以很快速的在裡面找到搜尋結果的相關內容。

設計具備搜尋功能的代理 (agent)

我們準備利用以上的資訊, 幫上一章設計的代理加上搜尋工具:

step 01 請沿用上一章讓 agent 判斷流程的腳本, 建立新的 webhook 並設定 LINE 通道。

Tip
如果上一章沒有跟著內容實作, 也可以匯入範例檔中 ch06 下的**讓 agent 判斷流程.json** 檔, 並且幫其中的 LINE 模組新增 webhook 並設定 LINE 通道與 OneDrive 通道。另外, 你也需要依照 6-3 節描述工具的段落建立所需的資料結構。

step 02　修改 OpenAI 模組中 System 角色的訊息內容，加上如下搜尋工具的描述：

> 工具名稱：搜尋網頁
> 工具說明：可以依據提供的關鍵字搜尋網路上的資訊，並且將搜尋結果提供給你
> 工具參數：要搜尋的關鍵字

❶ 按一下 OpenAI Create a Completion 模組後選取正確的連線

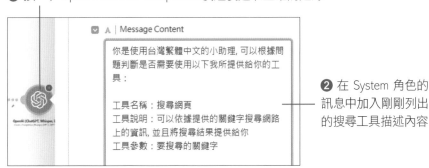

❷ 在 System 角色的訊息中加入剛剛列出的搜尋工具描述內容

step 03　加入處理搜尋工具的路徑：

❶ 按一下 Router 模組新增路徑　　❸ 輸入路徑名稱 "進行搜尋"

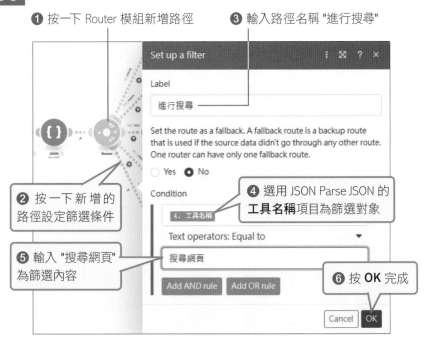

❷ 按一下新增的路徑設定篩選條件

❹ 選用 JSON Parse JSON 的 **工具名稱**項目為篩選對象

❺ 輸入 "搜尋網頁" 為篩選內容

❻ 按 OK 完成

step 04 加入進行搜尋的模組：

❶ 按原本的 **+** 新增 **HTTP - Make an API Key Auth request** 模組

❷ 按 **Add** 新增鑰匙圈

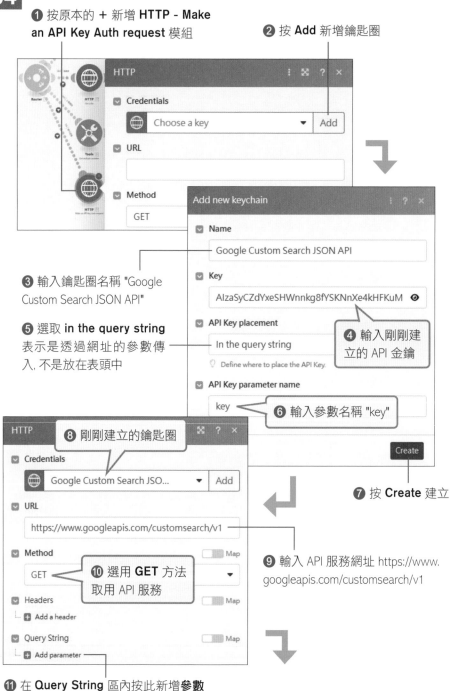

❸ 輸入鑰匙圈名稱 "Google Custom Search JSON API"

❺ 選取 **in the query string** 表示是透過網址的參數傳入, 不是放在表頭中

❹ 輸入剛剛建立的 API 金鑰

❻ 輸入參數名稱 "key"

❽ 剛剛建立的鑰匙圈

❼ 按 **Create** 建立

❾ 輸入 API 服務網址 https://www.googleapis.com/customsearch/v1

❿ 選用 **GET** 方法取用 API 服務

⓫ 在 **Query String** 區內按此新增**參數**

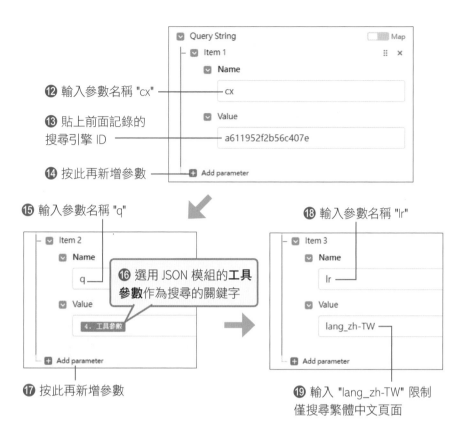

⑫ 輸入參數名稱 "cx"

⑬ 貼上前面記錄的搜尋引擎 ID

⑭ 按此再新增參數

⑮ 輸入參數名稱 "q"

⑯ 選用 JSON 模組的**工具參數**作為搜尋的關鍵字

⑰ 按此再新增參數

⑱ 輸入參數名稱 "lr"

⑲ 輸入 "lang_zh-TW" 限制僅搜尋繁體中文頁面

step 05 加入記錄搜尋結果的模組：

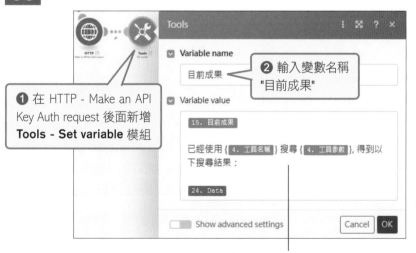

❶ 在 HTTP - Make an API Key Auth request 後面新增 **Tools - Set variable** 模組

❷ 輸入變數名稱 "目前成果"

❸ 如圖輸入變數內容

這樣就幫原本的代理加上了搜尋網路的工具, 接著就來測試看看：

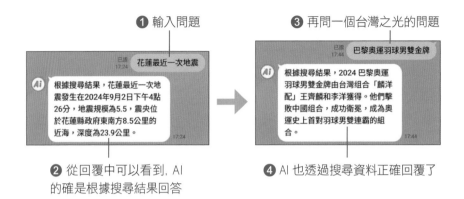

❶ 輸入問題

❸ 再問一個台灣之光的問題

❷ 從回覆中可以看到, AI 的確是根據搜尋結果回答

❹ AI 也透過搜尋資料正確回覆了

要特別留意的是, 如果沒有明確表示時間點, OpenAI 的模型常常會因為訓練資料只到 2023 年 10 月, 而認為當前的年份是 2023, 在產生搜尋的關鍵字時可能會出錯, 例如：

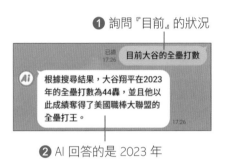

❶ 詢問『目前』的狀況

❷ AI 回答的是 2023 年

如果我們查看 AI 建議的搜尋關鍵字：

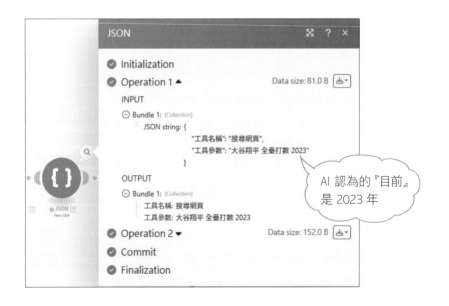

AI 認為的『目前』是 2023 年

我們可以把搜尋工具的描述
修改如下：

刻意提醒目前年份
不是 2023 年 ——

重新測試看看：

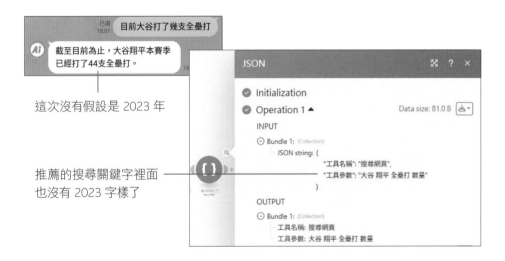

這次沒有假設是 2023 年

推薦的搜尋關鍵字裡面 ——
也沒有 2023 字樣了

7-4 需要額外步驟才能使用的應用

有些應用雖然 make.com 有提供，但是使用前也必須進行額外的步驟，
而不是在 make.com 中建立連線就可以使用，其中大家最可能用到的就是
Google 服務。假設你是正在招募員工的主管，人資可能每天會轉寄大量的
求職者履歷信件給你，為了避免每一封信打開來篩選，你可以透過自動化的
腳本，定時從 Gmail 收取新郵件，並且請 AI 幫你摘要信件內容，再透過 LINE
傳送給你。

使用 Gmail 應用

以下我們就嘗試完成上述功能的腳本, 請先建立新的腳本, 然後加入檢查 Gmail 是否收到新郵件的模組：

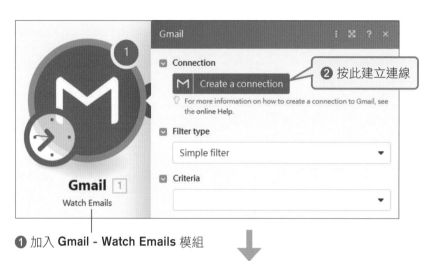

❶ 加入 Gmail - Watch Emails 模組

❷ 按此建立連線

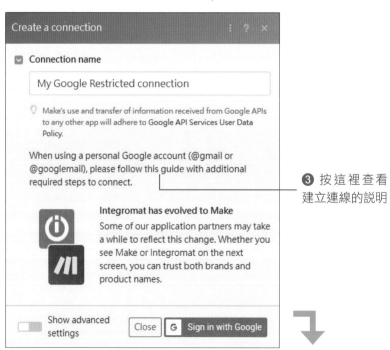

❸ 按這裡查看建立連線的說明

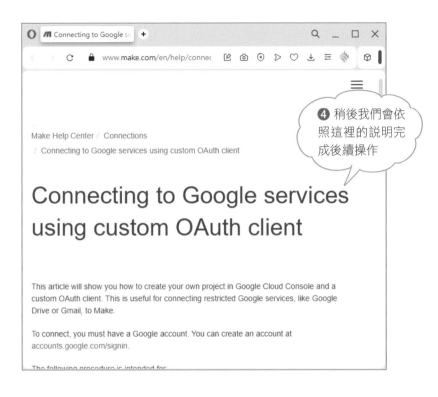

這個網頁詳細說明了使用 Google 服務需要進行的步驟, 後續操作中有些資料可以從這個網頁複製, 避免輸入錯誤。接著就要先離開 make.com, 完成 Google 服務設定的相關步驟後才會再回到 make.com 繼續, 請不要關閉 make.com 網頁。

如果你只需要使用 Gmail 服務, make.com 上有單獨的程序可參考 (https://reurl.cc/yvLrgE), 基本程序都與稍後要進行的步驟相同, 只是缺少 Google 雲端硬碟相關 API 的設定。

建立 Google Cloud Console 專案

由於 Gmail 等 API 服務是以**專案**為單位授權, 而不是直接授權給某個帳戶, 你可以把專案視為是一個被**侷限僅有特定授權**的**分身**帳號。因此要讓 make.com 可以連接 Gmail 服務, 第一步就是要在 Google Cloud Console 上建立專案:

step 01 請連接到 https://console.cloud.google.com/:

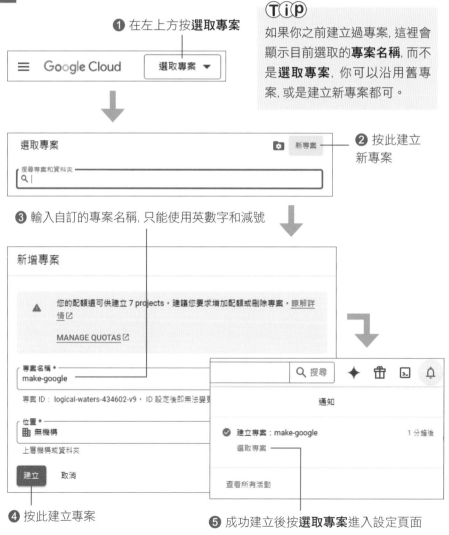

① 在左上方按**選取專案**

Tip
如果你之前建立過專案, 這裡會顯示目前選取的**專案名稱**, 而不是**選取專案**, 你可以沿用舊專案, 或是建立新專案都可。

② 按此建立新專案

③ 輸入自訂的專案名稱, 只能使用英數字和減號

④ 按此建立專案

⑤ 成功建立後按**選取專案**進入設定頁面

啟用 Gmail API

建立好專案後, 要針對該專案啟用 Gmail API:

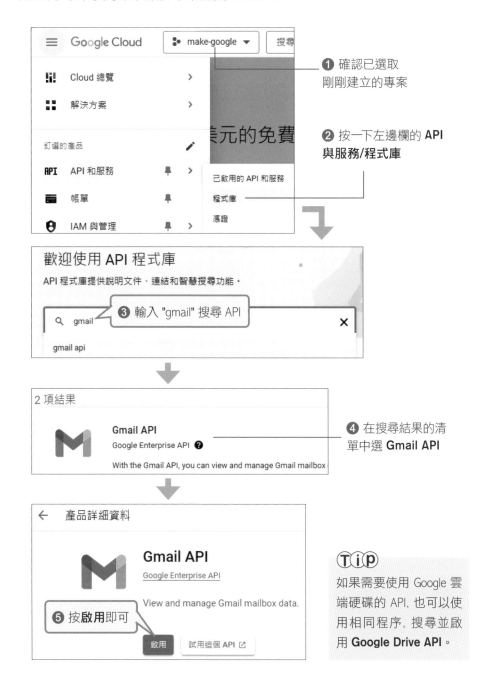

❶ 確認已選取
剛剛建立的專案

❷ 按一下左邊欄的 **API
與服務/程式庫**

❸ 輸入 "gmail" 搜尋 API

❹ 在搜尋結果的清
單中選 **Gmail API**

❺ 按**啟用**即可

Tip
如果需要使用 Google 雲
端硬碟的 API, 也可以使
用相同程序, 搜尋並啟
用 **Google Drive API**。

設定同意畫面

建立好專案後, 實際建立連線的過程中, 還會出現授權畫面, 接續的程序就是要設定相關的細節:

step 01 建立同意畫面:

❶ 在左邊欄按一下 **OAuth 同意畫面**

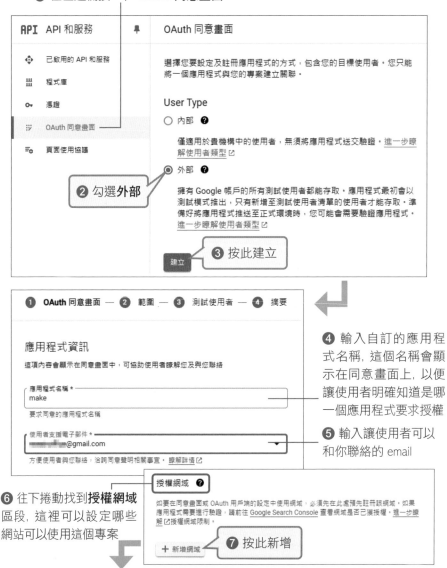

❷ 勾選**外部**

❸ 按此建立

❹ 輸入自訂的應用程式名稱, 這個名稱會顯示在同意畫面上, 以便讓使用者明確知道是哪一個應用程式要求授權

❺ 輸入讓使用者可以和你聯絡的 email

❻ 往下捲動找到**授權網域**區段, 這裡可以設定哪些網站可以使用這個專案

❼ 按此新增

⑧ 先輸入 "make.com"

⑨ 再新增輸入 "integromat.com",
這是 make.com 以前的網址

⑩ 輸入你的 email

⑪ 按此儲存

step 02 設定實際的授權**範圍 (scope)**, 也就是此專案可以使用已啟用 API 的
哪些功能:

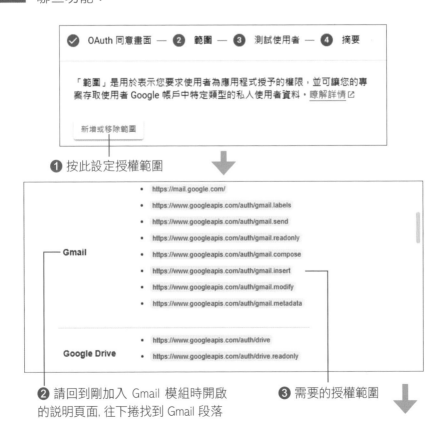

❶ 按此設定授權範圍

❷ 請回到剛加入 Gmail 模組時開啟
的說明頁面, 往下捲找到 Gmail 段落

❸ 需要的授權範圍

④ 從剛剛的頁面上複製 Gmail 的各項授權範圍貼入 (總共 8 項)

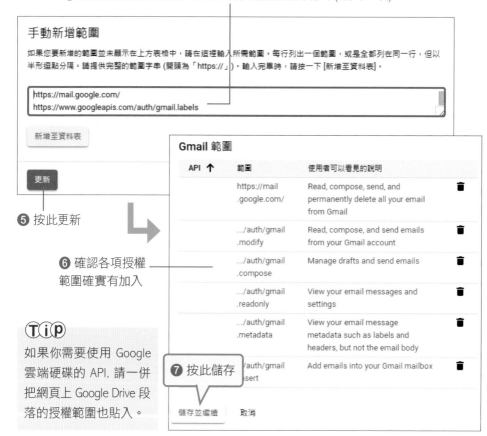

手動新增範圍

如果您要新增的範圍並未顯示在上方表格中，請在這裡輸入所需範圍，每行列出一個範圍，或是全部列在同一行，但以半形逗點分隔。請提供完整的範圍字串 (開頭為「https://」)。輸入完畢時，請按一下 [新增至資料表]。

```
https://mail.google.com/
https://www.googleapis.com/auth/gmail.labels
```

新增至資料表

更新

⑤ 按此更新

⑥ 確認各項授權
範圍確實有加入

Tip

如果你需要使用 Google 雲端硬碟的 API, 請一併把網頁上 Google Drive 段落的授權範圍也貼入。

Gmail 範圍

API ↑	範圍	使用者可以看見的說明	
	https://mail.google.com/	Read, compose, send, and permanently delete all your email from Gmail	🗑
	.../auth/gmail.modify	Read, compose, and send emails from your Gmail account	🗑
	.../auth/gmail.compose	Manage drafts and send emails	🗑
	.../auth/gmail.readonly	View your email messages and settings	🗑
	.../auth/gmail.metadata	View your email message metadata such as labels and headers, but not the email body	🗑
	.../auth/gmail.insert	Add emails into your Gmail mailbox	🗑

⑦ 按此儲存

儲存並繼續　取消

---

step 03 專案建立後預設狀態是**測試**版本, 只允許**預先設定**好的使用者使用。由於此專案只會給我們自己在 make.com 中使用, 並不需要發布成為正式版本供其它人使用, 所以本書都會採用測試版本專案。接著, 就是要設定哪些使用者可以使用這個測試版本的專案:

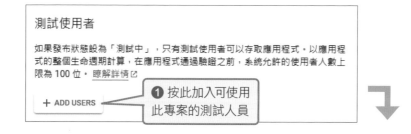

測試使用者

如果發布狀態設為「測試中」，只有測試使用者可以存取應用程式。以應用程式的整個生命週期計算，在應用程式通過驗證之前，系統允許的使用者人數上限為 100 位。 瞭解詳情 ☑

❶ 按此加入可使用
此專案的測試人員

＋ ADD USERS

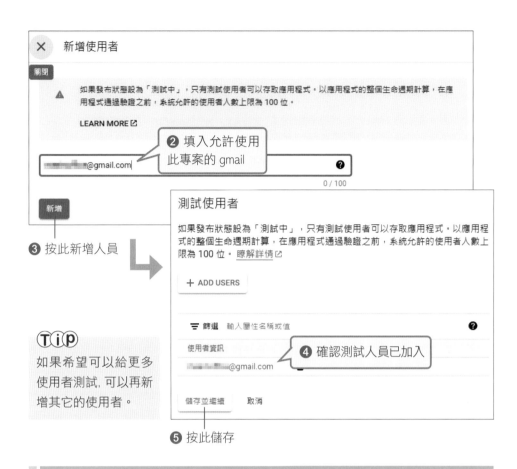

建立憑證

最後一步就是要建立可以讓腳本連線 Google API 時認證身分的憑證：

④ 選**網頁應用程式**類型

④ 選**網頁應用程式**類型

← 建立 OAuth 用戶端 ID

用戶端 ID 可讓 Google 的 OAuth 伺服器識別單一應用程式。如果您的應用程式是在多個平台中運作，每個平台都會需要專屬的用戶端 ID。詳情請參閱設定 OAuth 2.0 [] 的說明。進一步瞭解 [] OAuth 用戶端類型。

應用程式類型 *
網頁應用程式   ▼

名稱 *
make

您的 OAuth 2.0 用戶端名稱。這個名稱只會用於在控制台中識別用戶端，不會向使用者顯示。

⑤ 輸入自訂的名稱

⑥ 按此加入使用者完成授權
程序後要導向的網址

已授權的重新導向 URI ❓

可與網路伺服器發出的要求搭配使用

＋ 新增 URI

注意：設定可能需要 5 分鐘至數小時才會生效

建立   取消

⑦ 輸入 "https://www.integromat.com/oauth/
cb/google-restricted" 回到 make.com

已授權的重新導向 URI ❓

可與網路伺服器發出的要求搭配使用

URI 1 *
https://www.integromat.com/oauth/cb/google-restricted   🗑

＋ 新增 URI

注意：設定可能需要 5 分鐘至數小時才會生效

建立   取消

⑧ 按**建立**

❾ 稍後要填入 make.com 中連線資訊的憑證資料, 可按此複製

在 make.com 中完成 Google API 連線設定

現在我們就可以回到 make.com 繼續剛剛 Google 連線的設定了:

❷ 輸入剛剛憑證中的**用戶端編號**

❸ 輸入憑證中的**用戶端密鑰**

❹ 按此登入你的 Google 帳號

❶ 點開進階設定

G

這個應用程式未經 Google 驗證

您已獲得某個應用程式的存取權，但該應用程式目前正處於測試階段。除非您信任傳送邀請的開發人員，否則請勿繼續操作。

繼續　　　返回安全的位置

❺ 由於我們建立的是測試版的專案，所以授權過程中會出現這個畫面，請按**繼續**

選取要讓「integromat.com」存取的範圍

 閱讀、撰寫、傳送及永久刪除 Gmail 中的所有電子郵件。瞭解詳情 ☑

❻ 記得勾選同意授權後一路同意完成

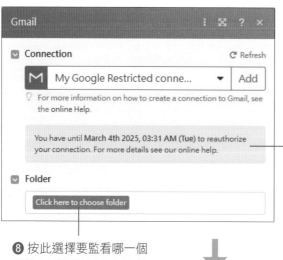

Gmail　　　⋮ ⤢ ? ✕

☑ Connection　　　C Refresh

M My Google Restricted conne...　▼　Add

💡 For more information on how to create a connection to Gmail, see the online Help.

You have until March 4th 2025, 03:31 AM (Tue) to reauthorize your connection. For more details see our online help.

☑ Folder

Click here to choose folder

❼ 測試版本的專案每半年需要重新授權一次，這裡通知你下次授權的時間

❽ 按此選擇要監看哪一個**資料夾 (標籤)** 下的新信件

7-56

⑨ 本例我選最上層的收件夾, 請自行依據需求選取

⑩ 選擇 **Simple filter** 簡易篩選郵件方式, 你也可以選用 Gmail 上設定的篩選器

⑪ 篩選條件設為 **Only Unread emails (僅未讀的郵件)**

⑫ 勾選 **Yes** 設定腳本收取信件後將該信件設為已讀

⑬ 設定每次收信的數量, 預設就是 1 封信

⑭ 按此完成

⑮ 設定從那個時間點起算新信件, 本例設定從現在開始收到的才算是新的信件

⑯ 按此完成

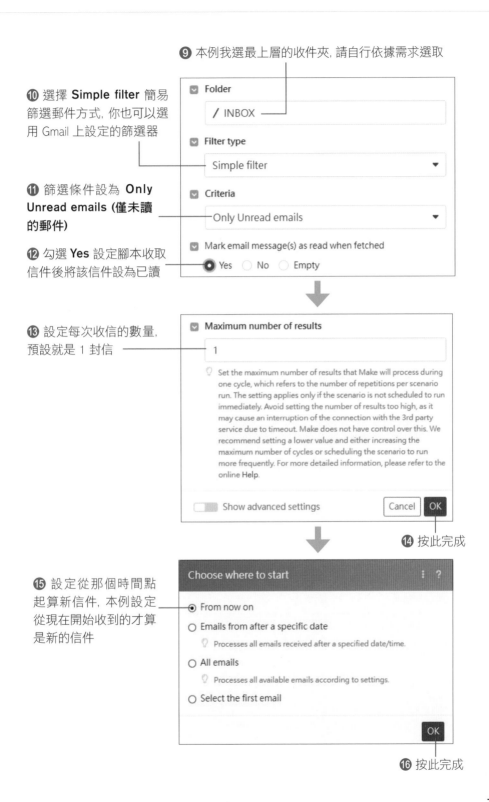

☑ Folder

/ INBOX

☑ Filter type

Simple filter ▼

☑ Criteria

Only Unread emails ▼

☑ Mark email message(s) as read when fetched

● Yes ○ No ○ Empty

☑ Maximum number of results

1

💡 Set the maximum number of results that Make will process during one cycle, which refers to the number of repetitions per scenario run. The setting applies only if the scenario is not scheduled to run immediately. Avoid setting the number of results too high, as it may cause an interruption of the connection with the 3rd party service due to timeout. Make does not have control over this. We recommend setting a lower value and either increasing the maximum number of cycles or scheduling the scenario to run more frequently. For more detailed information, please refer to the online **Help**.

⬜ Show advanced settings   Cancel   **OK**

Choose where to start   ⋮ ?

● From now on

○ Emails from after a specific date
  💡 Processes all emails received after a specified date/time.

○ All emails
  💡 Processes all available emails according to settings.

○ Select the first email

OK

這樣就完成了 Gmail 連線的設定, 我們可以先寄一封信到你剛剛同意授權的 Google 帳號, 然後進行測試:

① 在模組上按滑鼠右鍵選
Run this module only

② 收到一封信

③ 信件標題在 **Subject**
資料項目

④ 信件內容的純文字版本
在 **Text Content** 項目

此模組輸出的資料包內有信件相關的個別資料項目, 這裡我們就不細講, 只要先確認模組可以正確運作, 收到 Gmail 的新信件即可。

設計可摘要信件協助篩選履歷的腳本

現在我們就可以接續完成本節一開始說明的腳本, 加入幫我們摘要信件內容並傳送通知的模組了:

step 01 加入摘要信件內容的 **OpenAI - Create a Completion** 模組, 選好連線設定使用 **gpt-4o-mni** 模型, 並將 token 數量限制設為 0, 再接續以下設定:

❶ 加入如圖的 User 角色訊息, 選用 Gmail - Watch Emails 的 **Text content** 項目

step 02 加入將摘要內容傳送給我們的 LINE 模組:

❷ 選好連線

❶ 加入 **LINE - Send a Notification** 模組　　❸ 選用 OpenAI - Create a Completion 的 **Result** 項目為訊息內容

step 03 完成後請再次寄一封信到你的信箱, 本例測試時我傳送了一封 104 人力銀行的履歷, 然後按 **Run once** 執行腳本一次:

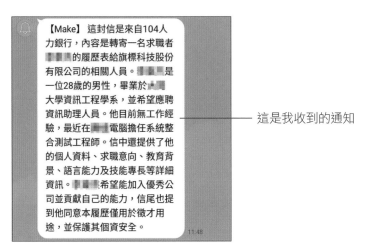

— 這是我收到的通知

> 如果剛寄送信件就執行腳本, 可能會收不到信, 請稍待片刻後再重新執行腳本。

　本例只是單純請 AI 摘要信件內容, 如果你很重視應試者的專案經驗, 也可以讓 AI 把履歷中有明確提到專案的部分摘要出來, 並且限制只有提到專案內容的履歷才發出通知給你。

CHAPTER **8**

幫 AI 加入記憶、
RAG、程式能力

到目前為止, 我們已經嘗試設計了多種不同場景的 AI 自動化
流程, 不過如果你是 ChatGPT 的付費用戶, 可能會發現有些
ChatGPT 可以處理的事情, 像是上傳 PDF 檔並詢問檔案的內容,
或者是請 ChatGPT 寫程式解決問題, 腳本似乎都做不到。在這
一章中, 就要強化 AI 自動化流程, 加入更多厲害的功能。

8-1 擁有記憶的 AI 大腦

　　假設你是人資單位的工作人員, 在應徵新人的時候, 希望可以讓應徵人員
進行簡單的性格分析, 學過前面幾章的內容後, 你可能會想要設計一個聊天
機器人, 幫你完成性格分析。以下我們就以最簡單的**霍蘭德職業興趣量表
(RIASEC)** 為例：

Tip

為了方便測試, 本書選擇題數較少的霍蘭德職業興趣量表, 你也可以換成例如 MBTI 人
格測試等等。不過語言模型有它的不確定性, 若要應用在正式用途, 請多測試確認適
用性, 並瞭解可能的風險。

step 01　建立一個新的腳本, 加入 **LINE - Watch Events** 模組, 建立 webhook
並設定 LINE 通道。

step 02　加入 **OpenAI - Create a Completion** 模組, 選用 **gpt-4o-mini** 模型,
並且將 **Max Tokens** 設為 0, 再加入以下訊息：

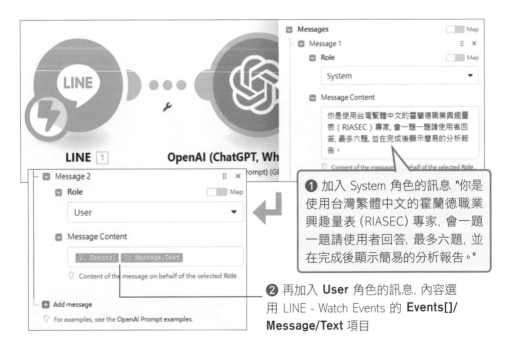

❶ 加入 System 角色的訊息 "你是
使用台灣繁體中文的霍蘭德職業
興趣量表 (RIASEC) 專家, 會一題
一題請使用者回答, 最多六題, 並
在完成後顯示簡易的分析報告。"

❷ 再加入 **User** 角色的訊息, 內容選
用 LINE - Watch Events 的 **Events[]/
Message/Text** 項目

step 03 最後加入回覆 LINE - Send a Reply Message 模組, 選好連線, 再如下設定:

❶ 設定回覆令牌

❷ 選用 OpenAI Create a Completion 的 **Result** 項目為訊息內容

step 04 接著就可以測試看看了, 請先儲存腳本, 再定時執行腳本, 以便能夠連續輸入訊息測試:

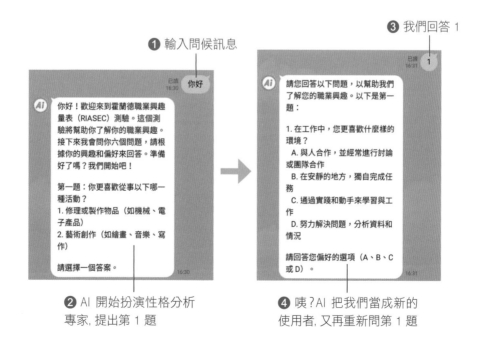

❸ 我們回答 1

❶ 輸入問候訊息

你好！歡迎來到霍蘭德職業興趣量表 (RIASEC) 測驗。這個測驗將幫助你了解你的職業興趣。接下來我會問你六個問題, 請根據你的興趣和偏好來回答。準備好了嗎? 我們開始吧!

第一題: 你更喜歡從事以下哪一種活動?
1. 修理或製作物品 (如機械、電子產品)
2. 藝術創作 (如繪畫、音樂、寫作)

請選擇一個答案。

請您回答以下問題, 以幫助我們了解您的職業興趣。以下是第一題:

1. 在工作中, 您更喜歡什麼樣的環境?
   A. 與人合作, 並經常進行討論或團隊合作
   B. 在安靜的地方, 獨自完成任務
   C. 通過實踐和動手來學習與工作
   D. 努力解決問題, 分析資料和情況

請回答您偏好的選項 (A、B、C 或 D)。

❷ AI 開始扮演性格分析專家, 提出第 1 題

❹ 咦? AI 把我們當成新的使用者, 又再重新問第 1 題

之所以會得到上述結果, 是因為模型並不會幫我們記住前面的對話內容, 每一次的問答都是獨立的, 因此剛剛雖然已經開始性格測驗的第 1 題, 但是下一次仍被當成新的問答, 重新開始性格測驗, 永遠都問第 1 題了。

使用 Assistants API 自動記憶對話過程

為了解決模型無法記憶對話的問題, OpenAI 提供有另外一組 API, 稱為 **Assistants API**, 包含許多擴增 AI 的功能, 協助我們更方便設計自動化流程, 其中最基本的功能就是記憶對話過程。Assistants API 的架構如右:

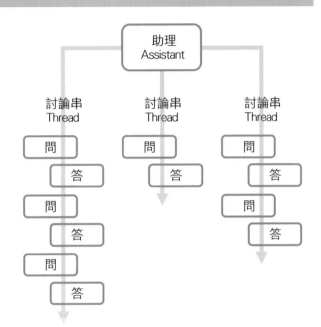

- **助理 (Assistant)**: 使用 Assistants API 必須先建立**助理**, 並選用模型。建立助理時必須清楚描述助理的功能、限制條件、輸出格式等等, 之後對談時都會自動代入這些內容, 不需要重複傳送。

- **討論串 (Threads)**: 每個助理可以開啟任意數量的討論串, 每個討論串會記憶各自的問答過程, 互不相干。

OpenAI 提供有使用者介面可以快速建立助理與討論串, 以下就以這一節開始提到的性格分析為例, 說明建立助理與討論串的方法。

在 OpenAI 遊樂園頁面建立助理

OpenAI 提供有一個遊樂園頁面可以方便大家測試不同的 API, 請連到 https://platform.openai.com：

step 01 進入遊樂園頁面：

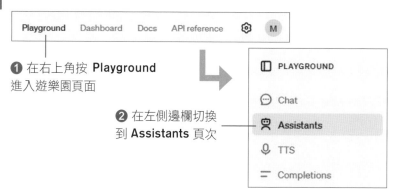

❶ 在右上角按 **Playground** 進入遊樂園頁面

❷ 在左側邊欄切換到 **Assistants** 頁次

step 02 建立助理：

❶ 按此建立新的助理

❷ 輸入助理的名稱 "霍蘭德職業興趣量表 (RIASEC) 專家"

❸ 在 **Instructions(指示)** 欄位輸入助理的功能描述 "你是使用台灣繁體中文的霍蘭德職業興趣量表 (RIASEC) 專家, 會一題一題請使用者回答, 最多六題, 並在完成後顯示簡易的分析報告。"

Tip

你可以把 **Instructions(指示)** 欄位的內容視為前面章節 System 角色的訊息。

❹ 選用 **gpt-4o-mini** 模型

設定完成後就可以直接在頁面上測試：

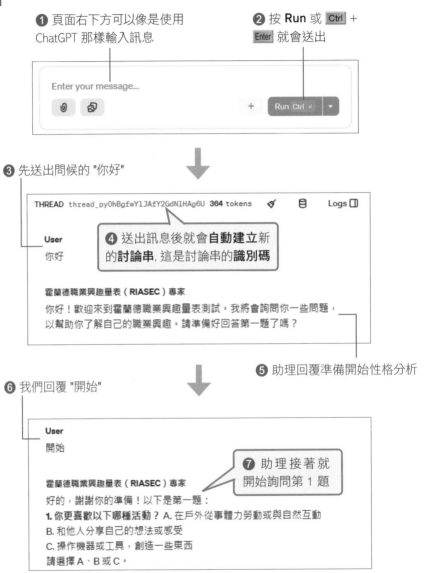

① 頁面右下方可以像是使用
ChatGPT 那樣輸入訊息

② 按 **Run** 或 `Ctrl` +
`Enter` 就會送出

Enter your message...

Run Ctrl ↵

③ 先送出問候的 "你好"

THREAD thread_pyOhBgfwYlJAfY2GdN1HAg6U **364** tokens   Logs

User
你好

④ 送出訊息後就會**自動建立**新
的**討論串**，這是討論串的**識別碼**

霍蘭德職業興趣量表（RIASEC）專家
你好！歡迎來到霍蘭德職業興趣量表測試。我將會詢問你一些問題，
以幫助你了解自己的職業興趣。請準備好回答第一題了嗎？

⑤ 助理回覆準備開始性格分析

⑥ 我們回覆 "開始"

User
開始

⑦ 助理接著就
開始詢問第 1 題

霍蘭德職業興趣量表（RIASEC）專家
好的，謝謝你的準備！以下是第一題：
1. 你更喜歡以下哪種活動？ A. 在戶外從事體力勞動或與自然互動
B. 和他人分享自己的想法或感受
C. 操作機器或工具，創造一些東西
請選擇 A、B 或 C。

你可以看到現在助理很清楚知道前面的對談，可以正確的接續對
話：

User

B

❶ 我們回答第 1 題

❷ 助理明確知道對答過程,所以再出第 2 題

霍蘭德職業興趣量表(RIASEC)專家

謝謝你的回答!接下來是第二題:

2. 在工作中,你更喜歡? A. 解決數學或科學問題

B. 參與社交活動,與人交流合作

C. 進行創意設計或藝術創作

請選擇 A、B 或 C。

感謝你完成所有問題!以下是你的簡易分析報告:

❸ 依序答完 6 題後助理確認完成,同時提供給我們分析報告

分析報告

根據你所選擇的答案,以下是你的職業興趣傾向:

① **社交型(B):** 你對與人交流和幫助他人有強烈的興趣,這意味著你可能喜歡社會服務、教育或照顧他人的工作。

② **分析型(A):** 你對解決問題和分析數據也表現出一定的興趣,這暗示你可能會對需要邏輯思考和技術知識的工作感興趣,如科學研究或技術行業。

結論

你在社交及分析方面的興趣可能適合從事社會服務、教育或相關的職業,同時也具備科技或分析相關工作的潛力。未來可以探索更多與這些興趣相符的職業或活動。

如果你有其他問題或需要進一步的指導,隨時告訴我!

你可以看到因為助理會建立討論串記錄對答過程,每次的問答都會依循脈絡正確的進行性格分析。

在 make.com 設計性格分析測試機器人

make.com 中 OpenAI 應用也提供有 Assistants API 相關的模組,接著就來把之前無法正確完成性格分析的腳本修改成採用剛剛建立的助理:

請沿用本節一開始建立的腳本繼續修改。

step 02 刪除原本的 OpenAI 模組：

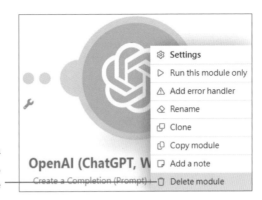

❶ 在 OpenAI - Create a Completion 模組上按滑鼠右鍵後選 **Delete module**

step 03 加入使用 Assistants API 的模組：

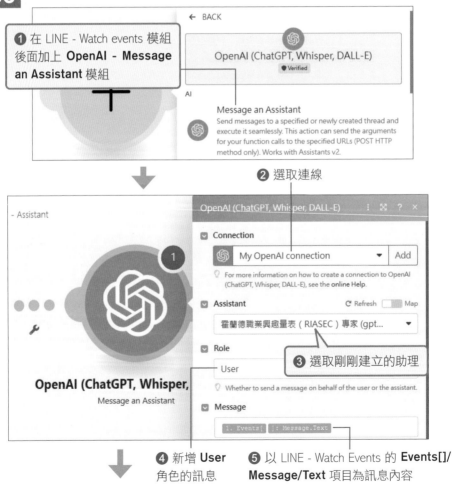

❶ 在 LINE - Watch events 模組後面加上 **OpenAI - Message an Assistant** 模組

❷ 選取連線

❸ 選取剛剛建立的助理

❹ 新增 **User** 角色的訊息

❺ 以 LINE - Watch Events 的 **Events[]/ Message/Text** 項目為訊息內容

6 回到 OpenAI 遊樂園頁面在右側複製討論串識別碼

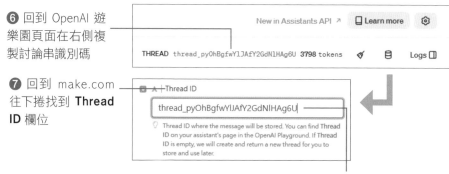

7 回到 make.com 往下捲找到 **Thread ID** 欄位

8 貼上複製的討論串識別碼後按 **OK** 完成

step **04**　修改回覆 LINE 訊息的模組：

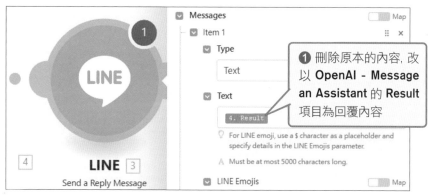

1 刪除原本的內容, 改以 **OpenAI - Message an Assistant** 的 **Result** 項目為回覆內容

step **05**　完成後就可以儲存腳本, 並且以定時執行進行測試：

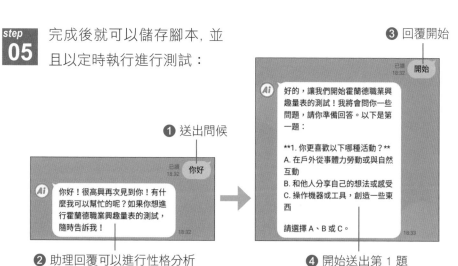

3 回覆開始

1 送出問候

2 助理回覆可以進行性格分析

4 開始送出第 1 題

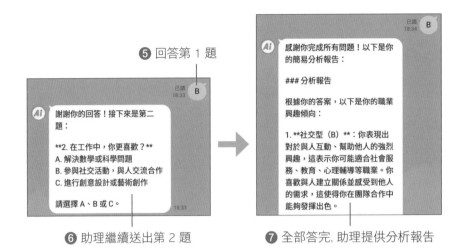

⑤ 回答第 1 題

⑥ 助理繼續送出第 2 題

⑦ 全部答完, 助理提供分析報告

這樣我們就可以設計能夠自動完成性格分析的機器人了, 是不是很簡單呢? 測試過程中, 也可以隨時取消:

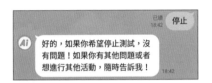

8-2 讓 AI 可以區分不同使用者

現在我們可以設計連續對談的 AI 自動化腳本了, 不過前一節的腳本因為都是使用同一個討論串, 如果同一時間內有不同的使用者與性格分析機器人交談, 就無法區分不同的使用者, 例如以下是兩位使用者同時連線對談的狀況:

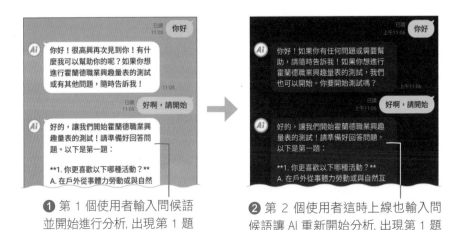

❶ 第 1 個使用者輸入問候語並開始進行分析, 出現第 1 題

❷ 第 2 個使用者這時上線也輸入問候語讓 AI 重新開始分析, 出現第 1 題

❸ 第 1 個使用者回答問題, 接續出現第 2 題　　❹ 第 2 個使用者回答問題, AI 認為是回答第 2 題, 所以接續出第 3 題

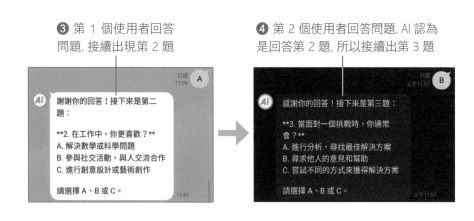

你可以看到因為無法區分使用者, 所以 AI 不管誰回答, 都當成是同一個人的連續對談而接續出題, 導致同時有多個使用者進行分析時大錯亂了。

讓個別使用者擁有專屬的討論串

要解決上述問題, 就必須辨別個別的使用者, 並且為個別使用者建立專屬的討論串:

● **識別使用者**:還記得在第 7 章介紹過在 LINE - Watch Events 模組收到的通知中, **User ID** 項目包含有個別使用者專屬的識別碼, 只要利用這項資料, 就可以區別不同的使用者。

● **建立專屬的討論串**:之前的腳本在 OpenAI - Message an Assistants 模組的 **Thread ID** 欄位填入了我們預先在 OpenAI 遊樂園頁面建立的討論串識別碼, 其實這個欄位如果**留空**的話, 就會自動建立**新的討論串**。

瞭解上述兩點之後, 我們需要完成的就是以下事項:

● 依據 **User ID** 項目判斷是否為新的使用者, 並且為新的使用者建立新的討論串。如果不是新的使用者, 就沿用該使用者第一次對答時建立的討論串。

● 為新的使用者建立新的討論串後, 必須將使用者與新討論串的**識別碼**記錄下來, 以便在下一次對答時可以取得識別碼沿用同一個討論串。

　要做到這兩件事, 必須要能夠記錄每一個使用者的識別碼與對應的討論串識別碼, 在 make.com 中提供有 **Data Store(資料儲存區)** 機制, 可以讓我們儲存一筆一筆的資料, 而且可以自訂每一筆資料內要有哪些欄位。

使用 Data Store(資料儲存區)

　要使用**資料儲存區**, 第一個步驟就是要定義每筆資料內的欄位, 我們會建立一個每筆資料內只有兩個欄位的資料儲存區, 其中一個欄位儲存使用者識別碼, 另一個欄位就儲存該使用者專屬討論串的識別碼。請依照以下步驟完成:

❶ 請選取左側邊欄的 **Data stores**

❷ 按右上角的 **Add data store** 建立資料儲存區

❸ 輸入自訂的資料儲存區名稱 "LINE 使用者與專屬討論串"

❹ 按 **Add** 定義對應個別欄位的資料結構

❺ 輸入資料結構名稱，本例採用與資料儲存區同名以便識別

❻ 按此加入新欄位

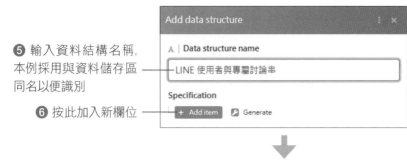

Tip

如果之前章節沒有跟著操作建立過資料結構，這裡就會顯示 **Create a data structure** 按鈕，請按此鈕建立資料結構。

❼ 輸入欄位名稱 "討論串識別碼"

❽ 使用預設的 **Text**，表示是文字類型資料

❾ 在剛剛的交談窗一路按 **Save** 完成即可看到新建立的資料儲存區

❿ 按 **Browser** 瀏覽資料儲存區目前儲存的內容

⓫ 預設就會有的 **key** 欄位，稍後我們會用來儲存使用者識別碼

⓬ 剛剛定義用來儲存討論區識別碼的欄位

要特別注意的是每一個資料儲存區都會有預先建立的 **key** 欄位, 每一筆資料都是以 key 來識別, 不論是要加入新資料或是取得既有的資料, 都要指定 key 來找到所在的那一筆資料。也就是說, 資料儲存區內不會有兩筆資料的 key 欄位內容相同。稍後我們會把 LINE 的使用者識別碼當成 key, 所以剛剛並不需要為使用者識別碼定義欄位。

我們可以測試看看資料儲存區是否可以正確運作:

step **01** 請建立一個新的腳本。

step **02** 加入檢查某筆資料是否存在的模組:

❶ 加入 **Data store - Check the existence of a record** 模組

step **03** 再加入取得指定 Key 的那一筆資料:

❶ 加入 **Data store - Get a record** 模組

step 04　最後加入更新指定 Key 的那一筆資料：

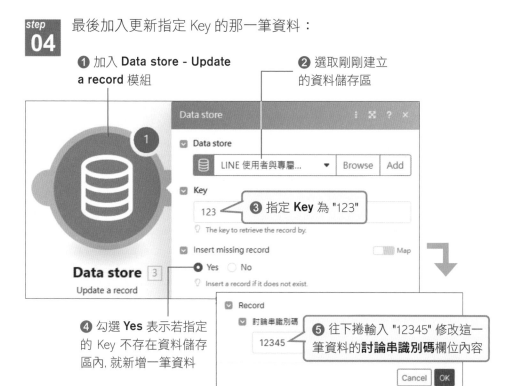

❶ 加入 **Data store - Update a record** 模組

❷ 選取剛剛建立的資料儲存區

❸ 指定 **Key** 為 "123"

❹ 勾選 **Yes** 表示若指定的 Key 不存在資料儲存區內, 就新增一筆資料

❺ 往下捲輸入 "12345" 修改這一筆資料的**討論串識別碼**欄位內容

❻ 按此完成

step 05　完成後就可以測試看看, 請按 **Run once** 執行一次：

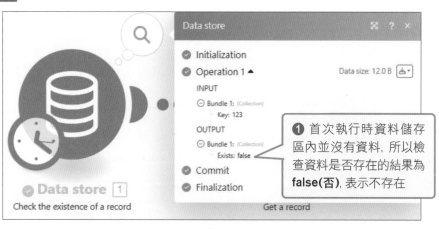

❶ 首次執行時資料儲存區內並沒有資料, 所以檢查資料是否存在的結果為 **false(否)**, 表示不存在

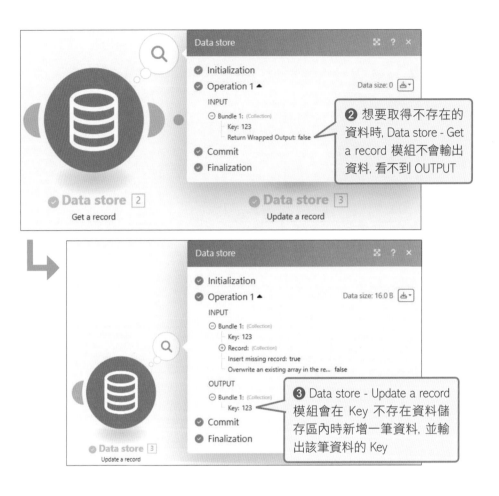

❷ 想要取得不存在的資料時, Data store - Get a record 模組不會輸出資料, 看不到 OUTPUT

❸ Data store - Update a record 模組會在 Key 不存在資料儲存區內時新增一筆資料, 並輸出該筆資料的 Key

重新再按一下 **Run once** 執行第 2 次:

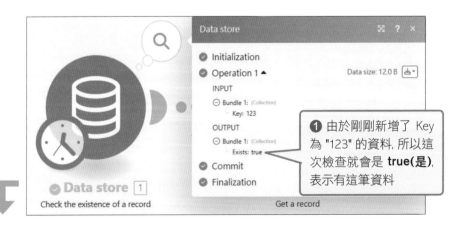

❶ 由於剛剛新增了 Key 為 "123" 的資料, 所以這次檢查就會是 **true(是)**, 表示有這筆資料

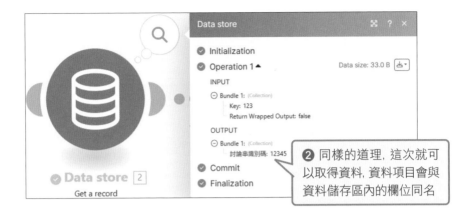

如果回到資料儲存區瀏覽，就會看到新增的這一筆資料了：

	🔑 key	☰ 討論串識別碼
	123	12345

❶ 這是剛剛指定的 Key　❷ 指定的欄位內容

可多人同時使用的性格分析測試機器人

瞭解了資料儲存區的用法後，我們就可以應用到剛剛設計的性格分析測試機器人腳本上了，請如下修改上一節的腳本：

step 01 請在 LINE - Watch Events 模組後新增模組，到資料儲存區檢查是否為新的使用者：

❷ 選擇剛剛建立的資料儲存區

❶ 新增 Data store - Check the existence of a record 模組

❸ 以 LINE - Watch Events 的 **Events[]/Source/User ID** 為 **Key**

接著加入取得使用者專屬討論串識別碼的模組:

❶ 加入 **Data store - Get a record** 模組　❷ 選取剛剛建立的資料儲存區

❸ 一樣以 LINE - Watch Events 的 **Evetns[]/Source/User ID** 為 **Key**

再接續加入判斷是否為新使用者以便稍後建立新的討論串的模組:

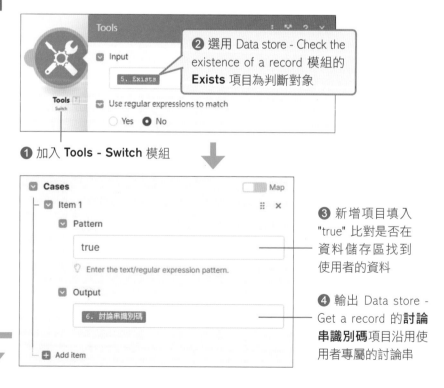

❷ 選用 Data store - Check the existence of a record 模組的 **Exists** 項目為判斷對象

❶ 加入 **Tools - Switch** 模組

❸ 新增項目填入 "true" 比對是否在資料儲存區找到使用者的資料

❹ 輸出 Data store - Get a record 的 **討論串識別碼** 項目沿用使用者專屬的討論串

❺ 這裡留空, 如果資料儲存區中沒有這位使用者的討論串識別碼, 稍後讓 OpenAI - Message an Assistant 模組建立新的討論串

❻ 按 **OK** 完成

step 04 修改指定討論串識別碼的欄位, 以便幫新使用者建立討論串:

❶ 刪除原本的內容改用 Tools - Switch 模組輸出的 **Output** 項目

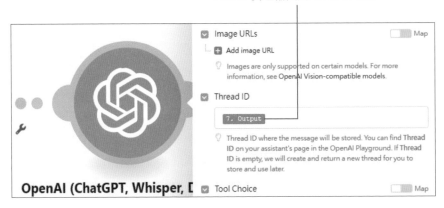

step 05 加入將討論串識別碼存回資料儲存區的模組:

❶ 加入 **Data store/ Update a record** 模組

❷ 選取剛剛建立的資料儲存區

❸ 以 LINE - Watch Events 的 **Events[]/source/User ID** 為 Key

❹ 將 OpenAI - Message an Assistant 模組輸出的
Thread ID 項目存入**討論區識別碼**欄位中

step 06　最後完成的腳本如下圖：

step 07　現在就可以測試看看, 請先儲存腳本, 然後以定時方式執行腳本：

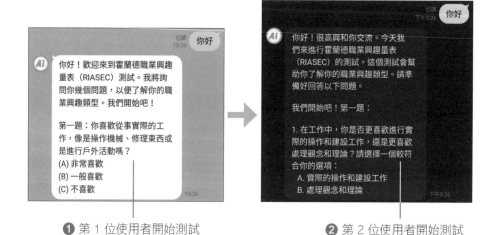

❶ 第 1 位使用者開始測試　　　　❷ 第 2 位使用者開始測試

❸ 第 1 位使用者回答了
第 1 題, 接續顯示第 2 題

❹ 第 2 位使用者也回答了第 1 題,
這裡正確地顯示第 2 題題目

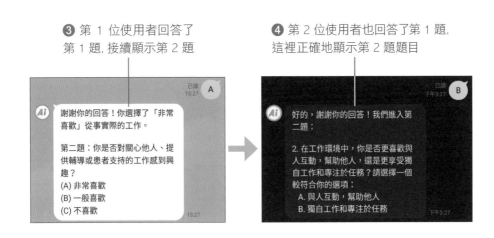

你可以看到因為個別使用者擁有自己專屬的討論串, 彼此的對話內容互不相干, 所以 AI 可以正確地幫不同的使用者進行性格分析。如果瀏覽資料儲存區, 就會看到兩個使用者各自的使用者識別碼以及對應的討論串識別碼:

使用者識別碼　　　　　　　　　　　　　　討論串識別碼

🔑 key	☰ 討論串識別碼
123	12345
U3d0bc93acdb09cc63c5360387f8edf4f	thread_WaW380c0KIaAPJL9gpJkW9Np
U4c152ee0ecb4d689a7eef5fbe9e03153	thread_VPkNF34G8l9tSHmEu1fQKdJY

利用這樣的方式, 就可以讓個別使用者擁有各自的討論串, 非常適用於多人同時使用且需要前後脈絡的連續問答情境。

8-3 能夠查詢檔案內容的 RAG 應用

上一章我們提到過, 在本書撰寫時 OpenAI 的語言模型使用的訓練資料只到 2023 年的 10 月, 因此較新的事實資料並不在語言模型的範圍中, 如果你需要請 AI 處理的問題涉及較新的資料, 像是會隨時間**增修內容**的法律條文, 或者是個人/公司內部才有、**無法公開取得**的資料, AI 就沒轍了。

有些簡單的問題可以透過上一章介紹過的搜尋工具提供新資料給模型參考, 不過搜尋只能得到網頁標題與一小段摘要的**片段**內容, 對於需要參考法律條文等完整文件的情況就不適用。如果有明確的參考文件, 最簡單的作法就是把**整份文件**的內容連同提示一起送給語言模型, 文件不長時效果極佳, 但是如果文件內容很多, 甚至要參考多份文件, 這種作法可能就會耗費大量的 token 數量, 甚至超過限制。

Assistants API 提供有 **File search** 工具, 可以在不需要餵入整份文件給模型的前提下, 提供近似閱讀文件內容參考後再回覆的功能, 這項功能一般也稱為 **RAG**(**R**etrieval **A**ugmented **G**eneration), 也就是藉由**擷取**文件部分內容**擴增**模型知識再**生成**回覆的意思。這一節我們會使用《個人資料保護法》為例, 示範如何使用 File search 工具, 你可以在 https://reurl.cc/g6661X 找到法條, 請從此頁面下載 PDF 格式的文件。

Tip

有關法律相關問題, 語言模型的回覆僅能當作參考, 本節僅是舉例示範如何提供文件給語言模型, 正式用途仍建議參考法律專家意見。

RAG 基本概念

RAG 最基本的概念就是把文件切成片段, 當語言模型收到提示要生成回覆之前, 會先使用數學方法找出和提示內容語意相關的文件片段, 再把這些文件片段連同提示送給語言模型參考後再回覆, 例如:

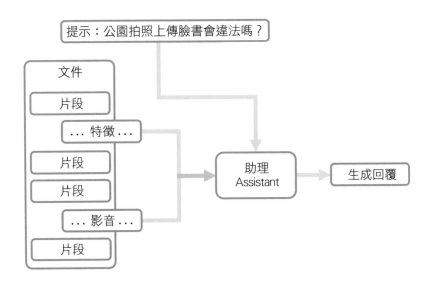

由於提示提到了『拍照』, 所以在文件中找到了內含『特徵』、『影音』等在語意上相關的片段, 再將這兩個片段與提示一併送給助理, 就可以根據文件內相關片段生成比較正確的結果。在這個過程中, 最關鍵的就是兩件事:

- **片段長度**:很顯然片段越長, 涵蓋的內容越多, 可參考性就越高, 但是要送給模型的 token 數量當然就越多。Assistants API 預設會採用 800 個 token 為基準, 再加上重複前一個片段尾端的 400 個 token 的方式切割文件, 之所以要重複前一個片段的尾端, 是為了讓每一個片段都能延續前一個片段的脈絡, 避免硬生生切開可能導致文意不完整的問題。如果覺得預設的切法效果不好, 也可以自訂切法。

● 找出**語意相關**的片段：找尋文件片段時並不是用文字相不相同為條件，而是以語意相關為標準，例如『我好想哭』和『我很開心』雖然字面不同，但都是表達情緒，語意上高度相關。這個步驟會由 Assistants API 幫你完成，對於 gpt-4o 家族的模型，預設會依照語意相關程度，依序找出 20 個文件片段給模型參考。

使用 File search 工具達成 RAG 功能

瞭解了 RAG 的概念後，就可以試試看使用 Assistants API 的 **File search** 工具了，請依照以下步驟建置個人資料保護法專家助理：

step 01 回到 OpenAI API 的遊樂場頁面建立新助理：

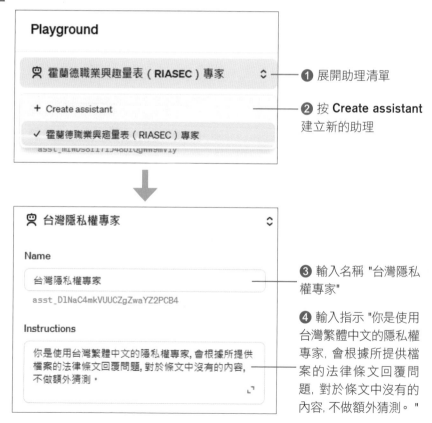

❶ 展開助理清單

❷ 按 **Create assistant** 建立新的助理

❸ 輸入名稱 "台灣隱私權專家"

❹ 輸入指示 "你是使用台灣繁體中文的隱私權專家，會根據所提供檔案的法律條文回覆問題，對於條文中沒有的內容，不做額外猜測。"

step 02 啟用 File search 工具：

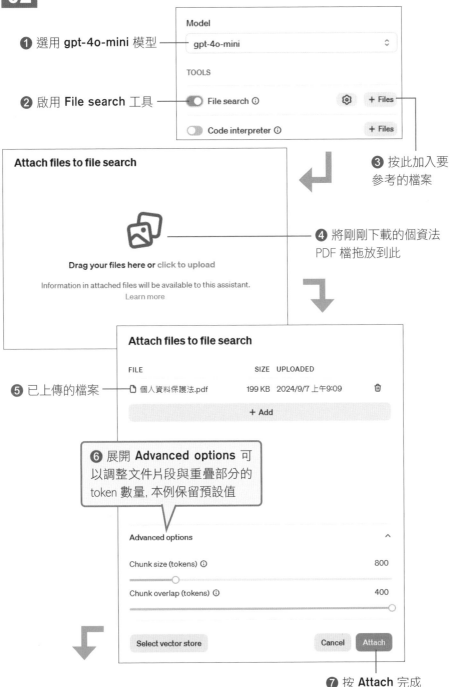

❶ 選用 **gpt-4o-mini** 模型

❷ 啟用 **File search** 工具

❸ 按此加入要參考的檔案

❹ 將剛剛下載的個資法 PDF 檔拖放到此

❺ 已上傳的檔案

❻ 展開 **Advanced options** 可以調整文件片段與重疊部分的 token 數量, 本例保留預設值

❼ 按 **Attach** 完成

⑧ 為此助理自動建立的**向量儲存區 (Vector store)**

Ｔｉｐ

文件片段切割後會經過**嵌入到向量空間(embedding)** 的處理, 從文字形式轉換成數學向量形式的資料後再儲存, Assistants API 會幫你建立專門儲存這種資料的**向量儲存區 (Vector store)**。轉換成數學向量形式有利於快速比較兩段文字之間的語意相關程度, 相關細節都由 Assistants API 幫我們處理, 只要瞭解概念即可。

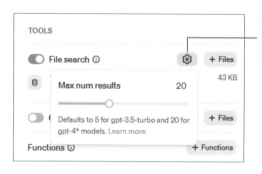

⑨ 按此可以調整取得語意相關的片段數量, gpt-4o 家族模型預設是 20 個

step 03 這樣我們就建立好啟用 File search 工具的助理了, 以下進行測試:

❶ 輸入跟個資法有關的問題

THREAD thread_K6ASena9sziXUJ3EhxR9Ppwz　　　　　✦　　🗄　　Logs ▢

User
我到遊樂園玩拍照上傳臉書, 照片上出現的人留言要求我刪除照片, 這樣合理嗎?

⎾　**Running retrieval**

❷ 助理判斷需要查詢文件, 開始找尋文件中相關的片段

User

我到遊樂園玩拍照上傳臉書,照片上出現的人留言要求我刪除照片,這樣合理嗎?

台灣隱私權專家

根據《個人資料保護法》第3條,當事人有權就其個人資料請求刪除、停止處理或利用該資料 [1]。因此,照片中出現的人如果希望刪除照片,他們的要求是合理的,尤其是如果該照片包含可識別其身份的個人資料。

根據法律規定,個人資料的處理必須尊重當事人的權益,並不得隨意使用或公開他人的個人資料 [2]``[3]。如果對方明確要求刪除出現在照片中的自己,您應該考慮遵守該要求,以避免任何法律問題。

[1][2][3]

❸ 明確指出根據個資法的條文回覆

❹ 用方括號括起來的部分表示引用的根據

台灣隱私權專家

根據《個人資料保護法》第3條,當事人有權就其個人資料請求刪除、停止處理或利用該資料 [1]。因此,照片中出現的人如果希望刪除照片,他們的要求是合理的,尤其是如果該照片包含可識別其身份的個人資料。

根據法律規定,個人資料的處理必須尊重當事人的權益,並不得隨意使用

個人資料保護法.pdf 資料 [2]``[3]。如果對方明確要求刪除出現在照

考慮遵守該要求,以避免任何法律問題。

❺ 將滑鼠移到對應的引用編號上會出現引用文件的檔名 —— [1][2][3]

如果你查看個資法的第 3 條,內容為:

第 3 條
當事人就其個人資料依本法規定行使之下列權利,不得預先拋棄或以特約限制之:
一、查詢或請求閱覽。
二、請求製給複製本。
三、請求補充或更正。
四、請求停止蒐集、處理或利用。
五、請求刪除。

的確就是 [1] 所提到的部分,可見助理確實有查閱文件內容才回覆。

這樣我們就設計了一個可以在需要時查詢參考文件再回覆的助理,你可以把範例中的《個資法》替換成公司內部的規章、或是客戶服務的參考文件,就可以套用在自己需要的場合。

利用 RAG 設計隱私權專家機器人

接著就可以把剛剛設計好的助理套用到聊天機器人上, 設計一個可隨時回答關於個資法的小幫手了:

step 01 請建立一個新的腳本, 加入 **LINE - Watch Events** 模組, 建立新的 webhook, 並建立或設定對應的 LINE 通道。

step 02 加入使用助理的模組:

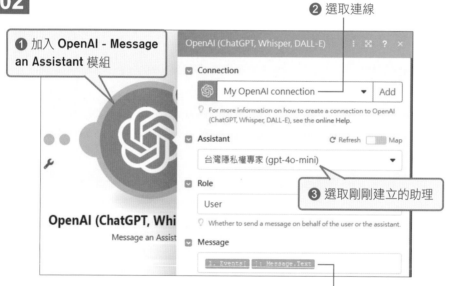

❶ 加入 **OpenAI - Message an Assistant** 模組

❷ 選取連線

❸ 選取剛剛建立的助理

❹ 加入 **User** 角色的訊息, 選取 LINE - Watch Events 模組的 **Events[]/Message/Text** 為內容

step 03 最後加入 LINE - Send a Reply Message 模組回覆訊息, 選取正確的連線並設定回覆令牌, 新增文字訊息, 並以 **Message an Assistant** 模組的 **Result** 項目為內容。完成後的腳本如下:

step **04**　接著就可以測試看看，請按 **Run once** 執行一次腳本：

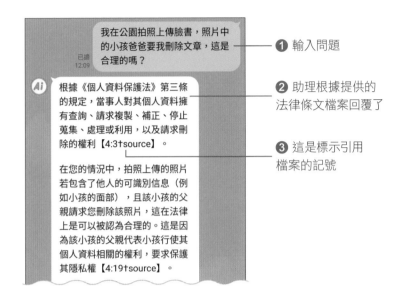

你可以看到現在這個聊天機器人可以透過助理以 RAG 的方式回答相關問題了。

Tip

為了簡化操作步驟，本例採用每次問答建立新討論串的方式，如果你需要記錄對答過程，可以自行在遊樂場頁面建立討論串後，指定使用該討論串，或者也可以依照前一節的說明，為個別使用者建立專屬的討論串。

顯示引用檔案名稱

剛剛的顯示結果中，會穿插著引用文件的標記，也就是 "【4:3†source】" 這樣格式的文字，我們可以回頭觀察 OpenAI - Message an Assistant 模組的輸出結果：

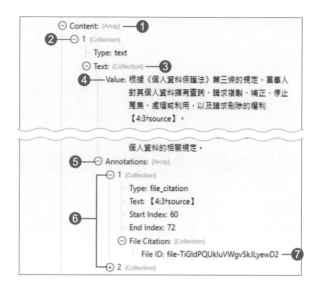

❶ **Content** 陣列是回覆訊息的詳細資訊

❷ 我們的使用情境只會有單一回覆訊息

❸ 文字訊息中的 **Text** 項目就是回覆結果

❹ **Value** 項目是文字內容

❺ **Annoations** 陣列會包含有個別引用標記的資訊

❻ 依照順序對應標記

❼ 這是引用的檔案在系統中的識別碼

你可以看到完整的資訊中只有引用檔案的識別碼, 但是卻沒有真實檔名, 如果想要讓使用者看到引用檔案的檔名, 就必須透過檔案的識別碼取得檔名。不過 make.com 的 OpenAI 應用中只有提供上傳檔案的模組, 並沒有取得檔案資訊的模組, 還好我們在前一章已經學過如何透過 API 補足欠缺模組的方法, 以下我們就到 OpenAI API 文件頁面 (https://platform.openai.com/docs) 找到相關資訊:

```
Response

1 {
2   "id": "file-abc123",
3   "object": "file",
4   "bytes": 120000,
5   "created_at": 1677610602,
6   "filename": "mydata.jsonl",
7   "purpose": "fine-tune",
8 }
```

❺ 在右側可以看到回覆內容的範例，**filename** 項目為檔名

這樣我們就可以透過 OpenAI - **Make an API Call** 模組取得檔名：

step 01 在 OpenAI - Message an Assistant 模組後面加上設定變數的模組，把助理的回覆記下來：

❶ 加入 **Tools - Set variable** 模組　　❷ 輸入變數名稱 "目前結果"

❸ 選用 OpenAI - Message an Assistant 的 **Result** 項目為變數內容

step 02 在剛剛的 Tools - Set variable 模組後加入將 Annotations 陣列循序取出處理的模組：

❶ 加入 **Flow control - Iterator** 模組

❷ 選用 OpenAI - Message an Assistant 輸出的 **Content[]/ Text/Annotations** 陣列為處理對象

Iterator 模組的作用和我們之前使用過的 Repeater 模組類似, 它也會重複接續的流程, 但是是依據陣列內的資料數量, 決定接續流程的重複次數, 每次進入接續的流程前, 會從陣列中取出下一項資料。以剛剛我們觀察到的 annotations 陣列為例, 裡面有兩項資料, 就會重複接續的流程兩次。

step
03 在 Iterator 模組後加入透過 API 取得檔案名稱的模組:

❶ 加入 **OpenAI - Make an API Call** 模組　　　❷ 選取連線

❸ 填入剛剛在 API 文件中看到的網址, 只需要後面路徑的部分 "/v1/files/{file_id}"　　❺ 確認是 **GET** 後按 **OK** 完成　　❹ 把 "{file_id}" 刪除, 置換成 Iterator 模組的 **File Citation/File ID** 項目

Iterator 模組輸出的資料就是本次重複流程時從陣列取出的那一項資料, 所以可以從 Iterator 模組取得檔案識別碼。

step
04 我們需要先測試一次, 以便讓 OpenAI - Make an API Call 取得 API 服務送回的資料, 並據此解析出資料包, 請按 **Run once** 執行一次腳本後, 重新傳送剛剛測試的訊息:

❷ 展開輸出結果的第 1 個資料包

❶ 按一下 OpenAI - Make an API Call 模組右上角的數字泡泡

OUTPUT
⊖ Bundle 1: (Collection)
  ⊖ Body: (Collection)
    object: file
    id: file-TiGIdPQUkluVWgvSkJLyewD2
    purpose: assistants
    filename: 個人資料保護法.pdf
    bytes: 203770
    created_at: 1725671381
    status: processed
    status_details: empty

❸ **filename** 項目的內容就是真實的檔名

step 05 在 OpenAI - Make an API Call 模組後加入取得之前記錄在變數中回覆結果的模組:

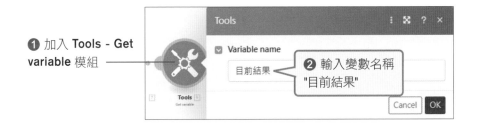

❶ 加入 **Tools - Get variable** 模組

❷ 輸入變數名稱 "目前結果"

step 06 把標記本身以及對應的真實檔名加到回覆內容的最後面:

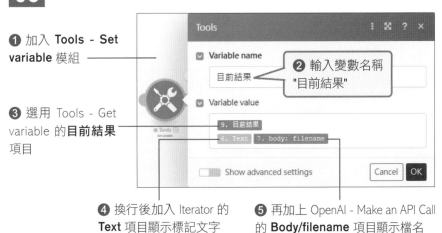

❶ 加入 **Tools - Set variable** 模組

❷ 輸入變數名稱 "目前結果"

❸ 選用 Tools - Get variable 的**目前結果**項目

❹ 換行後加入 Iterator 的 **Text** 項目顯示標記文字

❺ 再加上 OpenAI - Make an API Call 的 **Body/filename** 項目顯示檔名

step 07 在路徑上加入篩選條件，等到陣列內所有資料都處理完才回覆 LINE 訊息：

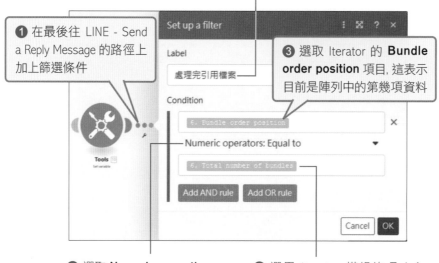

❷ 輸入路徑名稱 "處理完引用檔案"

❶ 在最後往 LINE - Send a Reply Message 的路徑上加上篩選條件

❸ 選取 Iterator 的 **Bundle order position** 項目，這表示目前是陣列中的第幾項資料

❹ 選取 **Numeric operations: Equal to** 比較數值是否相等

❺ 選用 Iterator 模組的 **Total number of bundles** 為篩選內容，這代表陣列內的總資料數

這個篩選條件的意思就是如果剛剛處理的是陣列中的最後一項資料，就往接續流程進行。

step 08 修改回覆 LINE 訊息的模組，改用記錄在變數中的內容回覆：

❶ 改用 Tools - Set variable 模組的**目前結果**項目為訊息內容

最後, 為了預防助理沒有提供引用資訊, 我們要在 Annotations 陣列是空的沒有任何資料的時候直接以助理送回的結果回覆 LINE 訊息:

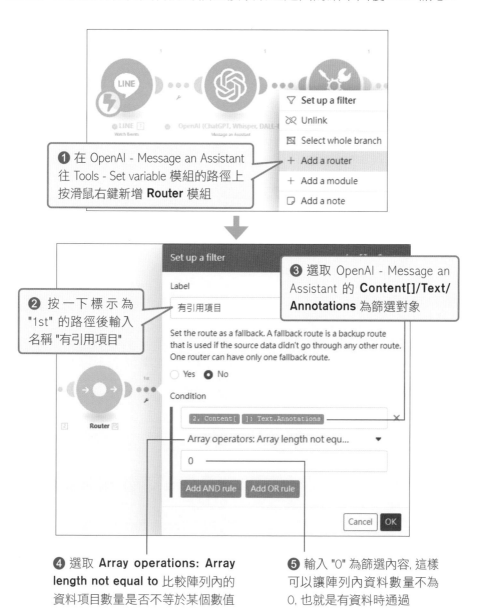

❶ 在 OpenAI - Message an Assistant 往 Tools - Set variable 模組的路徑上按滑鼠右鍵新增 **Router** 模組

❷ 按一下標示為 "1st" 的路徑後輸入名稱 "有引用項目"

❸ 選取 OpenAI - Message an Assistant 的 **Content[]/Text/Annotations** 為篩選對象

❹ 選取 **Array operations: Array length not equal to** 比較陣列內的資料項目數量是否不等於某個數值

❺ 輸入 "0" 為篩選內容, 這樣可以讓陣列內資料數量不為 0, 也就是有資料時通過

Tip

陣列的資料項目數量也和文字內容的字數一樣都稱為 **length(長度)**。

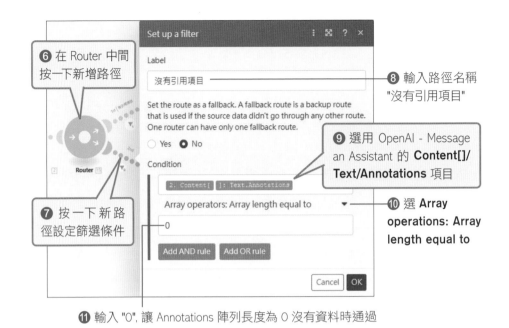

❻ 在 Router 中間按一下新增路徑

❼ 按一下新路徑設定篩選條件

❽ 輸入路徑名稱 "沒有引用項目"

❾ 選用 OpenAI - Message an Assistant 的 **Content[]/ Text/Annotations** 項目

❿ 選 **Array operations: Array length equal to**

⓫ 輸入 "0", 讓 Annotations 陣列長度為 0 沒有資料時通過

step 10 最後完成的腳本如下圖:

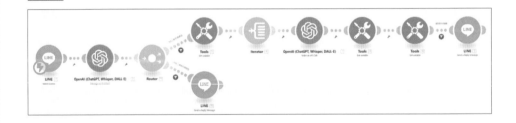

step 11 現在就可以測試看看是不是可以正確顯示檔名, 請按 **Run once** 執行腳本:

回覆訊息最後面會顯示引用檔案的標記以及檔名

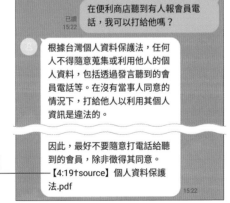

目前的助理雖然只參考了單一個檔案, 所以顯示檔名似乎沒有太大的意義, 不過使用者並不知道實際助理的設定, 顯示引用檔名仍然具有說明意義。

利用文字處理功能把引用標記替換成引用序號

現在雖然已經可以顯示引用文件的檔名, 不過因為引用標記的格式比較複雜, 如果引用標記較多時, 就很難對照查看, 如果可以像是在遊樂園網頁上那樣用順序編號, 就很容易找到引用位置對應的檔案名稱。以下就來改良剛剛的腳本, 讓它以序號方式顯示引用項目:

step 01　我們使用具備置換文字內容功能的模組把引用記號換成序號:

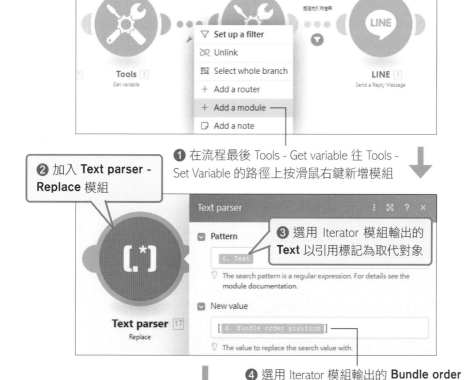

❶ 在流程最後 Tools - Get variable 往 Tools - Set Variable 的路徑上按滑鼠右鍵新增模組

❷ 加入 **Text parser - Replace** 模組

❸ 選用 Iterator 模組輸出的 **Text** 以引用標記為取代對象

❹ 選用 Iterator 模組輸出的 **Bundle order position** 項目用序號取代引用標記

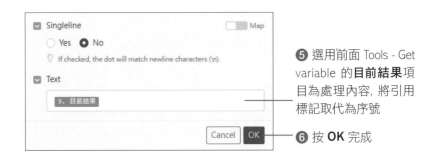

⑤ 選用前面 Tools - Get variable 的**目前結果**項目為處理內容, 將引用標記取代為序號

⑥ 按 **OK** 完成

step
02
最後修改要回覆的訊息 :

① 按一下 Tools - Set variable 模組

② 選用 Text parser - Replace 模組輸出的 **Text** 項目先放入置換過引用標記為序號的結果

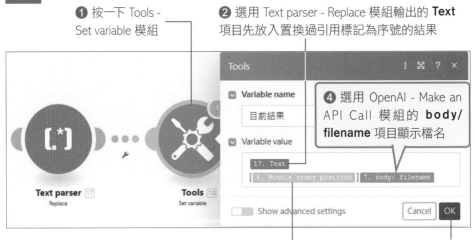

④ 選用 OpenAI - Make an API Call 模組的 **body/ filename** 項目顯示檔名

③ 輸入成對的方括號 [] 後選用 Iterator 的 **Bundle order position** 顯示引用序號

⑤ 按 **OK** 完成

step
03
完成後就可以進行測試, 請 按 **Run once** :

現在只要對照序號 就可以輕鬆找到對 應的引用標記了

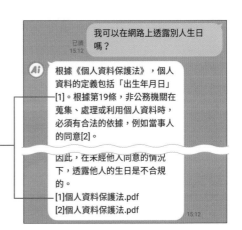

你也可以試看看在遊樂園網頁加入額外的檔案給助理參考，例如以下我加入了另外一份《通訊保障及監察法》(https://reurl.cc/5davLv) 的 PDF 檔：

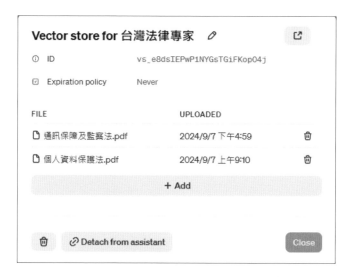

再次執行測試結果如下：

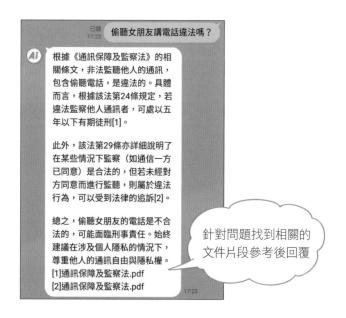

這樣我們就設計了一個利用 RAG 技術擴展 AI 知識範圍的腳本了。

8-4 會寫程式的 AI

　　Assistants API 除了記錄對答過程以及查詢文件外, 還有一項很重要的功能就是它會寫程式, 並且可以在獨立的環境執行寫好的程式, 再根據程式的執行結果回覆。還記得在第 2 章曾經請 AI 檢查社群貼文的照片中是否有人臉嗎？這一節我們要更進一步, 在貼文前請 AI 幫我們把照片中的人臉模糊處理, 避免貼文照片包含人臉的問題。

建立會撰寫程式碼的助理

　　首先就來試看看建立能夠撰寫並執行程式碼的助理：

step 01　　請在 Assistants API 的遊樂園頁面建立新的助理：

❶ 輸入名稱 "會寫程式的小助理"

Playground

🐵 會寫程式的小助理 ◇

Name

會寫程式的小助理

asst_FSwTVPvHFSpS9ZxPNSkNhJMo

Instructions

你是使用台灣繁體中文會寫程式碼的超級小助理

❷ 輸入指示為 "你是使用台灣繁體中文會寫程式碼的超級小助理"

Model

gpt-4o-mini ◇

TOOLS

⊘ File search ⓘ　　　⚙　+ Files

◉ Code interpreter ⓘ　　　+ Files

❸ 選用 **gpt-4o-mini** 模型

❹ 勾選 **Code interpreter** 啟用撰寫並執行程式碼的工具

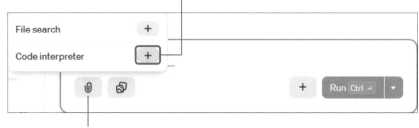

step 02 測試新建的助理：

❷ 按 **Code interpreter** 旁邊的 ＋ 鈕

❶ 在右下角的對話框按迴紋針按鈕加入圖檔

Tip

File search 和 Code interpreter 是兩個獨立的工具, 支援的檔案類型不同, 請切記不要按錯, 否則會讀不到檔案。

❸ 本例我上傳了美美的照片

❺ 輸入提示 "請確認這張照片是否有人臉？如果有, 請直接把面積大的人臉用模糊處理到認不出人臉之後提供給我"

請確認這張照片是否有人臉？如果有, 請直接把面積大的人臉用模糊處理到認不出人臉之後提供給我

📄 IMG_20200607_111205.jpg

❹ 確認圖檔已上傳

❻ 按此送出

User

請確認這張照片是否有人臉？如果有，請直接把面積大的人臉用模糊處理到認
不出人臉之後提供給我

📄 IMG_20200607_111205.jpg

❼ 你會看到助理開始寫程式判斷是否有人臉

code_interpreter

```
1   # 載入新的圖片
2   blur_image_path = '/mnt/data/file-O3eOsql68LyhzTsbYiBEIyrp'
3   blur_image = cv2.imread(blur_image_path)
4
5   # 使用Haar Cascade來檢測人臉
6   blur_gray_image = cv2.cvtColor(blur_image, cv2.COLOR_BGR2GRAY)
7   blur_faces = face_cascade.detectMultiScale(blur_gray_image, scale
8
9   # 檢查是否檢測到人臉
10  blur_faces_found = len(blur_faces) > 0
11  blur_faces_found, blur_faces
```

❽ 助理根據剛剛的程式
執行結果回報找到人臉

會寫程式的小助理

圖片中檢測到有1個人臉。接下來，我會將這個人臉的區域進行模糊處理，直
到認不出來，然後提供處理後的圖片給你。

❾ 撰寫另一個
程式把找到的
人臉模糊處理

code_interpreter

```
1   # 對檢測到的人臉進行模糊處理
2   for (x, y, w, h) in faces:
3       # 提取人臉區域
4       face_region = image_cv[y:y+h, x:x+w]
5
6       # 對人臉區域進行模糊處理
7       blurred_face = cv2.GaussianBlur(face_region, (99, 99), 30)
```

❿ 最後回覆已經處理完成

會寫程式的小助理

處理完成後，已將人臉模糊化的圖片儲存好。你可以下載這張圖片：
下載處理後的圖片

⬇ file-8JjCGPMRilLnLsL2CbG8ALkO ↗

⓫ 按此下載處理好的圖檔

從剛剛的過程還可以發現助理實際上可能會進行多輪的處理，像是上例中就是先找出人臉，然後才模糊人臉，總共進行了兩輪處理，也就是跟 AI 對答兩次，這也是助理的特色，它會像是我們之前設計的代理一樣，把每一輪的結果再送回給 AI，一直到 AI 確認已經完成工作為止。

藉由程式碼的幫忙，新助理不但可以讀取我們提供的檔案，還可以生出新的檔案。你也可以任意更換處理方式，比如說從模糊人臉改成馬賽克、甚至把臉塗黑也可以，只要在提示中描述清楚就可以了。

使用 Google 雲端硬碟相關模組的準備工作

有了剛剛建立的助理，我們就準備來設計一個自動化的腳本，幫我們從 Google 雲端硬碟找出新上傳的檔案，然後交給 AI 幫我們把圖檔中的人臉模糊處理，再把處理好的圖檔上傳回 Google 雲端硬碟。

還記得在前一章使用 Gmail 應用的模組時，必須先建立專案並完成必要的設定步驟，使用 Goolge 雲端硬碟也一樣，不過基本工作在前一章已經完成了，這裡只要補上與 Google Drive 直接相關的步驟即可：

Tip
如果你還沒有照著上一章使用 Gmail 的步驟操作過，請回到 7-4 節跟著操作。

請回到 Google Cloud Console 頁面啟用 Google Drive API：

① 瀏覽 https://console.cloud.google.com 頁面

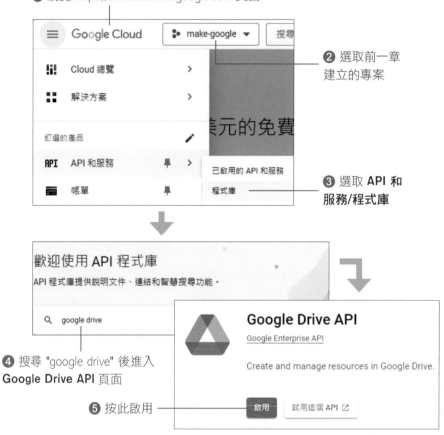

② 選取前一章
建立的專案

③ 選取 **API 和**
服務/程式庫

④ 搜尋 "google drive" 後進入
Google Drive API 頁面

⑤ 按此啟用

新增授權範圍：

① 在左側邊欄選取
OAuth 同意畫面

② 按**編輯**
應用程式

❸ 往下捲到底按**儲存並繼續**

「範圍」是用於表示您要求使用者為應用程式授予的權限，並可讓您的專案存取使用者 Google 帳戶中特定類型的私人使用者資料。瞭解詳情 ☑

新增或移除範圍

❹ 往下捲找到授權範圍區按**新增或移除範圍**

手動新增範圍

如果您要新增的範圍並未顯示在上方表格中，請在這裡輸入所需範圍，每行列出一個範圍，或是全都列在同一行，但以半形逗點分隔。請提供完整的範圍字串 (開頭為「https://」)。輸入完畢時，請按一下 [新增至資料表]。

```
https://www.googleapis.com/auth/drive
https://www.googleapis.com/auth/drive.readonly
```

新增至資料表

❻ 按此新增輸入的範圍　　　　❺ 輸入這兩個授權範圍

Tip

這兩個範圍為 https://www.googleapis.com/auth/drive 與 https://www.googleapis.com/auth/drive.readonly 可以在 https://reurl.cc/NlldQ6 找到, 即可從網頁上複製在貼上, 避免手誤。

⑦ 確認新增
後按**更新**

⑧ 更新後會看到
新增的授權範圍

⑨ 請一路按**儲存並繼續**完成編輯

設計自動模糊人臉的腳本

現在我們就可以利用具備程式功能的助理來設計自動化腳本了, 為了方便後續操作, 請先自行在 Google 雲端硬碟上建立兩個資料夾 img_in 和 img_out, 分別用來放置要模糊人臉的圖檔以及已經處理好的圖檔, 然後再依據如下步驟設計腳本:

step 01 首先建立新腳本, 加入可以檢查 Google 雲端硬碟特定資料夾內新上傳檔案的模組:

❶ 加入 Google Drive - Watch Files in a
Folder 模組檢查特定資料夾內的新檔案　❷ 選取連線

❸ 要求使用者同意新的授權, 請
按此繼續後一路同意完成授權

❹ 選取預先建立的 img_in
資料夾為檢查對象

❺ 保留預設值每次最多
取得 2 個檔案 (你可視
需求自行調整)

❻ 按 OK

❼ 選取從現在開始上傳
的檔案才算是新檔案

❽ 按 OK 完成

加入從 Google 雲端硬碟下載新檔案的模組：

❷ 選取連線

❶ 加入 Google Drive - Download a File 模組

❸ 因為我們在 Google Cloud Console 建立的是測試版專案，這裡會提醒下次重新授權的時間

❹ 選用 Google Drive - Watch Files in a Folder 模組的 File ID 項目

❺ 按 OK 完成

加入上傳檔案到 OpenAI 的模組：

❷ 選取連線

❶ 加入 OpenAI - Upload a File 模組

❸ 選用 Google Drive - Download a File 模組輸出結果為上傳檔案的內容

❹ 這裡一定要選 Assistants 才能讓 Code interpreter 工具使用

❺ 按 OK 完成

step 04 加入請助理模糊圖片中人臉的模組：

❶ 加入 **OpenAI - Messag an Assistant** 模組　　❷ 選取連線

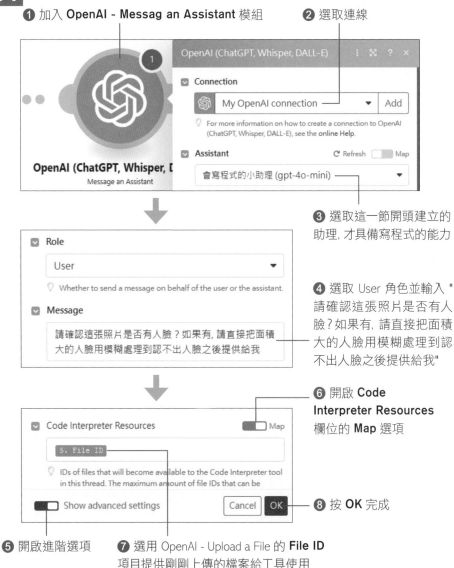

❸ 選取這一節開頭建立的助理, 才具備寫程式的能力

❹ 選取 User 角色並輸入 " 請確認這張照片是否有人臉？如果有, 請直接把面積大的人臉用模糊處理到認不出人臉之後提供給我"

❻ 開啟 **Code Interpreter Resources** 欄位的 **Map** 選項

❽ 按 **OK** 完成

❺ 開啟進階選項　　❼ 選用 OpenAI - Upload a File 的 **File ID** 項目提供剛剛上傳的檔案給工具使用

Tip

雖然在這個交談窗中有 **Image URLs** 欄位可以提供圖檔網址的方式上傳圖檔, 但這種方式上傳的圖檔無法給 Code interpreter 取用。另外, 即使沒有要給 Code interpreter 使用, 目前測試用 Image_URLs 欄位上傳的圖檔似乎也無法讓模型讀取, 如果有需要模型讀取圖檔的應用, 也請改用自行上傳圖檔的方式。

現在我們先來測試看看，讓 OpenAI - Message an Assistant 產生接續的模組設定時需要的資料項目：

❶ 先上傳一張明確有人臉的照片到 Google 雲端硬碟 img_in 資料夾下

❷ 確認檔案已上傳

❸ 按 **Run once** 執行後按一下 OpenAI - Message an Assistant 右上角數字泡泡觀察輸出

❹ 看到處理完畢的訊息

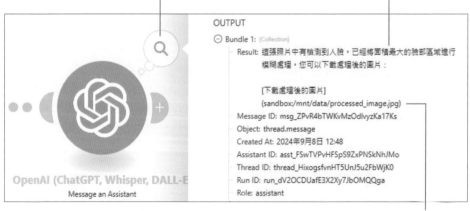

❺ 這裡是模型執行程式碼的內部環境的檔案路徑，我們無法存取

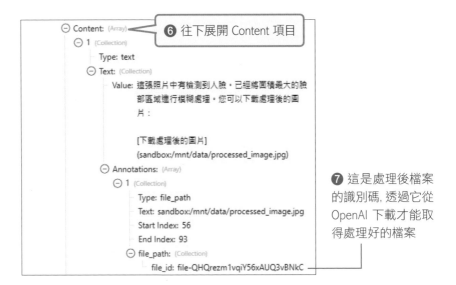

step 06 加上透過剛剛看到的檔案識別碼從 OpenAI 下載檔案的模組, 不過在 OpenAI 應用中並沒有提供下載檔案的模組, 所以我們必須自行透過 API 下載檔案, 首先查看 OpenAI API 的文件:

❶ 連到 https://platform.openai.com/docs 網頁

接著就可以加入下載檔案的模組了：

❶ 加入 **OpenAI - Make an API Call** 模組　　　　**❷** 選取連線

❸ 貼入剛剛文件上看到的 API 服務網址, 只要後面路徑 /v1/files/ 及最後的 /content

❹ 把路徑中的 {file_id} 置換選用 OpenAI - Message an Assistant 模組的 **Content[]/Text/ Annotations[]/file＿path/file＿id** 項目

step 07 設定路徑的篩選條件, 只有在處理到人臉的圖片而建立新檔案時才下載圖檔, 避免回覆時並沒有建立圖檔造成下載檔案錯誤：

❶ 按一下 OpenAI - Message an Assistant 往 OpenAI - Make an API Call 模組的路徑

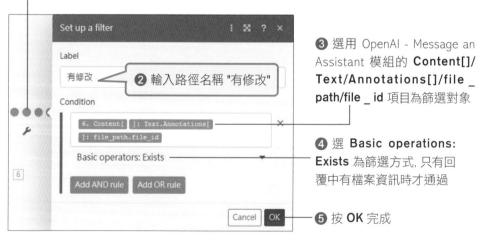

❸ 選用 OpenAI - Message an Assistant 模組的 **Content[]/ Text/Annotations[]/file＿ path/file＿id** 項目為篩選對象

❷ 輸入路徑名稱 "有修改"

❹ 選 **Basic operations: Exists** 為篩選方式, 只有回覆中有檔案資訊時才通過

❺ 按 **OK** 完成

step 08 在流程最後面加入將剛剛從 OpenAI 下載的檔案上傳到 Google 雲端硬碟的模組：

① 加入 **Google Drive - Upload a File** 模組　　② 選取連線

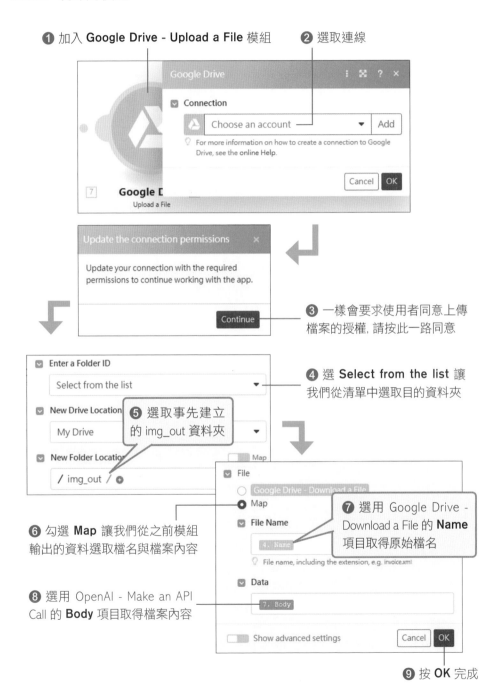

③ 一樣會要求使用者同意上傳檔案的授權, 請按此一路同意

④ 選 **Select from the list** 讓我們從清單中選取目的資料夾

⑤ 選取事先建立的 img_out 資料夾

⑥ 勾選 **Map** 讓我們從之前模組輸出的資料選取檔名與檔案內容

⑦ 選用 Google Drive - Download a File 的 **Name** 項目取得原始檔名

⑧ 選用 OpenAI - Make an API Call 的 **Body** 項目取得檔案內容

⑨ 按 **OK** 完成

step 09 完成後儲存腳本就可以開始測試了, 我一樣上傳剛剛測試時同樣的照片, 然後按 **Run once** 測試:

❶ 確認 img_out 已經出現腳本最後上傳處理過的圖檔後雙按查看

❷ AI 的確幫我們把人臉模糊了

Tip

我們上傳到 OpenAI 的檔案以及 OpenAI 處理過建立的檔案之後就沒有作用了, 如果不想要浪費儲存空間, 可以在腳本最後加上刪除檔案的流程, 不過 OpenAI 應用中也沒有提供刪除檔案的模組, 你可以在 API 文件中找到 **Files/Delete file** 的説明, 自行使用 Make an API Call 模組達成。

這樣我們就完成了自動模糊人臉的腳本了, 是不是很厲害呢？你也可以想想看會寫程式的腳本還可以發揮什麼功能, 像是給它 Excel 檔, 並請它幫你統計資料等等。

有些應用建立的連線只授權一段時間, 過期後就會要求你重新授權, 像是 Google 的應用就是如此, 如果你之後執行建立的腳本失敗, 可以檢查一下模組的設定畫面, 以下以 Google Drive 應用為例:

就必須依照以下步驟到連線清單頁面重新授權:

❶ 在左側邊欄按 **Connections** 切換到連線清單頁面

❷ 找到授權失效的連線　　❸ 按此重新授權

❹ 依照 Google 的授權畫面一路完成授權後這裡會顯示綠色的勾勾

這樣就可以再執行原本會出錯的腳本了。

8-5 Assistants API 的計費方式

Assistants API 雖然很好用, 不過淺藏在它背後的就是費用。首先, 因為它會記錄對答過程, 所以實際上送給模型的提示並不僅僅是你輸入的提示, 這部分在 make.com 裡面看不出來, 我們可以在遊樂園頁面觀察。首先要設定能觀察討論串的內容:

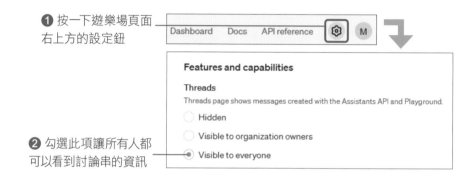

❶ 按一下遊樂場頁面右上方的設定鈕

❷ 勾選此項讓所有人都可以看到討論串的資訊

接著我們在遊樂園頁面作個測試:

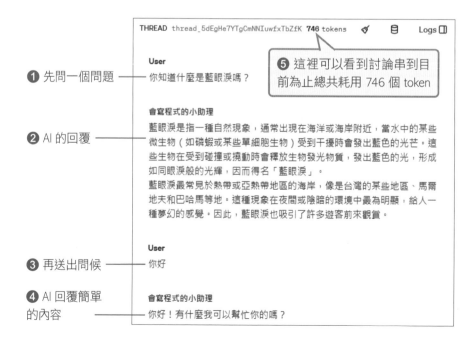

❶ 先問一個問題

❷ AI 的回覆

❺ 這裡可以看到討論串到目前為止總共耗用 746 個 token

❸ 再送出問候

❹ AI 回覆簡單的內容

單純看到 746 個 token 可能沒有太強烈的感受, 我們來看一下詳細的資料：

❶ 切換到 Dashboard 頁次

❷ 切換到 threads 頁次

❸ 選剛剛測試的討論串

❹ 在右側看到詳細資訊

❺ 輸入提示耗用了 519 個 token

你會看到我們兩次問話分別是『你知道什麼是藍眼淚嗎？』和『你好』, 卻耗用了 519 個 token, 這就是因為 Assistants API 會記錄對答過程, 所以第 2 次的『你好』會連帶把第 1 次的『你知道什麼是藍眼淚嗎？』以及 AI 的回覆都送回去給模型, 耗用了較大量的 token 數。這些都會依照選用模型的計價方式計費。

每個討論串預設會以模型的限制為界線, 儲存最多 100,000 筆訊息, 超過時會自動刪減訊息, 你可以透過 OpenAI - Message an Assistant 模組的進階設定調整:

- **Max Prompt Tokens** 可以限制輸入給模型的最多 token 數, 不過如果限制太小, 很可能會造成模型無法順利完成工作。像是前面提到, 自動模糊人臉包含了多輪處理, 如果輸入限制數量太小, 下一輪處理就可能無法傳入足夠的前一輪結果, 自然就無法完成工作了。

- **Truncation Strategy** 可控制超過限制數量時刪減訊息的方法, 預設的 **auto** 會把中間的訊息刪除, 設成 **Last N Messages** 則可以設定筆數, 並且只留下最近的 N 筆訊息。建議最佳的作法是如果你只是需要 File search 或是 Code interpreter 工具的功能, 而不需要對答記錄的話, 就可以開啟新討論串的方式, 節省耗費的 token 數量。

除了訊息本身會計費外, 上傳的檔案也會計算費用, 儲存量超過 1GB 以上時, 每 1 GB 每天的費用是 0.1 美金, 我們測試上傳的檔案其實都很小, 所以並不會超過免費的限制。如果真的很在意檔案儲存量, 可以依照上一節最後的建議, 在腳本最後刪除不再需要的檔案。Code interpreter 則是每次問答有用到 (不管該次執行幾個程式) 時 0.03 美金。

CHAPTER 9

AI 自動化流程
進階應用

現在我們已經學過了 make.com 大部分的機制以及運用 AI 的
方法, 這一章我們會再藉由幾個範例帶大家嘗試 AI 應用的可
能性, 以及可能遇到的問題, 還有就是 make.com 中重要但我們
還沒有使用過的功能。

9-1 使用 AI 設計網路爬蟲

　　如果你是行銷或是產品設計人員, 從網頁上蒐集銷售資訊可能是日常定期的工作事項, 如果沒有適當的工具, 往往就是手工開啟網頁, 然後一筆一筆資料複製貼到試算表。另外一種方法則是學習撰寫爬蟲程式, 但是這牽涉到學習程式設計, 還有網頁 HTML 語言等複雜的技術。現在我們有 make.com 與 AI, 就可以把這項工作設計成自動化流程的腳本, 快速解決問題了。這一節我們將以博客來的銷售排行榜為例, 說明如何自動擷取排行榜上各項產品的資訊。

Tip

有些網頁用本節的方法下載後裡面並沒有在瀏覽器中看到的實質內容, 這是因為這些網頁是在下載到瀏覽器後才由網頁中的 JavaScript 程式碼另外下載資料顯示, 就不適用本節的作法。

使用不同區域機房解決網路連線問題

　　對於銷售資訊技術相關書籍的出版商來說, 博客來網站的 7 日銷售排行榜絕對是必須參考的來源, 它的網址為 https://www.books.com.tw/web/sys_saletopb/books/19?attribute=7, 你也可以輸入短網址 https://reurl.cc/ReLk5G 查看:

這個網頁會列出排名前 100 名的產品，只要能取得網頁內容，就可以進一步請 AI 幫我們彙整擷取出排行榜中各項產品的資訊。首先測試看看是否可以取得網頁的內容：

step 01 請先建立新腳本，加入 HTTP - Make a request 模組：

❶ 填入剛剛的排行榜網址

在模組上按滑鼠右鍵執行 **Run this module only** 測試看看是否可以正常取得網頁：

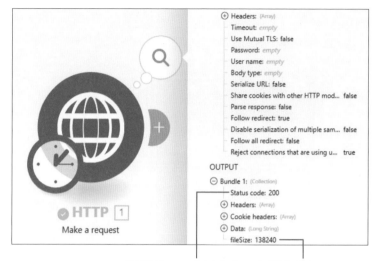

狀態碼 200 表示成功　　網頁內容有 138KB 耶

這樣我們就可以準備設計完整的腳本讓 AI 幫我們彙整資訊了。

如果你測試的結果如下：

這裡説連線錯誤

錯誤訊息 **ETIMEOUT** 意思是 **E**rror **Timeout**, 表示
連線逾時, 也就是超過時間都沒有取得回應

　　這就奇怪了, 明明用瀏覽器開啟網頁都沒有問題, 為什麼模組卻無法連線成功？這很可能是因為註冊帳號時選取了**歐洲地區 (EU)** 的機房, 我自己在測試的時候就遇到過某些網站無法連線成功, 博客來就是其中之一。請跟著以下步驟檢查你的 make.com 機房位置：

❶ 在左上角按 **Oraganization**

❷ 按 **Organization settings**
檢視目前組織的設定

❸ 這裡可以自訂組織的名稱

❹ 機房位置是 EU, 表示使用歐洲的機房, 這個設定無法更改

　　make.com 的帳號可以建立多個組織, 並在組織下建立**團隊 (team)**, 邀請成員, 方便管理開發腳本的使用者。每個組織在建立的時候就會設定要採用的機房位置, 而且這個設定**不能變更**, 因此我們在第 2 章註冊帳號的時候建議大家選 **US** 地區, 就是因為測試過程中遇到無法連上某些網站的問題。

如果你在註冊過程中選到了 **EU** 地區, 可以透過建立新的組織解決無法變更機房的問題, 請跟著以下步驟操作:

Tip

不同組織不會共享腳本, 所以你在 A 組織建立的腳本不會出現在 B 組織的腳本清單中, 如果要在新建立的組織使用預設組織內的腳本, 可以先匯出成藍圖後, 在新建立的組織內匯入, 並且重新建立連線、webhook、鑰匙圈、資料結構以及資料儲存區。另外, 付費方案也是跟著組織, 所以即使你在 A 組織有付費, 切換到 B 組織會變回未付費的用戶。

step 01 建立新的組織:

❶ 按左下角登入圖像

❸ 切換到 **ORGANIZATIONS** 頁面

❷ 選 **Profile** 進入帳號設定頁面

❹ 按 **+ Create a new organization** 建立新組織

❺ 輸入自訂的組織名稱

❻ 選 **US** 區域

❼ 按 **Add** 建立

step 02 建立好組織後, 如果是免費帳戶, 會有同一時間只能執行單一組織腳本的限制, 必須把免費帳號套用到新的組織, 才能執行新組織中建立的腳本, 請繼續完成設定 (付費用戶不需要設定)：

Tip
套用免費帳戶的動作每個月只能做一次, 套用之後, 別的組織就無法執行腳本了, 請特別留意。

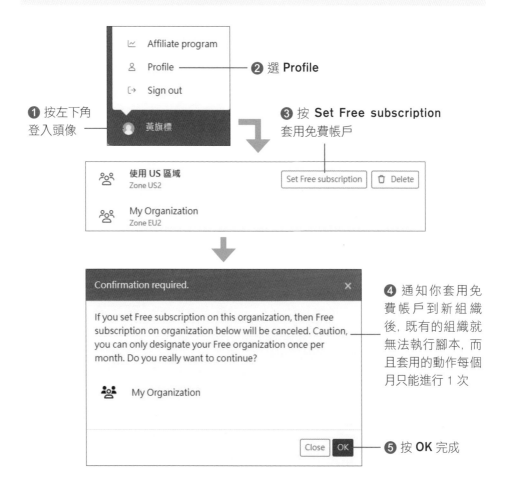

❶ 按左下角
登入頭像

❷ 選 **Profile**

❸ 按 **Set Free subscription**
套用免費帳戶

❹ 通知你套用免費帳戶到新組織後, 既有的組織就無法執行腳本, 而且套用的動作每個月只能進行 1 次

❺ 按 **OK** 完成

step 03 現在就可以在新的組織建立新腳本, 請依照本節一開始的説明加入 HTTP - Make a request 模組測試, 確認可以正確取得博客來排行榜網頁的內容。

用 AI 幫你爬取網頁內容儲存到 Google 試算表

確認可以取得網頁內容後, 就可以設計接續的腳本, 我們會讓 AI 以指定的 JSON 格式整理出排行榜上個別產品的資訊, 再儲存到預先建立名稱為『排行榜』的 Goolge 試算表中:

請跟著以下步驟操作:

step 01 加入將網頁轉成 Markdown 格式減少資料量的模組:

❶ 在 HTTP - Make a request 模組後面加入
Markdown - HTML to Markdown 模組

❷ 選用 HTTP - Make a request 模組輸出的 **Data** 項目為轉換對象

❸ 按 **OK** 完成

step 02 加入從 Markdown 資料取出個別產品資訊的 AI 模組, 本例我們會使用以下的 System 角色訊息指示 AI 幫我們擷取資訊:

你是網頁資料爬取專家, 我會提供一份書籍銷售排行榜網頁轉換成 Markdown 格式的資料, 請幫我從中把所有產品的名次、書名、售價取出, 並依照底下的 JSON 格式給我:

```
{
    books: [
        {
            "名次": "排名數字",
            "書名": "書名",
```
▼

```
         "售價": "售價"
     },
     ...
   ]
}
```

其中 **"..."** 表示有多個項目的意思。提供資料時只要給我 JSON 資料即可，不要在前後加上任何的標記，也不要加上額外的說明文字

接著就可以加入模組了：

❶ 加入 **OpenAI - Create a Completion** 模組　　❷ 選取連線

❸ 選用 **gpt-4o-mini** 模型

❹ 加入 System 角色的訊息，輸入剛剛看到的指示內容

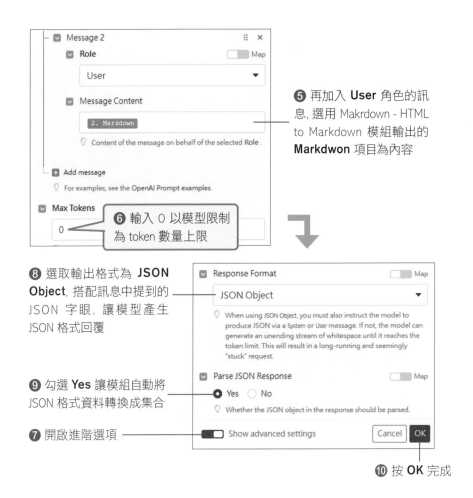

❺ 再加入 **User** 角色的訊息, 選用 Makrdown - HTML to Markdown 模組輸出的 **Markdwon** 項目為內容

❻ 輸入 0 以模型限制為 token 數量上限

❽ 選取輸出格式為 **JSON Object**, 搭配訊息中提到的 JSON 字眼, 讓模型產生 JSON 格式回覆

❾ 勾選 **Yes** 讓模組自動將 JSON 格式資料轉換成集合

❼ 開啟進階選項

❿ 按 **OK** 完成

step **03** 測試看看結果如何, 請按 **Run once** 執行一次腳本:

❶ 模型依照我們的指示生成 books 陣列

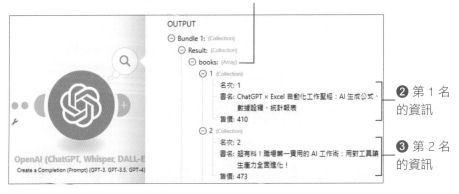

❷ 第 1 名的資訊

❸ 第 2 名的資訊

❹ 往下捲動
可以看到總共
100 名的資訊

step 04 確認可以從 Markdown 資料取得排名 100 名的產品資料後, 最後加上把資料更新到 Google 試算表的模組。使用 Google 試算表比較簡單,不需要像是使用 Gmail 或是 Google 雲端硬碟那樣需要用戶端編號與密鑰:

❶ 加入 **Google Sheet -**
Bulk Update Rows 模組

❷ 選取連線

❸ 按 **ID Finder** 以試算
表名稱取得識別編號

❹ 輸入試算表的
名稱 "排行榜"

Tip
請記得自行先建立試算表。

❺ 按 OK 完成

⑥ 找到指定名稱的試算表會顯示它的識別編號

這個識別編號也可以在開啟試算表後由網址列找到：

🔒 docs.google.com/spreadsheets/d/1-X3x5HQw3C85IIU0kLxB8GhE4kM6vLYtmuAtYFl40gk/|

這裡是試算表的識別編號

⑦ 取消 **Map** 方式, 由清單中選取工作表

⑧ 選取**工作表1**

⑨ 由於有標題列, 所以這裡請它更新 **a2:c101** 這個區域, 共 3 欄 100 列

⑩ 選取 OpenAI - Create a Completion 模組輸出的 **result/books[]** 陣列作為資料來源

⑪ 按 **OK** 完成

Google Sheet - Bulk Update Rows 會從指定的陣列中提取資料, 每項資料更新一列, 該項資料內的個別資料就會對應到該列的個別欄位上, 如此就可以把我們請 AI 整理好的資料儲存到試算表上了。

step 05　完成後請儲存腳本, 再按一次 **Run once** 執行腳本測試:

自動更新的排行榜產品資訊

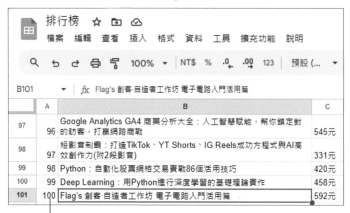

往下捲動可以看到一直到 100 名的資料

Tip

我測試的時候有遇到過模型偷懶, 只取前 20 名的資料, 你也可以改用 gpt-4o 模型, 或者是修改一下我們給 AI 的指示, 把原本指示中的『全部』改成『全部 100 名』之類的字樣, 就會好很多。

　　這樣就設計了一個自動蒐集排行榜的腳本, 你可以看到我們完全不需要知道實際排行榜網頁的細節, 只要跟 AI 清楚描述我們的需求即可。

自動依照日期建立工作表

由於這是 7 天排行榜, 如果你需要定期蒐集資料, 也只需要以定時執行的方式每隔 7 天執行一次, 我們可以採用執行當時的日期時間為名稱自動建立工作表, 以便區別不同日期蒐集的資料:

Tip

這種定期更新的網頁沒有必要頻繁重複讀取, 有些網站會封鎖頻繁讀取的來源端, 請特別留意。

step 01 加入自動建立工作表的模組:

❶ 在 OpenAI - Create a Completion 模組後面加入新模組

❷ 新增 **Google Sheets - Add a Sheet** 模組　❸ 選取連線

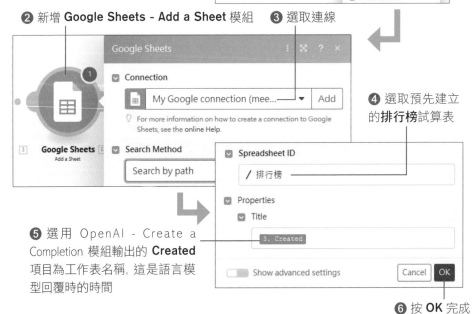

❹ 選取預先建立的**排行榜**試算表

❺ 選用 OpenAI - Create a Completion 模組輸出的 **Created** 項目為工作表名稱, 這是語言模型回覆時的時間

❻ 按 **OK** 完成

由於是以處理時的時間 (到秒數) 為工作表名稱, 可以確保不同時間執行建立的工作表一定不同名, 而且可以清楚蒐集資料的時間點。

step 02 先測試一次, 確認會建立新的工作表, 請按 **Run once** 執行腳本測試, 觀察 Google Sheets - Add a Sheet 模組的輸出內容:

新工作表的識別編號

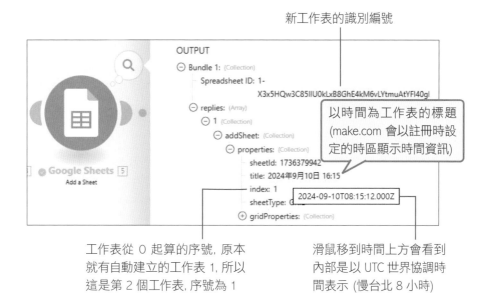

以時間為工作表的標題 (make.com 會以註冊時設定的時區顯示時間資訊)

工作表從 0 起算的序號, 原本就有自動建立的工作表 1, 所以這是第 2 個工作表, 序號為 1

滑鼠移到時間上方會看到內部是以 UTC 世界協調時間表示 (慢台北 8 小時)

回頭查看試算表, 就會看到剛剛由腳本建立的工作表:

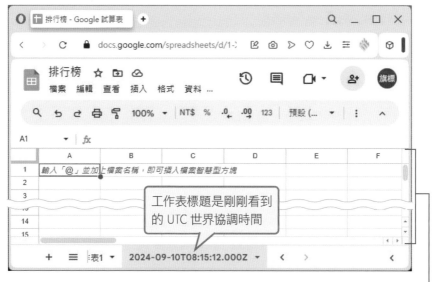

工作表標題是剛剛看到的 UTC 世界協調時間

內容是空的, 因為現在腳本還是把資料儲存到**工作表1** 中

step 03 最後修改腳本將資料儲存到新建立的工作表：

❶ 按一下最後的 Google Sheets - Bulk Update Rows 模組　❷ 改成選用 Google Sheets - Add a Sheet 模組輸出的 **Spreadsheet ID** 項目

❸ 啟用 **Map** 方式

❹ 選用 Google Sheets - Add a Sheet 模組輸出的 **replies[]/addSheet/properties/title** 項目指定工作表名稱

step 04 完成後請儲存腳本, 重新執行 **Run once** 執行腳本後查看新建立的工作表：

以不同的時間標題建立新的工作表　　現在資料儲存到新工作表了

這樣你就可以開啟定時執行, 每 7 天執行一次。還是要提醒免費用戶最多只能有 2 個腳本定時執行, 超過限制就要把其它定時執行的腳本停掉。

9-2 建立自己的 API 服務

現在我們已經設計過許多腳本, 你可能已經發現到, 如果流程中的某些部分要在不同的腳本中用到, 就必須重新加入模組並完成繁複的設定, 如果能把這些重複的部分設計成像是第 7 章看到的 API 服務形式, 就可以使用 HTTP - Make a request 模組執行那一段流程了。這一節我們會以第 7 章的 Google 搜尋為例, 把它變成我們自己專用的 API 服務, 不需要額外設定搜尋引擎 ID 和 API 密鑰就可以取得搜尋結果。

使用 aggregator(聚合器) 彙整並清理資訊

在第 7 章使用 Google 搜尋 API 時, 我們並沒有細究 API 回覆的 JSON 內容, 而是直接將 JSON 內容丟給 AI 處理, 這樣做的好處當然就是簡單, 不過因為 API 回覆的內容包含有許多額外的資訊, 但實際上我們只想要其中每一筆搜尋結果的標題與摘要, 直接把回覆內容丟給 AI 顯然浪費了許多 token 數。

以下我們會先把幫 Google 搜尋的API 加上清理並彙整資訊的瘦身機制, 然後再把整個功能設計成 API 服務的形式:

step 01 先建立新腳本。

step 02 加入使用 Google 搜尋 API 的模組, 這部分若不熟悉, 請回頭參考 7-3 節的內容:

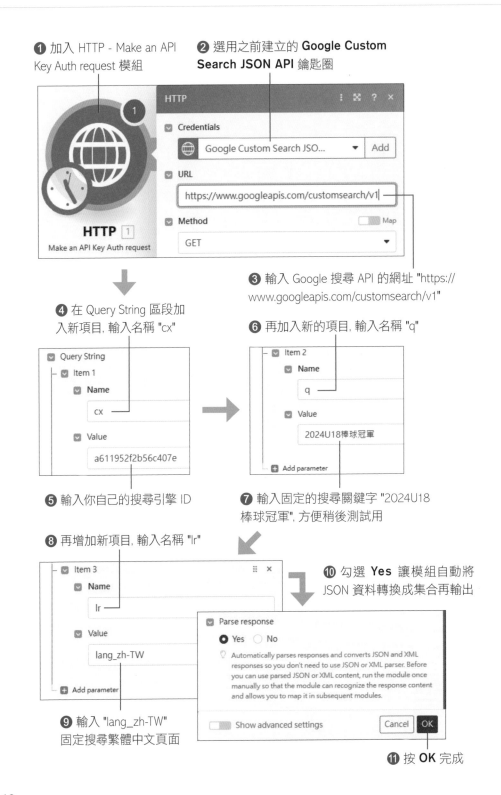

❶ 加入 HTTP - Make an API Key Auth request 模組

❷ 選用之前建立的 **Google Custom Search JSON API** 鑰匙圈

HTTP

Credentials

Google Custom Search JSO...

URL

https://www.googleapis.com/customsearch/v1

Method

GET

HTTP 1
Make an API Key Auth request

❸ 輸入 Google 搜尋 API 的網址 "https://www.googleapis.com/customsearch/v1"

❹ 在 Query String 區段加入新項目, 輸入名稱 "cx"

Query String
Item 1
Name
cx
Value
a611952f2b56c407e

❺ 輸入你自己的搜尋引擎 ID

❻ 再加入新的項目, 輸入名稱 "q"

Item 2
Name
q
Value
2024U18棒球冠軍
Add parameter

❼ 輸入固定的搜尋關鍵字 "2024U18棒球冠軍", 方便稍後測試用

❽ 再增加新項目, 輸入名稱 "lr"

Item 3
Name
lr
Value
lang_zh-TW
Add parameter

❿ 勾選 **Yes** 讓模組自動將 JSON 資料轉換成集合再輸出

Parse response
● Yes ○ No

Automatically parses responses and converts JSON and XML responses so you don't need to use JSON or XML parser. Before you can use parsed JSON or XML content, run the module once manually so that the module can recognize the response content and allows you to map it in subsequent modules.

Show advanced settings   Cancel OK

❾ 輸入 "lang_zh-TW" 固定搜尋繁體中文頁面

⓫ 按 **OK** 完成

step 03　先簡單測試觀察輸出結果, 請在模組上按滑鼠右鍵選 **Run this module only**：

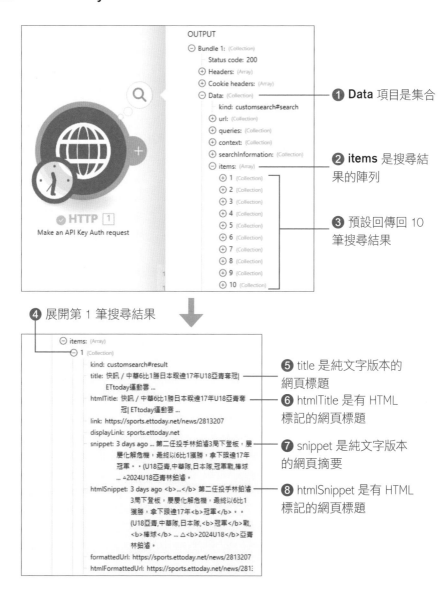

OUTPUT

⊖ Bundle 1: (Collection)
　Status code: 200
　⊕ Headers: (Array)
　⊕ Cookie headers: (Array)
　⊖ Data: (Collection) ─── **❶ Data** 項目是集合
　　kind: customsearch#search
　　⊕ url: (Collection)
　　⊕ queries: (Collection)
　　⊕ context: (Collection)
　　⊕ searchInformation: (Collection)
　　⊖ items: (Array) ─── **❷ items** 是搜尋結果的陣列
　　　⊕ 1 (Collection)
　　　⊕ 2 (Collection)
　　　⊕ 3 (Collection)
　　　⊕ 4 (Collection)
　　　⊕ 5 (Collection)　　**❸** 預設回傳回 10
　　　⊕ 6 (Collection)　　　筆搜尋結果
　　　⊕ 7 (Collection)
　　　⊕ 8 (Collection)
　　　⊕ 9 (Collection)
　　　⊕ 10 (Collection)

❹ 展開第 1 筆搜尋結果

⊖ items: (Array)
　⊖ 1 (Collection)
　　kind: customsearch#result
　　title: 快訊 / 中華6比1勝日本暌違17年U18亞青奪冠 | ETtoday運動雲 ...
　　htmlTitle: 快訊 / 中華6比1勝日本暌違17年U18亞青奪冠 | ETtoday運動雲 ...
　　link: https://sports.ettoday.net/news/2813207
　　displayLink: sports.ettoday.net
　　snippet: 3 days ago ... 第二任投手林鉑渚3局下登板, 屢屢化解危機, 最終以6比1獲勝, 拿下睽違17年冠軍 · · (U18亞青,中華隊,日本隊,冠軍戰,棒球 ... △2024U18亞青林鉑渚。
　　htmlSnippet: 3 days ago <b>...</b> 第二任投手林鉑渚3局下登板, 屢屢化解危機, 最終以6比1獲勝, 拿下睽違17年<b>冠軍</b> · · (U18亞青,中華隊,日本隊,<b>冠軍</b>戰, <b>棒球</b> ... △<b>2024U18</b>亞青林鉑渚。
　　formattedUrl: https://sports.ettoday.net/news/2813207
　　htmlFormattedUrl: https://sports.ettoday.net/news/281:

❺ title 是純文字版本的網頁標題
❻ htmlTitle 是有 HTML 標記的網頁標題
❼ snippet 是純文字版本的網頁摘要
❽ htmlSnippet 是有 HTML 標記的網頁標題

你可以看到搜尋結果中有兩種版本的網頁標題與摘要, 還有其它相關資訊, 但是對於提供給 AI 參考而言, 只需要純文字版本的網頁標題與摘要。我們的下一步就是希望從輸出結果中抽取出這些內容。

step 04 我們可以利用前一章使用過的 Iterator 模組，從剛剛看到的 items 陣列中取出每一筆搜尋結果，再從中取得純文字版本的網頁標題與摘要：

❶ 加入 Flow Control 下的 Iterator 模組

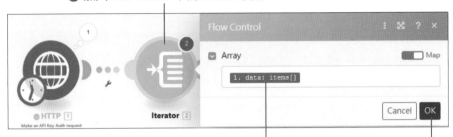

❷ 選用 HTTP - Make a request 模組輸出的 **data/items** 項目作為資料來源重複接續的流程

❸ 按 **OK** 完成

step 05 在 Iterator 的接續流程中，原本應該使用變數功能自行從搜尋結果中不斷串接網頁標題與網頁摘要，不過在 Tools 應用中提供有一個 **Text aggregator** 模組，可以幫我們完成這件事：

❶ 加入 **Tools - Text aggregator** 模組　❷ 選用 **Iterator** 模組為資料來源

Tools

Source Module

Iterator [2]

Text

2. title
2. snippet

❸ 用 Iterator 模組輸出的 **title** 和 **snippet** 項目組成文字內容

Cancel　OK

❹ 按 **OK** 完成

Iterator ②
Tools ③
Text aggregator

HTTP ①
Make an API Key Auth request

Iterator ②

Tools ③
Text aggregator

❺ 你會看到這兩個模組會以灰底的圓形端點長框框起來

這表示 Iterator 的重複流程會與 Tools-Text aggregator 模組串接在一起, 每次 Iterator 從陣列中取出下一筆搜尋結果, 就會執行 Tools - Text aggregator 模組一次, 把網頁標題與摘要如同設定那樣串接在前一次的結果尾端。當 Iterator 結束後, Tools - Text aggregator 的輸出結果就會是 10 筆搜尋結果的網頁標題與摘要串接在一起了。最終的結果就像是 Iteraor 到 Tools - Text aggregator 這一段流程整體是一個模組, 只會輸出一個結果, 然後再往接續的流程進行。

現在我們來測試看看效果：

❶ 按 **Run once** 鈕執行腳本

❷ 由於 Tools - Text aggregator 是轉換資料的模組, 理論上後面應該要接續其它流程, 所以這裡提出警告

❸ 我們只是要測試腳本是否可正常執行, 請按 **Run anyway** 強制執行

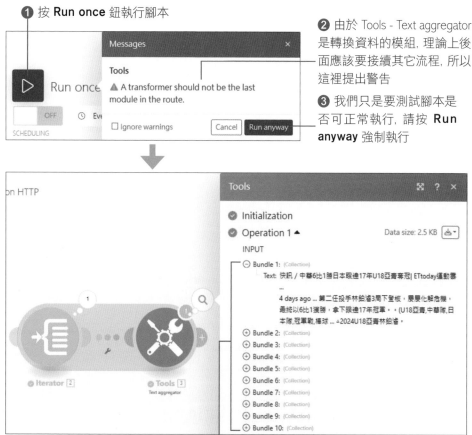

❹ 從輸入可以看到 Iterator 依據 10 筆搜尋結果而送來的 10 個資料包

❺ 輸出結果只有一項資料 **text**, 內容是把 10 筆搜尋結果的網頁標題、摘要串接在一起

```
OUTPUT
⊖ Bundle 1: (Collection)
  ⊖ text: (Long String)
    快訊 / 中華6比1勝日本眼連17年U18亞青奪冠| ETtoday運動雲 ...
    3 days ago ... 第二任投手林鉑渣3局下登板, 展展化解危機, 最終
    以6比1獲勝, 拿下眼連17年冠軍。•(U18亞青,中華隊,日本隊,冠
    軍戰, ... •2024U18亞青林鉑渣.
    U-18世界盃棒球賽- 台灣棒球維基館
    冠軍, 亞軍, 季軍, 總計. 01. XCUB.png, 古巴. 11, 2, 5, 18. 02.
    XUSA.png, 美國. 10, 12, 6 ... 世界大學運動會, 世界大學棒球錦標
    賽. 非洲, 非洲運動會 - 非洲棒球錦標賽.
    Michael Liang | 柯敬賢@2024U18亞青冠軍戰小柯為了去年失去冠
    軍 ...
```

這樣我們就完成了利用 Google 搜尋 API 並清理彙整成單一文字內容的基本流程。

變成可讓所有腳本使用的 API 服務

我們希望剛剛完成的這一段流程可以重複使用在任何腳本中, 這需要依靠 make.com 的 **webhook** 機制。之前範例使用過專門為 LINE 設計的 webhook, 它會提供一個網址, 讓 LINE 通道可以在收到新訊息的時候通知它。這裡的原理也是一樣, 我們會幫剛剛完成的流程加上**客製版本的 webhook**, 以便讓其它腳本可以發出通知表示想要進行搜尋, 並且傳遞要搜尋的關鍵字, 搜尋流程收到通知後, 就可以依據關鍵字完成搜尋, 並且將清理彙整好的搜尋結果送回給要求搜尋的腳本:

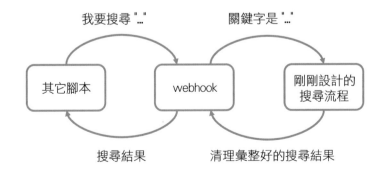

以下就一步步完成讓流程變成 API 服務的步驟:

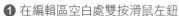

step 01 加入客製版 webhook 模組：

❶ 在編輯區空白處雙按滑鼠左鈕

❷ 加入 **Webhooks - Custom webhook** 模組

❸ 按 **Add** 新增 webhook

❹ 輸入自訂名稱 "建立自己的 API"

這裡可以限制允許使用此 webhook 的 IP，不設定就是開放所有人使用

❺ 按 **Save** 儲存

⑥ 新建立 webhook 的網址, 也就是 API 服務網址, 其它腳本必須透過此網址啟動搜尋的流程

⑦ 告訴我們正在等測試資料, 以便判斷傳送資料的格式

⑨ 按此複製網址

⑧ 會顯示轉圈圈動畫表示正在等候測試資料

step **05** 其它腳本除了透過 webhook 網址啟動搜尋流程以外, 最重要的就是要告知搜尋的關鍵字, make.com 的機制會透過傳送一筆測試資料給 webhook, 自動從中拆解出傳送資料的格式, 請依照步驟送出測試資料:

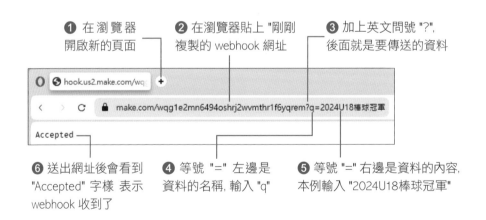

① 在瀏覽器開啟新的頁面

② 在瀏覽器貼上 "剛剛複製的 webhook 網址

③ 加上英文問號 "?", 後面就是要傳送的資料

⑥ 送出網址後會看到 "Accepted" 字樣 表示 webhook 收到了

④ 等號 "=" 左邊是資料的名稱, 輸入 "q"

⑤ 等號 "=" 右邊是資料的內容, 本例輸入 "2024U18棒球冠軍"

Tip

這種透過網址後面加上問號 (?) 傳送資料的方式稱為**查詢字串 (query string)**, 在使用 Google 搜尋 API 的時候也是利用這種方式傳遞搜尋引擎名稱、金鑰以及搜尋關鍵字。

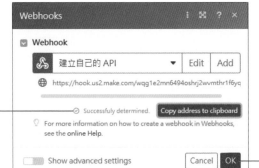

❼ 表示已經成功從收到的測試資料判斷出資料傳送格式

❽ 按 **OK** 完成

step 06
Webhoks - Custom Webhook 模組一定要放在流程的開頭，所以必須進行額外的操作：

❶ 按住 **+** 拖到 HTTP - Make an API Key request 模組上放開

❷ 時鐘圖示會移到 Webhooks - Custom webhook 模組上變成閃電圖示，表示收到通知就會立即執行

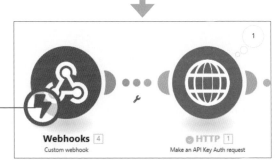

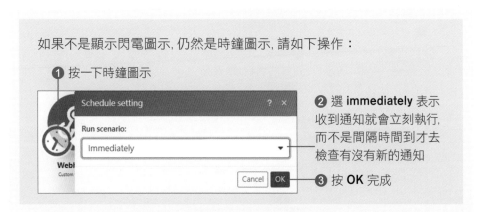

如果不是顯示閃電圖示，仍然是時鐘圖示，請如下操作：

❶ 按一下時鐘圖示

❷ 選 **immediately** 表示收到通知就會立刻執行，而不是間隔時間到才去檢查有沒有新的通知

❸ 按 **OK** 完成

step 07 接著修改 HTTP- Make an API Key request 模組，讓它採用收到的通知中指定的搜尋關鍵字：

❶ 按一下 HTTP - Make an API Key request 模組

Item 2

Name

q

Value

4. q

❷ 改成選用 Webhooks - Custom webhook 模組輸出的 **q** 項目

step 08 最後要加上可以把搜尋結果送回給其它腳本的模組：

❶ 在流程最後加上 **Webhooks - Webhook response** 模組

Webhooks

❷ 選用 Tools - Text aggregator 模組輸出的 **text** 項目送出清理彙整過的搜尋結果

Status

200

⌃ Must be higher than or equal to 100.

Body

3. text

❸ 按 OK 完成

Show advanced settings   Cancel   OK

step 09 完成儲存腳本並按 **Run once** 測試看看：

❶ 在剛剛的瀏覽器按重新整理再送出一次

❷ 瀏覽器會以亂碼顯示收到的資料

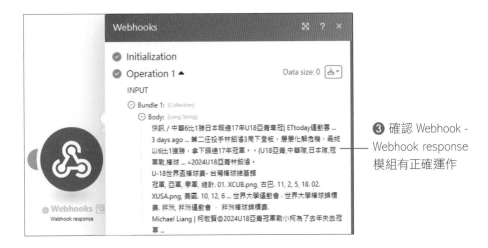

❸ 確認 Webhook -
Webhook response
模組有正確運作

 儲存腳本後以定時
方式執行：

❶ 啟用定時執行

❷ 顯示 **immediately as data arrives**
表示收到通知就會立刻執行腳本

這樣我們就設計了一個可以讓其它腳本使用的搜尋服務 API, 只要透過它
的服務網址, 並且傳送內含搜尋關鍵字的 q 參數, 就可以取得搜尋結果了。

幫代理改用自己建立的搜尋服務 API

現在就來展示如何使用剛剛建立好的搜尋服務 API, 我們準備修改第 7
章加入搜尋功能的代理, 把其中的搜尋工具改成使用剛剛建立的搜尋服務
API：

step 01 請開啟第 7 章完成的
代理腳本, 然後依照以
下步驟修改：

Tip
如果需要, 也可以從下載的範例檔案中匯入**幫
agent 加上搜尋工具.json** 藍圖檔, 匯入後需
要建立新的 LINE webhook、選取 LINE 連線、
Google 搜尋的鑰匙圈與 OneDrive 連線。

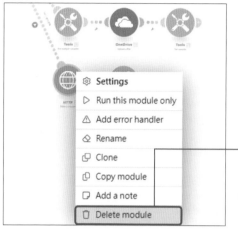

❶ 刪除**進行搜尋**路徑上
原本的 HTTP - Make an
API Key Auth request 模組

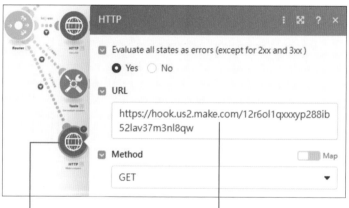

❷ 重新在路徑上加入 **HTTP
- Make a request** 模組

❸ 輸入剛剛建立的搜尋服務
API 中 webhook 的網址

❹ 在 Query String 區段
新增名稱為 q 的項目

❺ 選用 JSON - Parse JSON
模組輸出的**工具參數**項目
後按 **OK** 完成

⑥ 按一下最後的 Tools - Set variable 模組

⑦ 改成使用剛剛新增的 HTTP - Make a request 模組輸出的 **Data** 項目後按 **OK** 完成

step 02 完成修改儲存腳本後就可以按 **Run once** 或是以定時方式執行腳本測試：

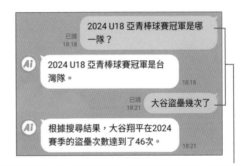

詢問需要搜尋才能回答的問題確認可以正確運作

　　以後只要利用一個 HTTP - Make a request 模組, 就可以在任何腳本中取得搜尋結果了。

9-3 分段處理長文件的技巧

　　本書已經接近尾聲, 不過在結束本書之前, 我想再用一個範例來說明, 設計 AI 自動化流程最重要的核心, 就是你送給語言模型的提示內容, 有時候架構一模一樣的 AI 自動化流程, 只要變化提示內容, 就可以變成另外一種應用。同時也藉此範例說明分段請 AI 處理長文件的技巧。

自動翻譯網頁的腳本

在第 7 章我們曾經介紹過可以把網頁內容備份到 HackMD 線上共筆服務的腳本,只要變化提示內容,就可以變成自動網頁翻譯的腳本,以下我們就來試看看:

step 01 你可以直接修改第 7 章完成的腳本,或者是從下載的範例檔匯入藍圖,為 LINE 建立新的 webhook、選取連線,並且幫 HTTP - Make an API Key Auth request 模組選取鑰匙圈。

step 02 修改提示訊息,改以如下的 System 角色訊息要求語言模型幫我們清理網頁資料,並且把內容翻譯成繁體中文:

> 你是其它語言翻譯到台灣繁體中文的專家,使用者會提供給你從 HTML 轉換得到的 Markdown 內容,請移除 JavaScript 等非 Markdown 部分,並且翻譯為台灣繁體中文,不要加上任何的說明文字。

再透過 User 角色的訊息提供網頁轉成 Markdown 格式的內容給語言模型翻譯:

❶ 按一下 OpenAI - Create a Completion 模組修改設定　　❷ 改選 **System** 角色

❸ 如剛剛所列內容修改訊息

④ 新增一個 User 角色的訊息，選用 Markdown - HTML to Markdown 模組輸出的 **Markdown** 項目為訊息內容後按 **OK** 完成

step 03 修改 LINE 回覆的訊息，提供具說明意義的內容：

① 按一下 LINE - Send a Reply Message 模組

② 如圖修改回覆內容後按 **OK** 完成

step 04 完成之後，就可以儲存腳本進行測試，為了方便測試，稍後我們會以 make.com 中 LINE 應用的說明文件為例，請剛剛改好的自動翻譯腳本幫我們翻譯為繁體中文：

每個模組的設定畫面右上角都有的問號連結，可開啟所屬應用的說明文件，請複製此連結

按 **Run once** 執行腳本測試，我們使用電腦上的 LINE 方便稍後開啟瀏覽器檢視結果：

❶ 貼上剛剛複製的 LINE 應用説明文件連結

❷ 經過一段時間後,就會看到自動翻譯腳本回覆的訊息,點開連結查看

❸ 自動翻譯腳本翻好的説明文件

這樣即使 make.com 原本沒有提供繁體中文文件, 我們也可以快速取得翻譯版本。

剛剛檢視翻譯成果時, 剛好看到了如圖有關 LINE 發送**推送訊息**的內容, 可以隨時傳送訊息給特定的使用者, 這正好可以提供我們除了被動回覆訊息以外主動傳送訊息的方法。舉例來説, 剛剛的翻譯有點費時, 如果網頁內容較多, 就會等很久, 如果可以在開始翻譯前先傳送訊息告訴使用者, 就可以提供較好的體驗, 以下我們就再加上主動傳送推送訊息的功能:

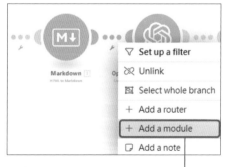

❶ 請在 Markdown - HTML to Markdown 往 OpenAI - Create a Completion 模組的路徑上按滑鼠右鍵新增模組

② 加入 LINE - Send a Push Message 模組

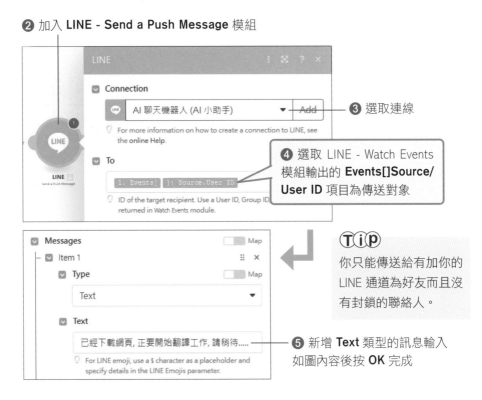

③ 選取連線

④ 選取 LINE - Watch Events 模組輸出的 **Events[]Source/ User ID** 項目為傳送對象

Tip
你只能傳送給有加你的 LINE 通道為好友而且沒有封鎖的聯絡人。

⑤ 新增 **Text** 類型的訊息輸入 如圖內容後按 **OK** 完成

完成後就可以重新測試, 這次我們準備翻譯 JSON 應用的說明文件, 請按 **Run once** 重新執行腳本:

① 輸入文件網址 https://www.make.com/en/help/tools/json

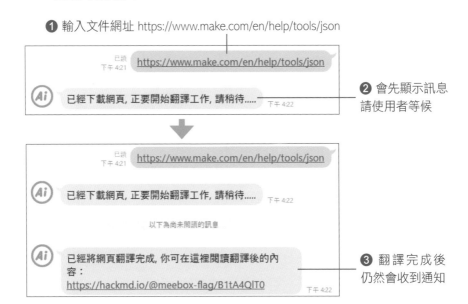

② 會先顯示訊息 請使用者等候

③ 翻譯完成後 仍然會收到通知

長文件的處理

如果你使用別的網頁測試, 例如這篇有關於 OpenAI 模型 o1 的介紹 (https://openai.com/index/introducing-openai-o1-preview/, 短網址為 https://pse.is/6f9tmj), 會發現輸入網址後已讀不回, 回頭到 make.com就會看到腳本在 OpenAI - Create a Completion 模組出錯了, 錯誤訊息如下：

送給 AI 的資料有 233529 個 token, 超過模型限制的 128000 個 token

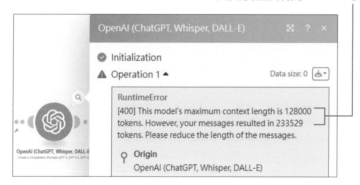

我們雖然已經把網頁轉換成 Markdown 格式, 它還是超過了模型的限制, 如果查看轉換後的 Markdown 內容, 你還會發現最後面有一大堆看不懂、顯然不是文章內容的東西：

文章最後有一堆看不懂的東西

如果把這些也一併送給模型處理, 不但毫無意義, 也會浪費 token 數量計費。為了解決這個問題, 我們準備分段翻譯:

1. 先把轉換結果以空白行為界分段落切開, 避免隨意切割造成文意不完整。

2. 由於正常文章內容單一段落不應該會超過模型限制, 如果有這麼長的段落, 就捨棄不翻譯。

3. 累積尚未翻譯的段落到模型限制, 把這部分送給模型翻譯。

4. 重複 2~3 處理尚未翻譯的段落。

要特別留意的是, 模型的輸出限制 token 數其實遠小於可輸入的 token 數, 所以每批翻譯量應該以**輸出的限制數**為準, 由於在 make.com 中我們沒有計算 token 數的模組可用, 所以這裡以 gpt-4o-mini 的輸出限制數 16384 個 token 為依據, 根據 ChatGPT 等 AI 服務提供的數據, 英文單字平均約 5 個字母, 每個英文單字平均會翻譯為 3 個中文字, 反推回去概略以 **(16384 / 3) × 5**, 也就是 **21333** 個字母當成限制。

Tip

這裡是概略的估算, 你可以自行測試加大數量。

接著我們就來修改剛剛的翻譯腳本, 讓它可以處理長篇的網頁:

step 01 首先依照**連續兩個換行 (也就是一個空白行)** 為分界把文章內容切割成段落:

❶ 在 LINE - Send a Push Message 模組後面加上新模組

❷ 加入 **Tools - Set multiple variables** 模組

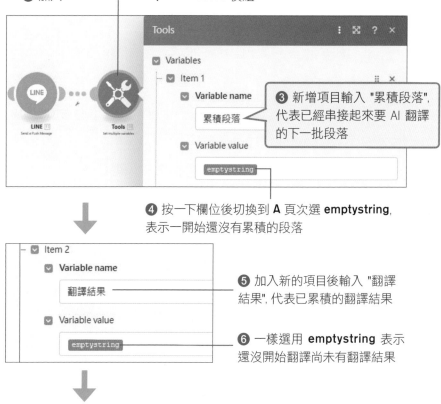

❸ 新增項目輸入 "累積段落", 代表已經串接起來要 AI 翻譯的下一批段落

❹ 按一下欄位後切換到 **A** 頁次選 **emptystring**, 表示一開始還沒有累積的段落

❺ 加入新的項目後輸入 "翻譯結果", 代表已累積的翻譯結果

❻ 一樣選用 **emptystring** 表示還沒開始翻譯尚未有翻譯結果

❼ 再新增項目後輸入 "所有段落" 代表將 Markdown 內容切割出來的所有段落

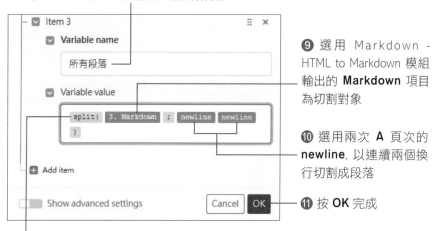

❾ 選用 Markdown - HTML to Markdown 模組輸出的 **Markdown** 項目為切割對象

❿ 選用兩次 **A** 頁次的 **newline**, 以連續兩個換行切割成段落

⓫ 按 **OK** 完成

❽ 選 **A** 頁次的 **split** 功能切割文字

step 02 剛剛切割完的結果會是一個陣列，我們可以使用 Iterator 模組重複接續流程：

step 03 每次重複接續流程一開始，都先取得目前累積的段落以及翻譯結果：

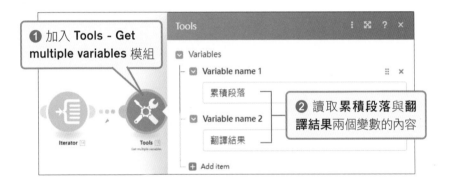

step 04 若目前處理的這一個段落長度超過限制，將段落內容取代成空的文字內容不翻譯：

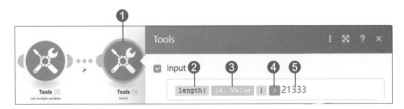

❶ 加入 Tools - Switch 模組

❷ 選用 **A** 頁次的 **length** 功能計算文字內容的字元數量

❸ 選用 Tools - Iterator 模組輸出的 **Value** 項目，也就是目前處理的段落

❹ 選用 **X** 頁次的 **>** 比較是否有超過

❺ 輸入 21333 表示段落內字元數若超過限制，結果就會是 true，否則就是 false

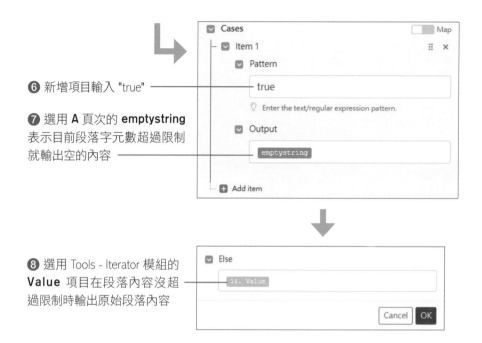

❻ 新增項目輸入 "true"

❼ 選用 **A** 頁次的 **emptystring**
表示目前段落字元數超過限制
就輸出空的內容

❽ 選用 Tools - Iterator 模組的
Value 項目在段落內容沒超
過限制時輸出原始段落內容

step
05 把目前段落串接在累積段落後面：

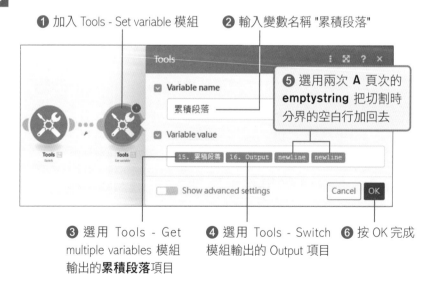

❶ 加入 Tools - Set variable 模組　　**❷** 輸入變數名稱 "累積段落"

❺ 選用兩次 **A** 頁次的
emptystring 把切割時
分界的空白行加回去

❸ 選用 Tools - Get
multiple variables 模組
輸出的**累積段落**項目

❹ 選用 Tools - Switch
模組輸出的 Output 項目

❻ 按 OK 完成

step 06 設定篩選條件, 在累積段落超過限制的字元數或是已經處理到最後一個段落時通過, 讓接續的流程翻譯內容:

❶ 在 Tools - Set variable 往 OpenAI - Create a completion 模組的路徑上按一下

❷ 輸入路徑標籤 "累積段落超過限制"

❸ 選用 A 頁次的 **length** 功能

❹ 選用 Tools - Set variable 模組輸出的 **累積段落** 項目

❺ 選取 **Numeric operations: Greater than or equal to** 比較數值

❻ 輸入 21333

❼ 按 **Add OR rule** 新增其它也可通過路徑的條件

❽ 選用 Tools - Iterator 模組輸出的 **Bundle order position** 取得目前段落的序號

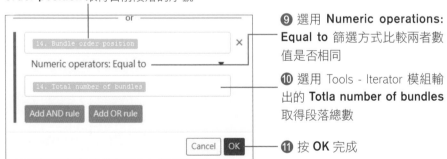

❾ 選用 **Numeric operations: Equal to** 篩選方式比較兩者數值是否相同

❿ 選用 Tools - Iterator 模組輸出的 **Totla number of bundles** 取得段落總數

⓫ 按 **OK** 完成

這裡要特別留意, 如果只有累積段落字元數超過限制才能通過路徑, 當處理到最後一段時, 有可能會發生累積段落字元數還未超過限制, 但是已經沒有下一個段落, 導致最後累積的段落不會通過路徑讓 AI 翻譯, 使得翻譯結果不完整。

由於現在是累積段落翻譯, 所以我們可以陸續通知使用者進度, 避免使用者枯等:

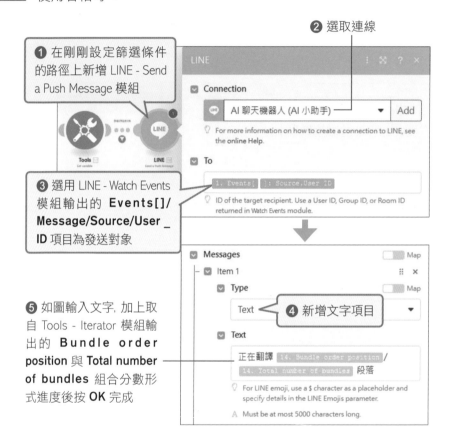

❷ 選取連線

❶ 在剛剛設定篩選條件的路徑上新增 LINE - Send a Push Message 模組

❸ 選用 LINE - Watch Events 模組輸出的 **Events[]/ Message/Source/User _ ID** 項目為發送對象

❺ 如圖輸入文字, 加上取自 Tools - Iterator 模組輸出的 **Bundle order position** 與 **Total number of bundles** 組合分數形式進度後按 **OK** 完成

❹ 新增文字項目

改用目前累積的段落為翻譯對象:

❶ 按一下 OpenAI - Create a Completion 模組

❷ 修改 User 角色的訊息, 選用 Tools - Set variable 模組輸出的**累積段落**項目後按 **OK** 完成

step 09 由於累積的段落已經翻譯完畢，所以把累積段落的內容清空，並且把本次的翻譯結果串接到累積的翻譯結果尾端，以便進行下一批段落的翻譯：

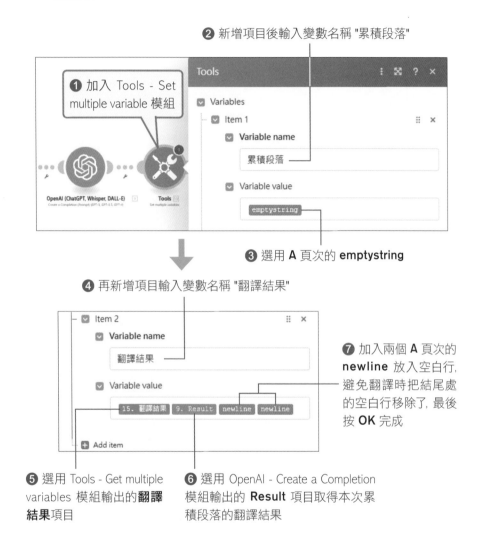

❷ 新增項目後輸入變數名稱 "累積段落"

❶ 加入 Tools - Set multiple variable 模組

❸ 選用 **A** 頁次的 **emptystring**

❹ 再新增項目輸入變數名稱 "翻譯結果"

❼ 加入兩個 **A** 頁次的 **newline** 放入空白行，避免翻譯時把結尾處的空白行移除了，最後按 **OK** 完成

❺ 選用 Tools - Get multiple variables 模組輸出的**翻譯結果**項目

❻ 選用 OpenAI - Create a Completion 模組輸出的 **Result** 項目取得本次累積段落的翻譯結果

step 10 加入篩選條件，以便在處理到最後一個段落時儲存完整的翻譯結果到 HackMD 筆記系統上，並且通知使用者筆記頁面網址：

❷ 輸入路徑名稱 "最後一段"

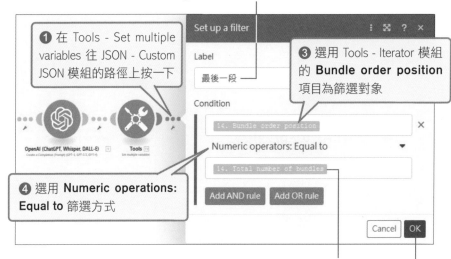

❶ 在 Tools - Set multiple variables 往 JSON - Custom JSON 模組的路徑上按一下

❸ 選用 Tools - Iterator 模組的 **Bundle order position** 項目為篩選對象

❹ 選用 **Numeric operations: Equal to** 篩選方式

❺ 選用 Tools - Iteraor 模組的 **Total number of bundles** 為篩選內容　❻ 按 OK 完成

step 11 改用變數**翻譯結果**作為儲存到 HackMD 的內容：

❶ 按一下 JSON - Custom JSON 模組

❷ 改用 Set multiple variables 模組的**翻譯結果**項目為內容後按 **OK** 完成

step 12 這樣就修改完成了，儲存腳本後按 **Run once** 測試：

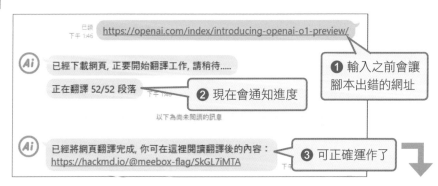

❶ 輸入之前會讓腳本出錯的網址

❷ 現在會通知進度

❸ 可正確運作了

原本造成問題的只有最後怪怪的那一段, 我們來試看看另外一個內容真的很長的網頁 https://cs61.seas.harvard.edu/site/2021/Asm/：

TiP

我們只是利用這個哈佛大學的課程教學網頁來確認腳本會累積段落批次翻譯, 並不關心網頁實際的內容。由於這個內容很長, 段落很多, 會耗費**大量**的 make.com **操作數**, 如果是免費用戶, 可能會讓你的操作數爆掉, 請自行斟酌是否要測試。

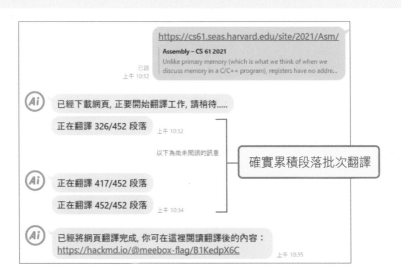

由於使用批次翻譯, 所以 AI 並不會記得上一次翻譯的內容, 因此有可能會造成同一文章內不同段落用詞或是語氣的不一致, 要解決這個問題, 可以有兩種方式 :

● 直接改用第 8 章介紹的 Assistants API, 它會幫你記住之前翻譯的結果, 不過代價就是大量的 token 數量。

● 如果想要解省 token 數量, 也可以自己保留例如上一批累積段落與翻譯結果的三分之一內容當對談記錄, 與這一次要翻譯的內容一起送回給模型。

這些變通的方式就留待你有需要時再去修改。

你的下一步

跟著本書做了這麼多的練習後, 應該對於 AI 自動化流程已有一定的認識, 本書在設計範例時, 除了 OpenAI API 服務必須付費才能使用外, 主要以一般人免費註冊即可使用而且常用到的服務, 像是 LINE、OneDrive、Office 365、Google 雲端硬碟、Google 試算表、Notion 筆記服務、Instagram 社群軟體等等為例, 但是在 make.com 上還有許許多多多線上服務可以串接流程, 你可以依據同樣的方式查看個別應用的說明文件, 有需要再去使用即可。

如同我們在最後一節所示範, 有的時候只要單純調整送給語言模型的提示, 就可以創造不同的應用, 希望大家在閱讀完本書後, 也可以根據自己的工作情境, 自由發揮設計適用的 AI 自動化流程。

AI
自動化流程